Deepen Your Mind

前言

為了滿足企業巨量資料和人工智慧團隊的教育訓練需求，作者編寫了大量相關的教育訓練文件，但是這些文件主要是針對臨時需求製作的，內容較多，整體上較為零散，不利於企業新同事的系統化學習。另外，官方文件雖然編寫得很好，但基礎知識的遞進關係並不理想，並且晦澀難懂。因此，作者整理了這些教育訓練文件，並且反覆推敲章節的遞進關係，以及基礎知識的串聯方式、基礎知識與實例的實用性，最終完成了本書的編寫。

➰ 本書特色

- 版本較新：針對 Flink 1.11 版本和 Alink 1.2 版本。
- 實例科學：採用"基礎知識 + 實例"的形式編寫。
- 實例豐富：47 個基礎實例 + 1 個專案實例。
- 跨界整合：①講解了 4 種開發 Flink 應用程式的 API，即 DataSet API、DataStream API、Table API 和 SQL 相關知識；②講解了狀態處理器 API、複雜事件處理庫，以及常用的訊息中介軟體 Kafka；③講解了巨量資料和人工智慧的結合，以及機器學習框架 Alink。
- 編排講究：本書涉及的術語儘量做到有跡可循，每一個術語都盡可能在前面的章節中有所描述。章節遞進關係清楚，內容順序合理，從頭到尾邏輯連貫。

➰ 適合讀者

本書是否適合你，取決於你之前的知識、經驗儲備和學習目標。作者建議讀者根據本書目錄來進行判斷，閱讀本書的讀者不需要具備巨量資料理論知識，也不需要懂得 Hadoop、Spark、Storm 等巨量資料領域的知識，但是需要具備一定的 Java 語言開發基礎（或至少使用過一種開發語言）。

꩜ 本書編寫環境

- Flink 版本：1.11。
- Alink 版本：1.2（基於 Flink 1.11）。
- 開發工具：IntelliJ IDEA 付費版，以及社區版。
- JDK 版本：8u211。
- Maven 版本：3.6.1。
- Zookeeper 版本：3.6.1。
- Kafka 版本：2.6.0（基於 Scala 2.12）。
- MySQL：8.0.21.0（需要支援 Binlog）。

꩜ 致謝

感謝 Flink 社區、Flink 中文社區開放原始碼貢獻者，以及 Alink 開發團隊和開放原始碼貢獻者的奉獻。Flink 和 Alink 的官方網站提供了豐富的文件和註釋詳盡的開原始程式碼，作者在編寫本書的過程中參考了很多相關的文件。

巨量資料領域、Flink 和 Alink 技術博大精深，由於本書篇幅有限，作者的精力和技術也有限，因此書中難免存在不足之處，敬請讀者們批評指正。聯絡作者請發電子郵件至 363694485@qq.com。

龍中華

目錄

• 第 1 篇 入門篇 •

01 進入巨量資料和人工智慧世界

02 實例 1：使用 Flink 的 4 種 API 處理無界資料流程和有界資料流程

• 第 2 篇 基礎篇 •

03 概覽 Flink

04 Flink 開發基礎

05 Flink 的轉換運算元

• 第 3 篇 進階篇 •

06 使用 DataSet API 實現批次處理

07 使用 DataStream API 實現流處理

08 使用狀態處理器 API——State Processor API

09 複雜事件處理函數庫

10 使用 Table API 實現流 / 批統一處理

11 使用 SQL 實現流 / 批統一處理

12 整合外部系統

• 第 4 篇　機器學習篇 •

13 進入機器學習世界

14 流 / 批統一的機器學習框架（平台）Alink

• 第 5 篇 專案實戰篇 •

15 實例 48：使用巨量資料和機器學習技術實現一個廣告推薦系統

A 附錄

Chapter 01

進入巨量資料和人工智慧世界

本章首先介紹巨量資料和人工智慧的概念，然後介紹 Flink 和 Alink 的基礎知識，最後介紹如何使用本書的原始程式。

1.1 認識巨量資料和人工智慧

1. 認識巨量資料

巨量資料是普通小資料的大集合。

巨量資料的「大」並不完全是「絕對的大」，它既可以是某個資料集的全部或其中的大部分資料，也可以是每天產生的巨量使用者日誌、交易訂單、物流資訊等。

巨量資料的「大」主要是指它具備**多維度**（多個角度、多個層面、多個方面）和**完備性**（即它不需要增加任何其他元素，這個物件也可以被稱為是「完備」的或「完全」的）。

巨量資料可以用於採擷使用者需求、最佳化產品、分析市場、減少營運成本等。

巨量資料的基本特徵主要包括資料量巨大、資料類型多、有價值。

當資料的量級達到一定規模後，其讀取、處理和分析就不能使用正常技術，而是需要專門的巨量資料技術。巨量資料技術主要包括以下幾點。

- 資料獲取：獲取日誌資料、交易資料等。
- 資料儲存：雲端儲存、分散式檔案儲存等。
- 資料前置處理：資料整理、清洗和轉換等。
- 資料計算：離線計算、即時計算等。
- 資料視覺化：標籤雲、關係圖等。

2. 認識人工智慧

人工智慧有很多的分支，如專家系統、機器學習、機器翻譯、進化計算、模糊邏輯、電腦視覺、自然語言處理、推薦系統、深度學習、機器人等。

機器學習是一種實現人工智慧的方法，神經網路是實現機器學習的其中一種技術，深度學習是神經網路中比較複雜的技術，它們之間的關係如圖 1-1 所示。

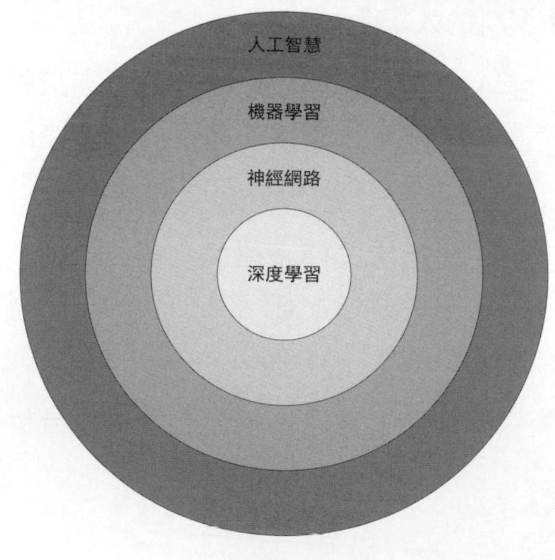

圖 1-1

3. 巨量資料和機器學習之間的關係

資料蘊藏著巨大價值是毫無疑問的，但資料的價值是不容易被採擷和利用的。巨量資料技術和人工智慧（機器學習）的結合，使利用資料價值的技術有了新的突破。在大部分的情況下，巨量資料技術與機器學習是互相促進、相依相存的關係。

機器學習不僅需要合理、適用和先進的演算法，還需要依賴足夠好和足夠多的資料。

巨量資料可以提高機器學習模型的精確性。資料的資料量越多，品質越高，機器學習的效率和準確性就越高。機器學習是巨量資料分析的重要方向（方式）。

巨量資料技術深度結合人工智慧將是未來發展的重要方向。巨量資料即時計算框架 Flink 結合基於 Flink 的機器學習函數庫 Alink，是目前非常優秀的「巨量資料 + 人工智慧」解決方案。

- Flink 可以為 Alink 提供資料前置處理、特徵辨識、樣本計算和模型訓練等基礎功能。
- Alink 基於 Flink，可以為 Flink 提供機器學習演算法函數庫。

Flink 還可以和目前主流的人工智慧框架（如 PyTorch、TensorFlow、Kubeflow）結合。

1.2 認識 Flink

1.2.1 Flink 是什麼

業界認為 Flink 是最好的資料流程計算引擎。

為了便於了解 Flink 是什麼，下面以疊代的方法進行定義。

- Flink 是一個開放原始碼的分散式巨量資料處理引擎與計算框架。

- Flink 是一個對無界資料流程和有界資料流程進行統一處理的、開放原始碼的分散式巨量資料處理引擎與計算框架。
- Flink 是一個能進行有狀態或無狀態的計算的、對無界資料流程和有界資料流程進行統一處理且開放原始碼的分散式巨量資料處理引擎與計算框架。

Flink 可以進行的資料處理包括即時資料處理、特徵工程、歷史資料（有界資料）處理、連續資料管道應用、機器學習、圖表分析、圖型計算、容錯的資料流程處理。

Flink 在巨量資料架構中的位置如圖 1-2 所示。

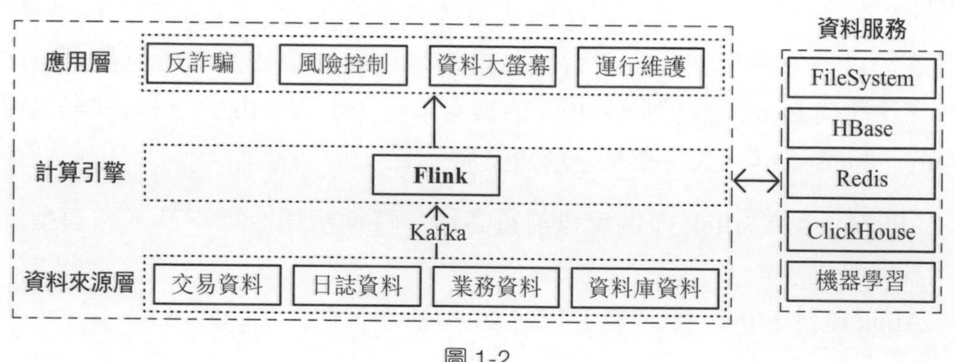

圖 1-2

由圖 1-2 可以看出，在巨量資料架構中，Flink 用於提供資料計算服務。Flink 先獲取資料來源的資料，然後進行轉換和計算等，最後輸出計算結果。

1.2.2 Flink 的發展歷程

1. Flink 的誕生

2010—2014 年，柏林工業大學、柏林洪堡大學和哈索普拉特納研究所共同發命名為 Stratosphere 的研究專案，旨在開發下一代巨量資料分析引擎。

2. 貢獻給 Apache 軟體基金會，成立 Data Artisans 公司

2014 年 4 月，Stratosphere 程式被捐贈給 Apache 軟體基金會，成為其孵化專案。此後，Stratosphere 團隊的大部分創始成員一起創辦了 Data Artisans 公司，該公司的願景是實現 Stratosphere 的商業化。

3. 發佈首版 Flink

2014 年 8 月，Apache 軟體基金會將 Stratosphere 0.6 改名為 Flink，並發佈了首版 Flink——Flink 0.6.0 版本，該版本具有更好的流式引擎支援。從此，Flink 正式進入社區開發者的視線，流計算的價值也被發掘並得到重視。

Flink 在德語中是「敏捷」的意思，它表現了流式資料處理速度快和靈活等特性。Flink 的 Logo 是棕紅色的松鼠圖案，這是為了突出 Flink 靈活、快速的特點。

4. 在 Flink 0.7 版本中推出了流計算 API（DataStream API）

2014 年 11 月 4 日發佈了 Flink 0.7 版本，在該版本中正式發佈了 DataStream API，DataStream API 是目前應用最廣泛的 Flink API。

2014 年 12 月，Flink 成為 Apache 軟體基金會的頂級專案。

5. 發佈穩定的 Flink 0.9 版本

2015 年 6 月，第 1 個穩定版本 Flink 0.9 正式發佈。

6. 發佈 Flink 1.0.0 版本，奠定了 Flink 的四大基礎

2016 年 3 月，Flink 1.0.0 版本正式發佈，奠定了 Flink 的四大基礎，即檢查點（Checkpoint）、狀態（State）、時間（Time）、視窗（Window）。

7. 阿里巴巴收購 Data Artisans 公司

2019 年 1 月，阿里巴巴收購了 Data Artisans 公司。Data Artisans 公司的客戶包括 ING、Netflix 和 Uber。

2019 年，Flink 在人工智慧方面部署了機器學習基礎設施。

8. 發佈 Flink 1.9 版本

2019 年 8 月，進行了重大架構調整的 Flink 1.9 版本正式發佈。

9. 發佈 Flink 1.10 版本

2020 年 2 月，Flink 1.10 版本正式發佈。

10. 發佈 Flink 1.11 版本

2020 年 7 月，Flink 1.11 版本正式發佈。

1.2.3 Flink 的應用場景

Flink 的應用場景如表 1-1 所示。

表 1-1

應用類型	說　明	例　子
事件驅動	利用到來的事件觸發計算、狀態更新或其他外部動作	反詐騙、即時風險控制、異常檢測、基於規則的警告、業務流程監控、Web 應用
資料分析	從原始資料中提取有價值的資訊和指標	電信網路品質監控、行動應用中的產品更新及實驗評估和分析、即時資料即席分析、大規模圖型分析
資料管道	資料管道和 ETL（提取、轉換、載入）作業的用途相似，都可以轉換、豐富資料，並將其從某個儲存系統移動到另一個儲存系統中。但資料管道是以持續流模式執行的，而非週期性觸發	即時查詢索引建構、持續 ETL 作業

1.3 認識 Alink

Alink 是阿里巴巴計算平台事業部 PAI 團隊研發的**基於 Flink 的機器學習框架**。Alink 於 2019 年 11 月正式開放原始碼。Alink 提供了豐富的演算法元件，是業界首個同時**支援批 / 流演算法的機器學習框架**。開發者利用 Alink 可以一鍵架設覆蓋資料處理、特徵工程、模型訓練、模型預測的演算法模型開發的全流程。Alink 的名稱取自相關名稱（Alibaba、Algorithm、AI、Flink、Blink）的結合。

Tips

學習 Alink 需要具備 Flink 的基礎知識，本書在第 13、14 章介紹了機器學習和 Alink 的相關知識。

1.4 如何使用本書的原始程式

本書的隨書原始程式可以在開發工具 IDEA 中執行和測試，不需要安裝和部署 Flink 叢集。隨書原始程式的具體使用有以下兩種方式。

方式一：

Flink 應用程式可以直接透過 IDEA 打開，具體步驟如下。

（1）選擇 IDEA 功能表列中的 "File" → "Open" 命令。

（2）在彈出的視窗中選擇 Flink 應用程式的根資料夾，然後點擊 "OK" 按鈕將其打開。

（3）按右鍵匯入的 Flink 應用程式，在彈出的視窗中選擇 "Maven" → "Generate Sources and Update Folders"（生成來源和更新資料夾）命令，將 Flink 的函數庫檔案安裝在本地 Maven 目錄中。

（4）直接在 IDEA 中進行測試或編譯。

方式二：

（1）啟動 IDEA，選擇功能表列中的 "New" → "Project from Existing Sources" 命令。

（2）選擇 Flink 應用程式的根資料夾。

（3）先選擇 "Import project from external model"（從外部模型匯入專案）命令，然後選擇 "Maven" 命令。

Tips

如果 SDK 沒有設置好，則需要先設置 SDK。

（4）點擊 "Finish" 按鈕。

（5）在 IDEA 中按右鍵匯入的 Flink 應用程式，在彈出的視窗中選擇 "Maven" → "Generate Sources and Update Folders"（生成來源和更新資料夾）命令，將 Flink 函數庫檔案安裝在本地 Maven 目錄中，在預設情況下位於 "/home/$USER/.m2/repository/org/apache/flink/"。

（6）直接在 IDEA 中進行測試或編譯。

Chapter 02

實例 1：使用 Flink 的 4 種 API 處理無界資料流程和有界資料流程

Flink 提供了 4 種 API 用來開發巨量資料應用程式。開發人員可以根據自己的喜好和業務需求選擇不同的 API，也可以混合使用。

本實例透過 Flink 的 4 種 API 開發處理無界資料流程和有界資料流程的應用程式，以便讀者了解 Flink 開發的整體流程。

本實例的程式在 "/Chapter02" 目錄下。

2.1 創建 Flink 應用程式

創建 Flink 應用程式有很多種方式，本書採用的是 Maven 命令方式（也可以直接在開發工具中創建 Maven 專案，然後增加對應的依賴）。

透過 Maven 命令方式創建 Flink 應用程式的要求是，具備執行 Maven 3.0.4 和 Java 8 以上的環境。

1. 創建 Flink 應用程式

在設定好 Java 的 JDK 和 Maven 環境之後，在 "CMD" 視窗中使用以下命令創建一個 Flink 應用程式：

```
mvn archetype:generate
-DarchetypeGroupId=org.apache.flink
-DarchetypeArtifactId=flink-quickstart-java
-DarchetypeVersion=1.11.0
-DgroupId=org.lzh
-DartifactId=flink-project
-Dversion=0.1
-Dpackage=myflinkDemo
-DinteractiveMode=false
```

由此可知，該方式使用 Maven 的命令來創建 Flink 應用程式。可以為 Flink 應用程式進行專案命名等設定，如果不填寫專案的資訊，則以互動式方式來詢問。下面對上述程式進行解釋。

- mvn archetype:generate：使用 Maven 的命令來創建 Flink 應用程式。
- DarchetypeArtifactId=flink-quickstart-java：創建 Java 版本的 Flink 應用程式。
- DgroupId=org.lzh：自訂專案的組織。
- DartifactId=flink-project：自訂專案的唯一識別碼。
- Dpackage=myflinkDemo：自訂專案的套件名。

執行上述命令之後會顯示如圖 2-1 所示的介面，如果出現提示訊息 "BUILD SUCCESS"，則代表專案創建成功。

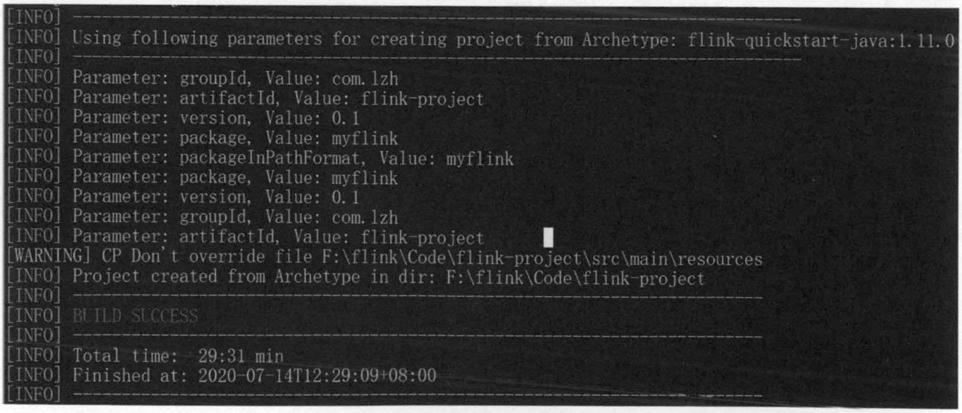

```
[INFO] ------------------------------------------------------------------------
[INFO] Using following parameters for creating project from Archetype: flink-quickstart-java:1.11.0
[INFO] ------------------------------------------------------------------------
[INFO] Parameter: groupId, Value: com.lzh
[INFO] Parameter: artifactId, Value: flink-project
[INFO] Parameter: version, Value: 0.1
[INFO] Parameter: package, Value: myflink
[INFO] Parameter: packageInPathFormat, Value: myflink
[INFO] Parameter: package, Value: myflink
[INFO] Parameter: version, Value: 0.1
[INFO] Parameter: groupId, Value: com.lzh
[INFO] Parameter: artifactId, Value: flink-project
[WARNING] CP Don't override file F:\flink\Code\flink-project\src\main\resources
[INFO] Project created from Archetype in dir: F:\flink\Code\flink-project
[INFO] ------------------------------------------------------------------------
[INFO] BUILD SUCCESS
[INFO] ------------------------------------------------------------------------
[INFO] Total time:  29:31 min
[INFO] Finished at: 2020-07-14T12:29:09+08:00
[INFO] ------------------------------------------------------------------------
```

圖 2-1

還可以使用以下命令來創建 Flink 應用程式，該命令同樣可以建構一個 Flink 應用程式，而且附帶一些範例：

```
curl https://flink.apache.org/q/quickstart.sh | bash
```

2. 查看專案結構

在成功創建專案之後，既可以用 tree 命令查看專案結構，也可以在開發工具中查看專案結構。在 IDEA 中，可以看到創建的 Flink 應用程式結構，如圖 2-2 所示。

圖 2-2

由圖 2-2 可以看出，該專案是一個 Maven 專案，它包含兩個類別：一是 StreamingJob，流處理常式的骨架程式；二是 BatchJob，批次程式的骨架程式。

這兩個類別都包含 main() 方法，該方法是程式的入口，可用於測試、執行和部署程式。

Tips

在使用 Maven 的命令創建專案時，如果出現提示資訊 "Generating project in Interactive mode"，然後一直卡住，則可以在命令之後加上參數 "-DarchetypeCatalog=internal"，讓其不從遠端伺服器上取目錄（Catalog）。如果出現提示資訊 "Generating project in Batch mode"，然後一直卡住，則可以在命令之後加上參數 "-DinteractiveMode=false"。

2.2 使用 DataSet API 處理有界資料流程

2.2.1 編寫批次處理程式

Flink 提供了處理有界資料流程的批次處理 API，即 DataSet API，該 API 用於處理有界資料流程，具體使用方法如下所示：

```
public class BatchWordCount {
// main()方法——Java應用程式的入口
public static void main(String[] args) throws Exception {
    // 獲取執行環境
    ExecutionEnvironment env = ExecutionEnvironment.getExecutionEnvironment();
    // 載入或創建來源資料
    DataSet<String> text = env.fromElements(
                                "Flink batch demo",
                                "batch demo",
                                "demo");
    // 轉換資料
    DataSet<Tuple2<String, Integer>> ds = text.flatMap(new LineSplitter())
                                // 分組轉換運算元
                                .groupBy(0)
                                // 求和
                                .sum(1);
        /* 列印資料到主控台
        * 由於採用批次處理（Batch）操作，當DataSet呼叫print()方法時，原始程式
內部已經呼叫了Excute()方法，因此此處不再呼叫env.execute()方法，如果呼叫則會出
現錯誤
        */
        ds.print();
}
    // 實現FlatMapFunction，自訂處理邏輯
    static class LineSplitter implements FlatMapFunction<String,
Tuple2<String, Integer>> {
        @Override
        public void flatMap(String line, Collector<Tuple2<String, Integer>>
collector) throws Exception {
            // 使用空格分隔單字
```

```
                for (String word : line.split(" ")) {
                collector.collect(new Tuple2<>(word, 1));
                }
            }
        }
}
```

上述程式用於統計有界資料集中單字的數量。

2.2.2 設定依賴作用域

在編寫完上述批次處理程式之後，還需要設定依賴作用域。如果不設定依賴作用域，則在 IDEA 中執行 Flink 應用程式會出現如圖 2-3 所示的 "NoClassDefFoundError" 錯誤，這是因為專案預設設定的依賴項的作用域（Scope）都被設定為 "provided"。

```
java.lang.NoClassDefFoundError: org/apache/flink/api/common/functions/FlatMa
    at java.lang.Class.getDeclaredMethods0(Native Method)
    at java.lang.Class.privateGetDeclaredMethods(Class.java:2701)
    at java.lang.Class.privateGetMethodRecursive(Class.java:3048)
    at java.lang.Class.getMethod0(Class.java:3018)
    at java.lang.Class.getMethod(Class.java:1784)
    at sun.launcher.LauncherHelper.validateMainClass(LauncherHelper.java:544
    at sun.launcher.LauncherHelper.checkAndLoadMain(LauncherHelper.java:526)
Caused by: java.lang.ClassNotFoundException Create breakpoint : org.apache.flink.
```

圖 2-3

如果要在 IDEA 中直接執行 Flink 的專案，則必須進行設定，具體步驟如下。

（1）選擇 "Run" → "Edit Configurations" 命令。

（2）在彈出的對話方塊中選取 "Include dependencies with 'Provided' scope" 核取方塊，如圖 2-4 所示。

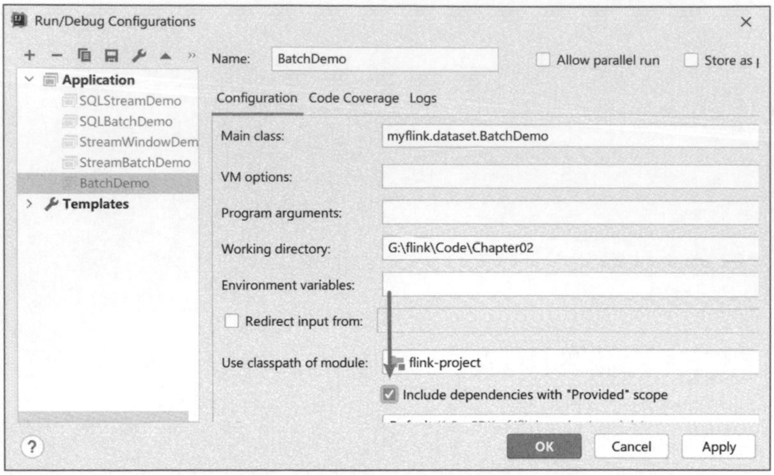

圖 2-4

如果僅用於學習，不把 Flink 應用程式提交到 Flink 叢集，則可以直接在 pom.xml 中將作用域修改為 "compile"、"runtime" 或 "test"。

2.2.3 測試 Flink 應用程式

在設定好依賴作用域之後，即可執行 Flink 應用程式。在 IDEA 中執行 Flink 應用程式和執行其他 Java 應用程式一樣，即點擊類別旁的三角形按鈕即可。

執行 2.2.1 節的應用程式之後，會在主控台中輸出以下資訊：

```
(batch,2)
(demo,3)
(Flink,1)
```

從上面的輸出資訊可以看出，原資料集為 "Flink batch demo, batch demo, demo"，在經過 Flink 的批次程式處理之後，可以統計出資料集中所有單字的出現頻率。

DataSet API 不能用於處理無界資料流程。下面使用 DataStream API 處理無界資料流程。

2.3 使用 DataStream API 處理無界資料流程

2.3.1 自訂無界資料流程資料來源

無界資料流程是不停產生資料的流，它只有資料的開始點，沒有資料的結束點。

為了便於演示，也為了避免事先增加讀者的負擔，這裡先自訂無界資料來源，以便後續有可以處理的資料來源。

在 Flink 中自訂資料來源，可以先繼承 SourceFunction 介面，然後透過重新定義 run() 方法和 cancel() 方法來實現，如下所示：

```
public class MySource implements SourceFunction<String> {
private long count = 1L;
    private boolean isRunning = true;

    @Override
    // 透過在run()方法中實現一個迴圈來產生資料
    public void run(SourceContext<String> ctx) throws Exception {
        while (isRunning) {
            // 單字流
            List<String> stringList = new ArrayList<>();
            stringList.add("world");
            stringList.add("Flink");
            stringList.add("Steam");
            stringList.add("Batch");
            stringList.add("Table");
            stringList.add("SQL");
            stringList.add("hello");
            int size=stringList.size();
            int i = new Random().nextInt(size);
            ctx.collect(stringList.get(i));
            // 每秒產生一筆資料
            Thread.sleep(1000);
        }
    }
    @Override
```

```
    // cancel()方法代表取消執行
    public void cancel() {
        isRunning = false;
    }
}
```

2.3.2 編寫無界資料流程處理程式

在定義好資料流程之後，可以使用 DataStream API 對該資料流程進行處理，如下所示：

```
public class StreamWordCount {
// main()方法——Java應用程式的入口
public static void main(String[] args) throws Exception {
    // 獲取流處理的執行環境
    StreamExecutionEnvironment env = StreamExecutionEnvironment.
getExecutionEnvironment();
    // 獲取自訂的資料流程
    DataStream<Tuple2<String, Integer>> dataStream = env.addSource(new MySource())
                            // FlatMap轉換運算元
                            .flatMap(new Splitter())
                            // 鍵控流轉換算子
                            .keyBy(0)
                            // 求和
                            .sum(1);
        // 列印資料到主控台
        dataStream.print();
        // 執行任務操作。因為Flink是惰性載入的，所以必須呼叫execute()方法才會
          執行
        env.execute("WordCount");
    }

    // 實現FlatMapFunction，自訂處理邏輯
    public static class Splitter implements FlatMapFunction<String,
Tuple2<String, Integer>> {
        @Override
        public void flatMap(String sentence, Collector<Tuple2<String,
Integer>> out) throws Exception {
```

```
            // 使用空格分隔單字
            for (String word : sentence.split(" ")) {
                out.collect(new Tuple2<String, Integer>(word, 1));
            }
        }
    }
}
```

執行上述應用程式之後，會在主控台中輸出以下資訊：

```
4> (Steam,1)
5> (Batch,1)
12> (Flink,1)
4> (Steam,2)
12> (Flink,2)
5> (Batch,2)
4> (Table,1)
4> (Steam,3)
4> (Steam,4)
```

由上述輸出資訊可以看出，隨著資料來源不停地發送資料，單字的統計總數也在不斷增加。

2.3.3 使用 DataStream API 的視窗功能處理無界資料流程

使用 DataStream API 的視窗功能來處理無界資料流程，能得到一段時間或一定計數內的有界資料集。

視窗功能可以視為對一個資料流程在某段時間或計數內資料的截取，如每 3s 內產生的資料集合。視窗是 Flink 極為重要的概念，會在後續章節中詳細講解。

可以使用 timeWindow() 方法來定義視窗。這裡在 2.3.2 節程式的 "keyBy(0)" 運算元後加入定義視窗的方法，如下所示：

```
// 省略2.3.2節的程式
// 鍵控流轉換算子
.keyBy(0)// 指定時間的視窗大小
.timeWindow(Time.seconds(10))
// 求和
.sum(1);
// 省略2.3.2節的程式
```

執行上述應用程式之後，會在主控台中輸出以下資訊：

```
9> (SQL,1)
7> (world,1)
5> (Batch,2)
12> (Flink,3)
4> (Steam,1)
4> (hello,1)
4> (Table,1)
-------------
12> (Flink,1)
9> (SQL,3)
5> (Batch,1)
7> (world,1)
4> (Table,1)
4> (Steam,1)
4> (hello,2)
```

由上述輸出資訊可以看到，每隔 10s 輸出一段資訊，每段資訊中的單字的總數都是 10。

但是也會出現例外情況，如果嘗試多次啟動和停止該任務，則可能會輸出以下結果：

```
7> (world,1)
4> (Steam,2)
4> (Table,1)
5> (Batch,1)
-------------
12> (Flink,3)
4> (Table,1)
```

```
4> (hello,1)
4> (Steam,4)
9> (SQL,1)
```

可以看到，第一次啟動視窗輸出的資料，只收到了 5（1+2+1+1）個單字，接下來的 10s 就正常了，這個問題可以透過加入時間戳記和水位線來解決。在後續章節中將對相關內容進行講解。

2.4 使用 Table API 處理無界資料流程和有界資料流程

2.4.1 處理無界資料流程

下面使用 Table API 處理無界資料流程：

```
public class WordCountTableForStream {
    // main()方法——Java應用程式的入口
    public static void main(String[] args) throws Exception {
        // 獲取流處理的執行環境
        StreamExecutionEnvironment sEnv = StreamExecutionEnvironment.
          getExecutionEnvironment();
                // 定義所有初始化表環境的參數
                EnvironmentSettings bsSettings = EnvironmentSettings.
                  newInstance()
                .useBlinkPlanner() // 將BlinkPlanner設定為必需的模組
                .inStreamingMode() // 設定元件應在流模式下工作，預設啟用
                .build();
        // 創建Table API、SQL程式的執行環境
        StreamTableEnvironment tEnv = StreamTableEnvironment.create(sEnv,
        bsSettings);
        // 或可以使用TableEnvironment bsTableEnv = TableEnvironment.
        create(bsSettings);
        // 獲取自訂的資料流程
        DataStream<String> dataStream = sEnv.addSource(new MySource());
```

```
        // 將資料集轉為表
        Table table1 = tEnv.fromDataStream(dataStream,$("word"));
        // 將資料集轉為表
        Table table = table1
                .where($("word")
                .like("%t%"));
        String explantion_old = tEnv.explain(table);
        System.out.println(explantion_old);
        // 將指定的Table轉為指定類型的DataStream
        tEnv.toAppendStream(table, Row.class)
        .print("table");
        // 執行任務操作。因為Flink是惰性載入的，所以必須呼叫execute()方法才會
           執行
        sEnv.execute();
        }
}
```

執行上述應用程式之後，會在主控台中輸出以下資訊：

```
table:11> Steam
table:12> Batch
table:1> Batch
table:2> Steam
table:3> Steam
table:4> Batch
table:5> Batch
table:6> Steam
```

Tips

因為只是查詢帶有 "t" 字元的單字，所以程式執行後可能要等一小段時間才會有資料輸出。

使用命令創建的 Flink 應用程式自動添加了批次處理和流處理的依賴，但未添加 Table/SQL 的應用程式需要的依賴，相關依賴見隨書原始程式或見 3.4.3 節。

2.4.2 處理有界資料流程

下面結合 Java 的 POJO 類別來演示。

1. 編寫實體類別

創建一個 Java 的 POJO 類別 MyOrder，如下所示：

```
public  class MyOrder {
        // 定義類的屬性
        public Long id;
        // 定義類的屬性
        public String product;
        // 定義類的屬性
        public int amount;
        // 無參建構方法
        public MyOrder() {
        }
    // 有參建構方法
    public MyOrder(Long id, String product, int amount) {
        this.id = id;
        this.product = product;
        this.amount = amount;
    }
        @Override
        /* toString()方法，返回數值型態為String */
    public String toString() {
        return "MyOrder{" +
                "id=" + id +
                ", product='" + product + '\'' +
                ", amount=" + amount +
                '}';
    }
}
```

2. 編寫 Table API 處理常式

下面使用 Table API 將 DataSet 轉為 Table，並實現過濾操作：

```
public class TableBatchDemo {
    // main()方法——Java應用程式的入口
    public static void main(String[] args) throws Exception {
```

```
        // 獲取執行環境
        ExecutionEnvironment env = ExecutionEnvironment.getExecutionEnvironment();
        // 創建Table API、SQL程式的執行環境
        BatchTableEnvironment tEnv = BatchTableEnvironment.create(env);
        // 載入或創建來源資料
        DataSet<MyOrder> input = env.fromElements(
                                new MyOrder(1L,"BMW", 1),
                                new MyOrder(2L,"Tesla", 8),
                                new MyOrder(2L,"Tesla", 8),
                                new MyOrder(3L,"Rolls-Royce", 20));
        // 將DataSet轉為Table
        Table table = tEnv.fromDataSet(input);
        // 執行過濾操作
        Table filtered = table
                            // 條件
                            .where($("amount")
                            .isGreaterOrEqual(8));
                            // 將指定的Table轉為指定類型的DataSet
        DataSet<MyOrder> result = tEnv.toDataSet(filtered, MyOrder.class);
        //列印資料到主控台
        result.print();
    }
```

執行上述應用程式之後，會在主控台中輸出以下資訊：

```
MyOrder{id=2, product='Tesla', amount=8}
MyOrder{id=2, product='Tesla', amount=8}
MyOrder{id=3, product='Rolls-Royce', amount=20}
```

2.5 使用 SQL 處理無界資料流程和有界資料流程

2.5.1 處理無界資料流程

下面演示的是使用 SQL 將無界資料流程轉為表，並進行過濾：

```
public class SQLStreamDemo {
    // main()方法——Java應用程式的入口
    public static void main(String[] args) throws Exception {
```

```
        // 獲取流處理的執行環境
        StreamExecutionEnvironment env = StreamExecutionEnvironment.
        getExecutionEnvironment();
        // 創建Table API和SQL程式的執行環境
        StreamTableEnvironment tEnv=StreamTableEnvironment.create(env);
        // 獲取自訂的資料流程
        DataStream<String> stream = env.addSource(new MySource());
        // 將DataStream轉為Table
        Table table = tEnv.fromDataStream(stream, $("word"));
        // 查詢Table
        Table result = tEnv.sqlQuery("SELECT * FROM "  + table + " WHERE word
                    LIKE '%t%'");
                    tEnv
                     .toAppendStream(result, Row.class) // 將指定的Table轉為
                                                    指定類型的DataStream
        .print(); // 列印資料到主控台
        // 執行任務操作。因為Flink是惰性載入的，所以必須呼叫execute()方法才會
           執行
        env.execute();
        }
}
```

執行上述應用程式之後，會在主控台中輸出以下資訊：

```
9> Steam
10> Batch
12> Batch
1> Steam
11> Batch
```

由輸出資訊可知，該應用程式會輸出包含 "t" 的相關單字。

2.5.2 處理有界資料流程

下面演示的是使用 SQL 將有界資料流程轉為臨時視圖，然後執行 SQL 查詢：

```
public class SQLBatchDemo {
    // main()方法——Java應用程式的入口
    public static void main(String[] args) throws Exception {
```

```
        // 獲取執行環境
        ExecutionEnvironment env = ExecutionEnvironment.getExecutionEnvironment();
        // 創建Table API、SQL程式的執行環境
        BatchTableEnvironment tEnv = BatchTableEnvironment.create(env);
        // 載入或創建來源資料
        DataSet<MyOrder> input = env.fromElements(
                new MyOrder(1L,"BMW", 1),
                new MyOrder(2L,"Tesla", 8),
                new MyOrder(2L,"Tesla", 8),
                new MyOrder(3L,"Rolls-Royce", 20));
            // 註冊DataSet為視圖
            tEnv.createTemporaryView("MyOrder", input,$("id"),$("product"),
            $("amount"));
        // 在Table中執行SQL查詢，並將結果返回為一個新的Table
        Table table = tEnv.sqlQuery(
                "SELECT product,SUM(amount) as amount FROM MyOrder GROUP BY
                product");
                tEnv
                .toDataSet(table, Row.class) // 將指定的Table轉為指定類型的
                                                DataSet
        .print(); // 列印資料到主控台
    }
}
```

執行上述應用程式之後，會在主控台中輸出以下資訊：

```
Rolls-Royce,20
BMW,1
Tesla,16
```

由輸出資訊可知，該應用程式對 Tesla 的銷量進行了統計。

2.6 生成執行計畫圖

Flink 會根據各種參數（如資料規模或叢集中的機器數量）自動最佳化程式的執行策略。但是，有時需要了解 Flink 應用程式如何精確執行。所以，本節講解如何使用 Plan Visualization Tool 生成和查看 Flink 的執行計畫圖。

Tips

Flink 提供了用於提交和執行作業的 Web 介面，在該介面中也可以查看執行計畫圖。但限於本書的篇幅和定位，本書不講解 Flink 的架設、部署、運行維護、偵錯和監視等內容，也不講解如何透過 Web 介面來提交和查看作業。

Flink 提供的視覺化工具 Plan Visualization Tool 用來查看執行計畫，它可以透過在應用程式中生成的執行計畫 JSON 來生成帶有執行策略和完整註釋的執行計畫圖。

使用 Plan Visualization Tool 獲取執行計畫的步驟如下。

（1）獲取執行計畫 JSON。

在 Flink 應用程式中，可以使用 getExecutionPlan() 方法獲取執行計畫 JSON，如下所示：

```
// 獲取執行環境
final ExecutionEnvironment env = ExecutionEnvironment.getExecutionEnvironment();
...
System.out.println(env.getExecutionPlan());
```

舉例來說，在 2.3.2 節的程式中，增加 getExecutionPlan() 方法得到的執行計畫 JSON 如下所示：

```
{
  "nodes" : [ {
    "id" : 1,
    "type" : "Source: Custom Source",
    "pact" : "Data Source",
    "contents" : "Source: Custom Source",
    "parallelism" : 1
  }, {
    "id" : 2,
    "type" : "Flat Map",
    "pact" : "Operator",
    "contents" : "Flat Map",
    "parallelism" : 12,
```

```
    "predecessors" : [ {
      "id" : 1,
      "ship_strategy" : "REBALANCE",
      "side" : "second"
    } ]
  }, {
    "id" : 4,
    "type" : "Keyed Aggregation",
    "pact" : "Operator",
    "contents" : "Keyed Aggregation",
    "parallelism" : 12,
    "predecessors" : [ {
      "id" : 2,
      "ship_strategy" : "HASH",
      "side" : "second"
    } ]
  } ]
}
```

從上面輸出的資訊可以得知 Flink 應用程式的平行性、運算元等資訊。

(2) 透過 "https://flink.apache.org/visualizer/" 來到 Flink 的視覺化執行計畫圖生成工具的介面。

(3) 將獲取的 JSON 複製到該介面的文字標籤中。

(4) 點擊 "draw" 按鈕生成執行計畫圖。

生成的執行計畫圖如圖 2-5 所示。

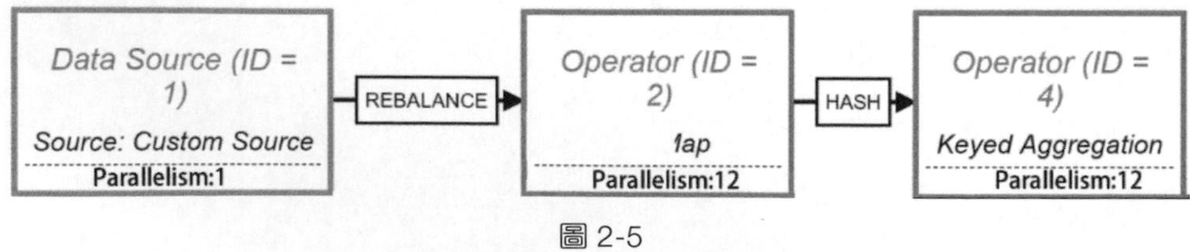

圖 2-5

Chapter 03 概覽 Flink

本章首先介紹流處理和批次處理，然後介紹 Flink 的整體架構、程式設計介面和專案依賴，最後介紹分散式執行引擎的環境。

3.1 了解流處理和批次處理

3.1.1 資料流程

現實世界中的大部分資料都是流式的，這些資料基本上都以一個起點開始，但沒有以一個終點結束。舉例來說，京東、淘寶、證券交易所的交易資料，物聯網感測器產生的訊號資料，以及網站或手機 App 上的使用者互動資料。

而有些資料卻是有界的，以時間或數量限定範圍，有開始點和結束點。舉例來說，《富比世》發佈的「2021 年亞洲 30 位（30 歲及以下）菁英」榜，以及 2021 年中國乘用車銷量榜 TOP100。

根據無界和有界的特徵，可以把資料流程分為無界資料流程和有界資料流程。

- 無界資料流程：有開始點但是沒有結束點的資料流程。無界資料流程是即時的，而且會無休止地產生資料。

- 有界資料流程：有明確開始點和結束點的資料流程，即資料流程是有邊界的，有固定數量，通常稱為資料集。

無界資料流程和有界資料流程如圖 3-1 所示。

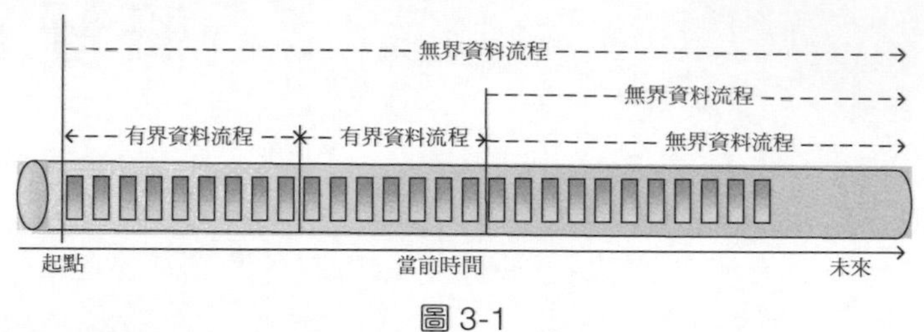

圖 3-1

3.1.2 流處理

資料流程是流處理的基本要素，它的多種特徵決定了如何及何時被處理。

因為無界資料流程和有界資料流程的存在，所以使用者通常會使用兩種截然不同的方法處理資料。

圖 3-2 展示了處理資料流程的兩種方式：批次處理和即時流處理。

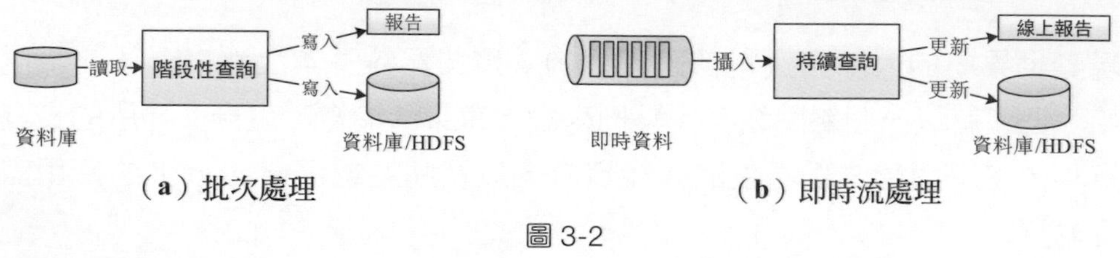

圖 3-2

- 批次處理：對有界資料流程的處理通常被稱為批次處理。批次處理不需要有序地獲取資料。在批次處理模式下，首先將資料流程持久化到儲存系統（檔案系統或物件儲存）中，然後對整個資料集的資料進行讀取、排序、統計或整理計算，最後輸出結果。
- 即時流處理：對於無界資料流程，通常在資料生成時進行即時處理。因為無界資料流程的資料輸入是無限的，所以必須持續地處理。資料被獲取後需要立刻處理，不可能等到所有資料都到達後再進行處理。處理無界資料流通常要求以特定順序（如事件發生的順序）獲取事件，以便能夠保證推斷結果的完整性。

Flink 是「流 / 批統一」的計算引擎，擅長處理無界資料流程和有界資料流程。精確的時間控制和狀態化，使 Flink 能夠執行任何無界資料流程和有界資料流程的應用程式。對於有界資料集，Flink 在流處理引擎中透過一些特殊的演算法和資料結構進行處理。

Flink 並不是流處理與批次處理都執行統一的程式，處理這兩種任務的底層的運算元是不同的，應根據具體功能和不同的特性來區別處理。舉例來說，在批次處理上沒有檢查點機制，在流處理上不能做排序、合併、連接等操作。

在 Flink 中，資料流程形成了有方向圖：以一個或多個資料來源（Source）運算元開始，並以一個或多個接收器（Sink）運算元結束，如圖 3-3 所示。

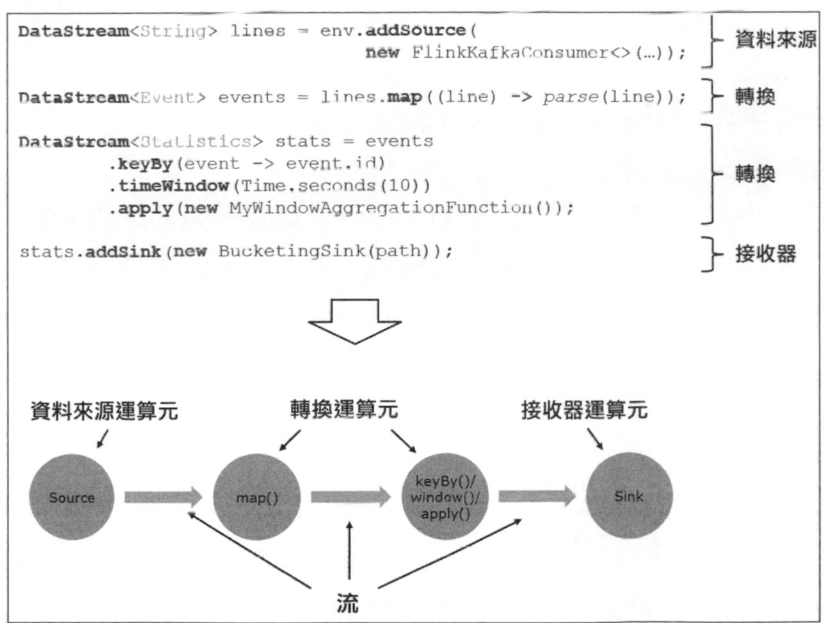

圖 3-3

一般來說程式碼中的轉換（Transformation）和資料流程中的運算元（Operator）是一一對應的。但有時也會出現一個轉換包含多個運算元的情況，如圖 3-3 所示，轉換 "stats" 包含鍵控資料流程（Keyed Date Stream，以下簡稱鍵控流）、視窗和視窗聚合這 3 個運算元。

Flink 應用程式既可以消費來自訊息佇列或分散式日誌這類流式資料來源的即時資料，也可以從各種資料來源中消費有界的歷史資料。同樣，Flink 應用程式生成的結果流也可以被發送到各種資料接收器（資料庫、訊息中介軟體等）中。

3.1.3 流式的批次處理

在 Flink 中如何處理無界資料流程呢？

Flink 把無界資料流程進行切分，得到有限的資料集，然後進行處理。這種被切分後的資料集就是有界資料集。

在流式計算引擎中，如圖 3-4 所示，先透過視窗對無限資料流程進行「快照」，生成有限的資料流程（集），然後把資料流程（集）分發到有限大小的「桶」中進行分析。視窗的快照動作就像拍照，透過特定的限定條件為資料限定一個範圍，它不影響整個資料流程，不同時間段的視窗顯示了視窗中的訂單資訊，欄位為 ID、總價、銷量。舉例來說，第 1 個視窗中有兩個事件：ID 為 7 的產品的售價是 221 元，銷量是 4 件；ID 為 8 的產品的售價是 21 元，銷量是 2 件。這兩個事件就組成了有界資料集，然後在視窗中被處理。

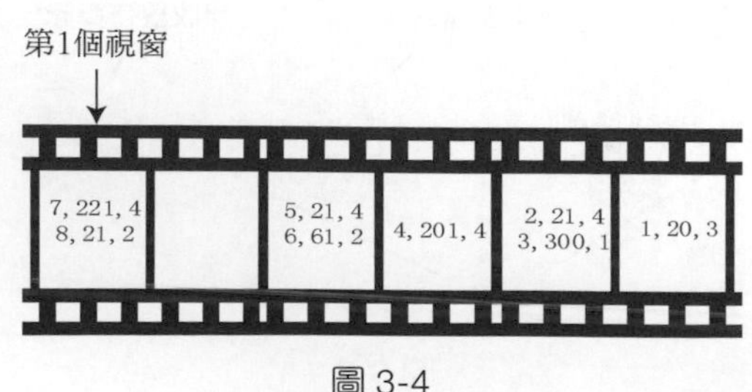

圖 3-4

Flink 將批次程式作為流處理常式的一種特殊情況執行，即該流處理常式的資料集是有界的（元素數量有限）。

與流處理相比，批次處理主要有以下幾方面特點。

- 批次程式的容錯不使用檢查點。因為資料有限，所以恢復可以透過「完全重播」（重新處理）來實現。這種處理方式會降低正常處理的成本，因為它可以避免檢查點。
- DataSet API 中的有狀態操作使用的是簡化的記憶體資料結構，而非鍵 - 值（Key-Value）索引。
- 在 DataSet API 中引入了特殊的同步疊代（基於超步），這只在有界資料流程上是可能的。

3.1.4 有狀態流處理

Flink 中的運算元是可以有狀態的，因此可以累積事件之前所有事件資料的結果。Flink 中的狀態不僅可以用於簡單的場景（如統計每分鐘的資料），還可以用於複雜的場景（如訓練作弊檢測模型）。

Flink 應用程式可以在分散式叢集上平行執行，其中每個運算元的各個平行實例會在單獨的執行緒中獨立執行，並且在大部分的情況下，這些平行實例會在不同的機器上執行。

有狀態運算元的平行實例組在儲存其對應狀態時，通常是按照鍵（Key）進行分片儲存的。每個平行實例運算元負責處理一組特定鍵的事件資料，並且這組鍵對應的狀態會被保存在本地。

如圖 3-5 所示，狀態共用的 Flink 作業的前 3 個運算元（從左到右）的平行度為 2，最後一個接收器（Sink）運算元的平行度為 1。第 3 個運算元是有狀態的，並且第 2 個運算元和第 3 個運算元是全互連的，它們之間透過網路進行資料分發。第 2 個運算元根據某些鍵對資料流程進行了分區，以便第 3 個運算元能匯合這些資料流程事件，然後做統一計算處理。

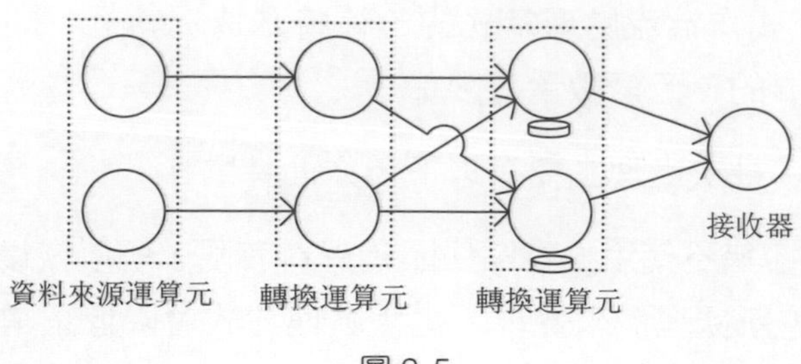

圖 3-5

Flink 應用程式的狀態存取都是在本地進行的，這有助其提高輸送量和降低延遲。在大部分的情況下，Flink 應用程式都是將狀態儲存在 JVM 堆積上，但如果狀態太大，也可以將其以結構化資料的格式儲存在高速磁碟中（狀態當地語系化），如圖 3-6 所示。

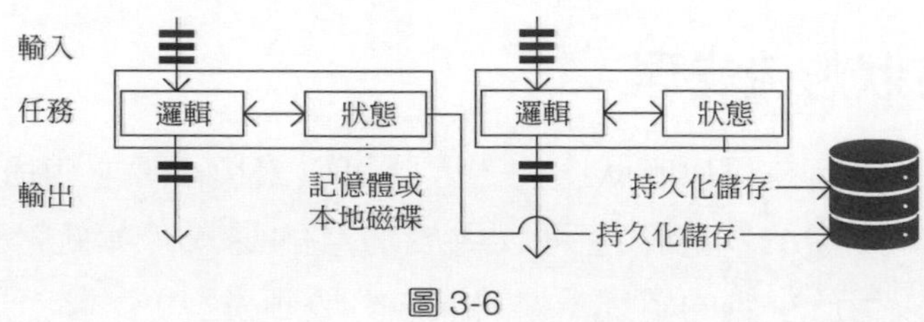

圖 3-6

3.1.5 平行資料流程

Flink 應用程式的執行具有平行、分散式特性。

如圖 3-7 所示，在執行過程中，每個運算元包含一個或多個運算元子任務，每個子任務在不同的執行緒、不同的物理機或不同的容器中，它們是彼此互不依賴地獨立執行的。運算元子任務的個數被稱為其平行度。在一個程式中，不同的運算元可能具有不同的平行度。

Flink 運算元之間可以透過一對一模式或重新分發模式傳輸資料，具體採用哪種模式取決於運算元的種類。

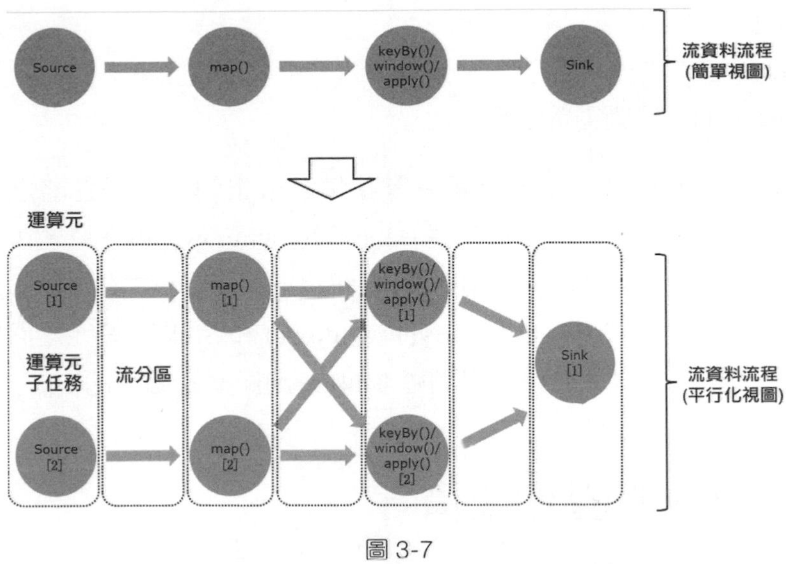

圖 3-7

1. 一對一模式

一對一模式也被稱為直傳模式，該模式可以保留元素的分區和順序資訊。

圖 3-7 中的 Source 運算元和 Map 運算元之間就是一對一模式。Map 運算元的子任務 map()[1] 輸入的資料及其順序，與 Source 運算元的子任務 Source[1] 輸出的資料及其順序完全相同，即同一分區的資料只會進入下游運算元的相同分區。

Map 運算元、Filter 運算元、FlatMap 運算元等都是一對一模式。

2. 重新分發模式

重新分發模式會更改資料所在的流分區。如圖 3-7 所示，在 map() 和 keyBy()/window() 之間，以及 keyBy()/window() 和 Sink 之間就是重新分發模式。

如果在程式中使用了不同的運算元，則每個運算元子任務會根據不同的運算元將資料發送給不同的目標子任務。

下面是幾種轉換及其對應分發資料的模式。

- keyBy()：透過雜湊鍵重新分區。
- Broadcast()：廣播。
- Rebalance()：隨機重新分發。

在重新分發資料的過程中，元素只有在每對輸出和輸入子任務之間才能保留其之間的順序資訊（舉例來說，keyBy()/window() 的子任務 keyBy()/window()/apply()[2] 接收到的 Map 的子任務 map() [1] 中的元素都是有序的）。因此，在圖 3-7 中，當 keyBy()/window() 和 Sink 運算元之間的資料重新分發時，不同鍵的聚合結果到達 Sink 的順序是不確定的。

3.2 Flink 的整體架構

Flink 包含部署層、執行引擎層、核心 API 層和領域函數庫層。圖 3-8 是 Flink 1.11 版本架構所包含的元件。

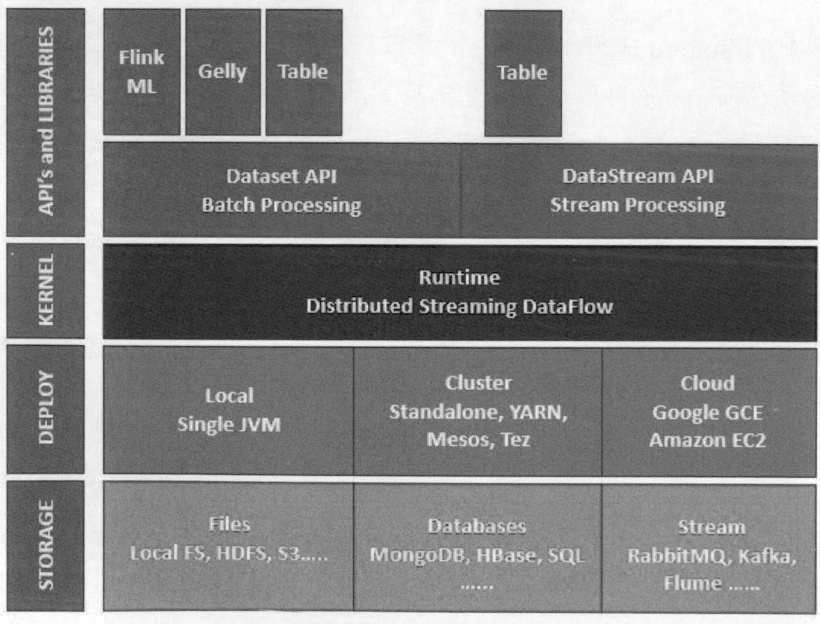

圖 3-8（來源：https://www.tutorialspoint.com/apache_flink/apache_flink_introduction.htm）

3.2.1 部署層

Flink 支援本地（Local）模式、叢集（Cluster）模式等。

3.2.2 執行引擎層

執行引擎層是核心 API 的底層實現，位於最低層。執行引擎層提供了支援 Flink 計算的全部核心實現。

執行引擎層的主要功能如下。

- 支援分散式流處理。
- 從作業圖（JobGraph）到執行圖（ExecutionGraph）的映射、排程等。
- 為上層的 API 層提供基礎服務。
- 建構新的元件或運算元。

執行引擎層的特點包括以下幾點：靈活性高，但開發比較複雜；表達性強，可以操作狀態、Time 等。

3.2.3 核心 API 層

核心 API 層主要對無界資料流程和有界資料流程進行處理，包括 DataStream API 和 DataSet API，以及實現了更加抽象但是表現力稍差的 Table API、SQL。

（1）DataStream API：用於處理無界資料，或以流處理方式來處理有界資料。

（2）DataSet API：用於對有界資料進行批次處理。使用者可以非常方便地使用 Flink 提供的各種運算元對分散式資料集進行處理。DataStream API 和 DataSet API 是流處理應用程式和批次處理應用程式的介面，程式在編譯時生成作業圖。在編譯完成之後，Flink 的最佳化器會生成不同的執行計畫。根據部署方式的不同，最佳化之後的作業圖將被提交給執行器執行。

(3) Table API、SQL：用於對結構化資料進行查詢，將結構化資料抽象成關係表，然後透過其提供的類別 SQL 語言的 DSL 對關係表進行各種查詢。

3.2.4 領域函數庫層

Flink 還提供了用於特定領域的函數庫，這些函數庫通常被嵌入在 API 中，但不完全獨立於 API。這些函數庫也因此可以繼承 API 的所有特性，並與其他函數庫整合。

在 API 層之上建構的滿足特定應用的實現計算框架（函數庫），分別對應針對流處理和針對批次處理這兩類。

- 針對流處理支援：CEP（複雜事件處理）、基於 SQL-like 的操作（基於 Table 的關係操作）。
- 針對批次處理支持：FlinkML（機器學習函數庫）、Alink（新開放原始碼的機器學習函數庫）、Gelly（圖型計算）。

3.3 Flink 的程式設計介面

開發 Flink 應用程式可以從 Flink 提供的 4 種 API 入手，它們既可以單獨使用，也可以混合使用（可以做到無縫切換）。從 Flink 的程式設計介面可以看出 Flink 的抽象層次。Flink 提供的多種不同層次的抽象 API 如圖 3-9 所示。

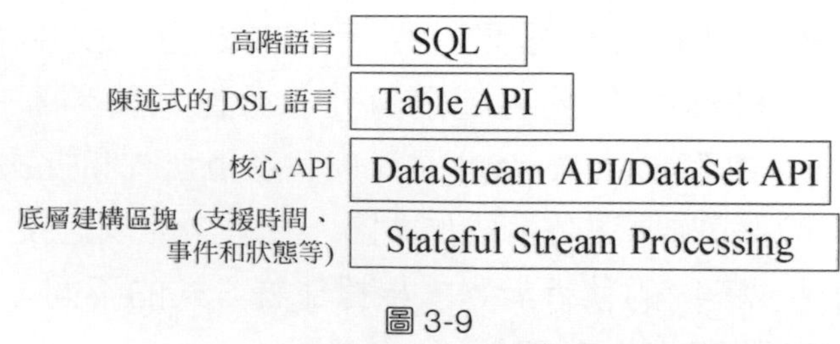

圖 3-9

由圖 3-9 可以看出，Flink 將資料處理介面抽象成 4 層，分別為 SQL、Table API、DataStream API/ DataSet API，以及 Stateful Stream Processing。使用者可以根據需要選擇任意一層抽象介面來開發 Flink 應用程式。每種 API 在簡潔性和表達力方面的側重點不同，並且針對的應用場景也不同。

- 抽象等級從低到高依次是 Stateful Stream Processing → DataStream API/ DataSet API → Table API → SQL。
- 表達力從低到高依次是 SQL → Table API → DataStream API/DataSet API → Stateful Stream Processing。

3.3.1 有狀態即時流處理介面

Flink API 底層的抽象為有狀態即時流處理（Stateful Stream Processing）。使用者可以使用該介面操作狀態、時間等底層資料。有狀態即時流處理介面是核心的底層實現，其抽象實現是 ProcessFunction，並且 ProcessFunction 被 Flink 整合到 DataStream API 中了。ProcessFunction 允許使用者在應用程式中自由地處理來自單流或多流的事件（資料），並提供具有全域一致性和容錯保證的狀態。

此外，使用者可以在此層中註冊事件時間（Event Time）和處理時間（Processing Time）的回呼方法，從而允許應用程式可以實現複雜計算。

 **Tips**

用有狀態即時流處理介面開發應用程式的靈活性非常強，可以實現非常複雜的流式計算邏輯，在使用 Flink 進行延伸開發或深度封裝時一般會用到該介面。

3.3.2 核心 API（DataStream API/DataSet API）

實際上，許多應用程式不需要使用底層抽象的 API，而是使用核心 API——DataStream API 和 DataSet API 進行程式設計。DataStream API 和 DataSet API 主要針對具有開發經驗的使用者。

1. DataStream API

DataStream API 應用於有界資料流程 / 無界資料流程場景，為資料處理提供了通用的模組元件，如各種形式的使用者自訂轉換、連接、聚合、視窗和狀態操作等。同時，每種介面都支援 Java、Scala 及 Python 等開發語言的 SDK。在這些 API 中處理的資料類型，在各自的程式語言中表示為類別。

DataStream API 的特殊 DataStream 類別用於表示 Flink 應用程式中的資料集合，可以將這些資料集合視為包含重複項的不可變資料集合。此資料集合既可以是有界的，也可以是無界的，用來處理它們的 API 是相同的，如過濾、更新狀態、定義視窗、聚合。

首先透過 DataStream API 從各種資料來源（訊息佇列、通訊端流、檔案）載入或創建資料流程；然後透過運算元將資料流程進行處理，轉換成新的資料流程；最後透過接收器將結果返回，接收器可以將返回的結果寫入檔案、命令列終端、資料庫等。

Flink 中每個 DataStream API 的流處理常式大致包含以下流程：①獲得執行環境；②載入 / 創建初始資料；③指定轉換運算元操作資料；④指定存放（輸出）結果的位置；⑤觸發程式執行。

在 DataSet 和 DataStream 中，轉換都是惰性載入的，所以需要在應用程式碼的最後使用 env.execute() 方法觸發執行，或使用 print() 方法、count() 方法、collect() 方法等觸發執行。

2. DataSet API

DataSet API 對有界資料集進行批次處理。它可以對靜態資料進行批次處理，將靜態資料抽象成分散式的資料集。它提供的基礎運算元包括映射、過濾、聯合、分組等。所有運算元都有對應的演算法和資料結構支援，對記憶體中的序列化資料操作。

Tips

Flink 中 DataSet API 的資料處理演算法借鏡了傳統資料庫演算法的實現，如混合散列連接和外部歸併排序。

Flink 中每個 DataSet API 的批次程式大致包含以下流程：①獲得執行環境；②載入 / 創建初始資料；③指定轉換運算元操作資料；④指定存放結果的位置。

3.3.3 Table API 和 SQL

Flink 提供了 Table API 和 SQL 這兩個進階的關聯式 API，用來做流處理和批次處理的統一處理。它們被整合在同一套 API 中，共用許多概念和功能。Table API 和 SQL 的核心是 Table API，Table API 用作查詢的輸入和輸出。Table API 是 SQL 的超集合。

Table API 和 SQL 使用 Apache 軟體基金會的 Calcite 進行查詢的解析、驗證與最佳化。Table API 和 SQL 的查詢可以在批次處理或流處理上執行而無須修改。它們降低了使用者使用即時計算的門檻，可以與 DataStream API 和 DataSet API 相互轉換或混合使用，並且支援使用者自訂的純量函數、匯總函數和表值函數等。

Table API 的查詢不是將查詢指定為 SQL 常見的 String 值，而是以 Java、Scala 或 Python 的語言嵌入樣式定義的，並且具有 IDE 支援（如自動完成和語法確認）。

在 Flink 中，每個 Table API 和 SQL 程式大致包含以下流程：①獲得執行環境；②根據執行環境獲取 Table API 和 SQL 執行環境；③註冊輸入表；④執行 Table API 和 SQL 查詢；⑤將輸出表結果發送給外部系統。

1. Table API

Table API 是以表（Table）為中心的陳述式領域特定語言（Domain-Specific Language，DSL）API。舉例來說，在流式資料場景下，Table API 可以表示一張正在動態改變的表。

Table API 中的表擁有 Schema（類似於關聯式資料庫中的 Schema，即列名稱和列類型資訊），並且 Table API 也提供了類似於關係模型中的操作，如選擇、投射、連接、分組和聚合等。

Table API 程式以宣告的方式定義應執行的邏輯操作，而非確切地指定程式應該執行的程式。

Table API 雖然可以使用各種類型的使用者自訂函數擴充功能，但還是比核心 API 的表達力差。Table API 程式在執行之前，會使用最佳化器中的最佳化規則對使用者編寫的運算式進行最佳化。

Table API 建構在 Table 之上，所以需要建構 Table 環境，並且不同類型的 Table 需要不同的 Table 環境。

2. SQL

SQL 是 Flink 最頂層（進階）抽象。在語義和程式運算式上 SQL 與 Table API 類似，但是其程式實現都採用 SQL 查詢運算式。SQL 的查詢敘述可以在「在 Table API 中定義的表」上執行。

SQL 具有比較低的學習成本，能夠讓資料分析人員和開發人員更快速地上手，幫助使用者更加專注於業務本身，而非受限於複雜的程式設計介面。

Table API、SQL 現在還處於活躍開發階段，沒有完全實現所有的特性。

3. 計畫器

學習 Table API、SQL，必須了解它們使用的計畫器（Planner）。計畫器把關聯式的操作翻譯成可執行的、經過最佳化的 Flink 任務。從 1.9 版本開始，Flink 提供了兩個計畫器，用來執行 Table API、SQL 程式——BlinkPlanner 和 OldPlanner。

在 Flink 1.9 版本之前，預設的計畫器是 OldPlanner。BlinkPlanner 是阿里巴巴開放原始碼的。BlinkPlanner 和 OldPlanner 所使用的最佳化規則及類別都不一樣，支援的功能也有一些差異。

對於生產環境，Flink 1.11 之後的版本預設使用 BlinkPlanner。

3.3.4 比較 DataStream API、DataSet API、Table API 和 SQL

1. DataStream API

目前，在開發工作中用得最多的 API 是 DataStream API，它是資料驅動應用程式和資料管道的主要 API。DataStream API 使用物理資料類型（Java/Scala 類別），沒有自動改寫和最佳化功能，這樣應用程式可以顯性控制時間和狀態。從長遠來看，DataSet API 最終會融入 DataStream API 中。

2. DataSet API

DataSet API 提供了一些額外的功能，如迴圈、疊代操作。DataSet API 也支援 Sort、Merge、Join 等操作。

3. Table API 和 SQL

Table API 和 SQL 正在以「流 / 批統一」的方式成為分析型使用案例的主要 API。它們都是宣告式的，並且應用了許多自動最佳化。由於這些特性，Table API 和 SQL 不提供直接存取時間和狀態的介面。

3.4 Flink 的專案依賴

每個 Flink 應用程式都需要一些依賴，以便使用 Kafka、Hive 等外部框架。

3.4.1 Flink 核心依賴和使用者的應用程式依賴

Flink 有兩大類依賴。

1. Flink 核心依賴

Flink 本身包含系統執行所需的類別和依賴項，如協調、網路、檢查點、容錯移轉、操作、資源管理等。這些類別和依賴項組成執行引擎的核心，並且在啟動 Flink 應用程式時必須存在。

這些核心類別和依賴項被打包在 flink-dist 的 JAR 套件中，它們是 Flink 中 Lib 資料夾的一部分，也是 Flink 基本容器映像檔的一部分。這些核心類別和依賴項類似於 Java 的核心函數庫 rt.jar 和 charsets.jar 等，其中包含諸如 String 和 List 之類的類別。

Flink 核心依賴項不包含任何連接器或函數庫，這樣可以避免在預設情況下在類別路徑中具有過多的依賴項和類別。Flink 嘗試將核心依賴項保持盡可能小，並且避免依賴項衝突。Flink 核心依賴如下所示：

```
<!-- Flink核心依賴 -->
<dependency>
        <groupId>org.apache.flink</groupId>
        <artifactId>flink-core</artifactId>
```

```
        <version>1.11.0</version>
</dependency>
```

2. 使用者應用程式依賴

使用者應用程式依賴主要是指使用者的應用程式所需的連接器和函數庫等依賴。使用者的應用程式通常被打包成 JAR 套件，其中包含應用程式碼及其所需的連接器和函數庫。

使用者的應用程式依賴不包括 Flink 核心依賴的部分，如 DataStream API 和執行引擎所需的依賴。

3.4.2 流處理應用程式和批次處理應用程式所需的依賴

每個 Flink 應用程式都需要最小的 Flink API 依賴。在手動設定專案時，需要為 Java API 增加以下依賴項：

```
<!-- Flink流處理應用程式的依賴 -->
<dependency>
        <groupId>org.apache.flink</groupId>
        <artifactId>flink-streaming-java_2.11</artifactId>
        <version>1.11.0</version>
        <!-- provided表示在打包時不將該依賴打包進去，可選的值還有compile、
runtime、system、test -->
        <scope>provided</scope>
</dependency>
```

所有這些依賴項的作用域（Scope）都被設定為 "provided"，這表示需要編譯，但不應將它們打包到專案的生產環境的 JAR 套件中。這些依賴項是 Flink 核心依賴項，在任何設定中都是可用的。

建議將這些依賴項保持在 "provided" 的範圍內。如果未將 "scope" 的值設定為 "provided"，則會使生成的 JAR 套件變得過大（因為它包含了所有 Flink 核心依賴項），從而引起依賴項版本衝突（可以透過反向類別載入避免這種情況）。

3.4.3 Table API 和 SQL 的依賴

1. 相關依賴

與 DataStream API 和 DataSet API 開發 Flink 應用程式所需要的依賴不同，透過 Table API、SQL 開發 Flink 應用程式，需要加入如下所示的依賴：

```
<!-- Flink的Table API、SQL依賴 -->
<dependency>
        <groupId>org.apache.flink</groupId>
        <artifactId>flink-table-api-java-bridge_2.11</artifactId>
        <version>1.11.0</version>
        <!-- provided表示在打包時不將該依賴打包進去，可選的值還有compile、
runtime、system、test -->
        <scope>provided</scope>
</dependency>
```

除此之外，如果想在 IDE 本地執行程式，則需要增加對應的模組，具體取決於使用的計畫器。

(1) 如果使用 OldPlanner，則增加如下所示的依賴：

```
<!--適用於Flink 1.9之前可用的OldPlanner -->
<dependency>
        <groupId>org.apache.flink</groupId>
        <artifactId>flink-table-planner_2.11</artifactId>
        <version>1.11.0</version>
        <!-- provided表示在打包時不將該依賴打包進去，可選的值還有compile、
runtime、system、test -->
        <scope>provided</scope>
</dependency>
```

(2) 如果使用 BlinkPlanner，則增加如下所示的依賴：

```
<!-- 適用於BlinkPlanner -->
<dependency>
        <groupId>org.apache.flink</groupId>
        <artifactId>flink-table-planner-blink_2.11</artifactId>
```

```
        <version>1.11.0</version>
        <!-- provided表示在打包時不將該依賴打包進去，可選的值還有compile、
runtime、system、test -->
        <scope>provided</scope>
</dependency>
```

由於部分 Table 相關的程式是用 Scala 實現的，因此如下所示的依賴也需要增加到程式中，不管是流處理應用程式還是批次處理應用程式：

```
<!-- 部分Table相關的Scala依賴 -->
<dependency>
        <groupId>org.apache.flink</groupId>
        <artifactId>flink-streaming-scala_2.11</artifactId>
        <version>1.11.0</version>
        <!-- provided表示在打包時不將該依賴打包進去，可選的值還有compile、
runtime、system、test -->
        <scope>provided</scope>
</dependency>
```

2. 擴充依賴

如果想用自訂格式來解析 Kafka 資料，或自訂函數，則增加如下所示的依賴。編譯出來的 JAR 套件可以直接給 SQL Client 使用。

```
<!-- Table的公共依賴 -->
<dependency>
        <groupId>org.apache.flink</groupId>
        <artifactId>flink-table-common</artifactId>
        <version>1.11.0</version>
        <!-- provided表示在打包時不將該依賴打包進去，可選的值還有compile、
runtime、system、test -->
        <scope>provided</scope>
</dependency>
```

flink-table-common 模組包含的可以擴充的介面有 SerializationSchemaFactory、DeserializationSchemaFactory、ScalarFunction、TableFunction 和 AggregateFunction。

3. 在開發工具中執行的依賴

如果在開發工具中測試 Flink 應用程式，則需要增加如下所示的依賴，否則會報錯誤訊息 "No ExecutorFactory found to execute the application"：

```
<!-- Flink的用戶端依賴 -->
<dependency>
        <groupId>org.apache.flink</groupId>
        <artifactId>flink-clients_2.11</artifactId>
        <version>1.11.0</version>
</dependency>
```

3.4.4 Connector 和 Library 的依賴

大多數應用程式都需要使用特定的連接器或函數庫才能執行，如連接到 Kafka、Hive 等，這些連接器不是 Flink 核心依賴項的一部分，因此，它們必須作為依賴項被增加到應用程式中。

增加 Kafka 連接器作為依賴項的實例如下所示：

```
<!-- Flink的Kafka連接器依賴 -->
<dependency>
        <groupId>org.apache.flink</groupId>
        <artifactId>flink-connector-kafka_2.11</artifactId>
        <version>1.11.0</version>
</dependency>
```

Tips

為了使 Maven 和其他建構工具能正確地將依賴項打包到應用程式 JAR 包中，則必須指定範圍（Scope）的值為 "compile"。這與核心依賴項不同，核心依賴項必須指定範圍（Scope）為 "provided"。

3.4.5 Hadoop 的依賴

如果沒有將現有的 Hadoop 輸入 / 輸出格式與 Flink 的 Hadoop 一起使用，則不必將 Hadoop 依賴項直接增加到應用程式中。

如果要將 Flink 與 Hadoop 一起使用，則需要具有一個包含 Hadoop 依賴項的 Flink 設定，而非將 Hadoop 增加為使用者的應用程式依賴項。

如果在 IDE 內進行測試或開發（如用於 HDFS 存取），則需要增加 Hadoop 依賴項，並指定依賴項的範圍（Scope）。

3.5 了解分散式執行引擎的環境

Flink 是一個分散式系統，需要對資源進行有效的分配和管理。本節不僅介紹 Flink 的兩種類型的處理程序、任務插槽和資源，還介紹 Flink 應用程式的執行。

3.5.1 作業管理器、工作管理員、用戶端

Flink 由兩種類型的處理程序組成：一個作業管理器（Job Manager），一個或多個工作管理員（Task Manager）。Flink 的整體架構如圖 3-10 所示。

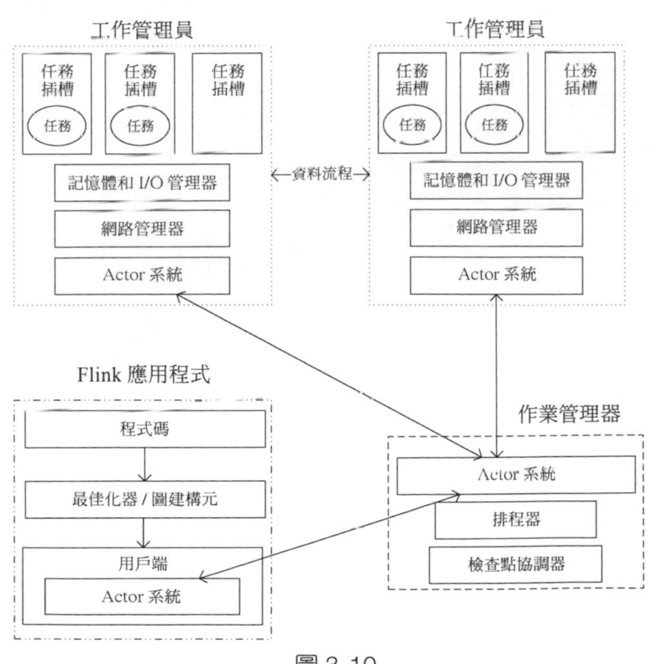

圖 3-10

1. 作業管理器

作業管理器也被稱為 Master。每個作業至少有一個作業管理器。在高可用部署下會有多個作業管理器，其中一個作為 Leader，其他的處於待機（Standby）狀態。

作業管理器的職責主要包括以下幾點。

- 負責排程任務：決定何時安排下一個任務（或一組任務），對完成的任務或執行失敗的任務做出反應。
- 協調分散式運算。
- 協調檢查點。
- 協調故障恢復。

作業管理器的這些職責由 3 個不同的元件來實現。

- 資源管理器（Resource Manager）：管理任務插槽（Task Slot），負責 Flink 叢集中的資源取消和分配。這些任務插槽是 Flink 叢集中資源排程的單位。Flink 為不同的環境和資源提供者（如 YARN、Mesos、Kubernetes 和獨立部署）實現了多個資源管理器。在獨立設定中，資源管理器只能分配可用工作管理員的插槽，而不能自行啟動新的工作管理員。
- 作業主管（Job Master）：負責管理單一作業圖的執行。在 Flink 叢集中，可以同時執行多個作業，每個作業都有自己的 Job Master。
- 排程器（Dispatcher）：透過提供 REST 介面來提交 Flink 應用程式以供執行，並為提交的每個作業啟動一個新的 Job Master。它還可以執行 Flink Web UI，以提供有關作業執行的資訊。

2. 工作管理員

工作管理員也被稱為工作處理程序（Worker）。工作管理員執行資料流程中的任務，準確來說是子任務（Subtask），並且快取和交換資料流程。

每個作業至少有一個工作管理員。工作管理員連接到作業管理器，通知作業管理器自己可用，然後開始接手被分配的工作。

3. 用戶端

用戶端不是執行引擎的一部分，而是用來準備和提交資料流程到作業管理器的。在提交完成後，用戶端既可以斷開連接，也可以保持連接以接收進度報告。用戶端既可以作為觸發執行的 Java/Scala 程式的一部分，也可以在 Flink 的命令列處理程序中執行以下命令來執行用戶端：

```
./bin/flink run ...
```

3.5.2 任務插槽和資源

每個工作管理員都是一個 JVM 處理程序。JVM 處理程序用於在不同的執行緒中執行一個或多個子任務。工作管理員和任務插槽組成了工作處理程序。為了控制工作處理程序接收任務的數量，可以透過任務插槽來控制工作處理程序。一個工作處理程序至少有一個任務插槽。任務插槽在工作管理員中的位置如圖 3-11 所示。

圖 3-11

每個任務插槽代表工作管理員的 1 個固定資源子集。被劃分的資源不是 CPU 資源，而是任務的記憶體資源。舉例來說，具有 3 個任務插槽的工作管理員會將其管理的記憶體資源劃分成 3 等份，然後提供給每個任務插槽。劃分資源表示子任務之間不會競爭資源，它們只擁有固定的資源。

使用者可以透過調整任務插槽的數量來決定子任務的隔離方式。如果每個工作管理員有一個任務插槽，則每個任務在一個單獨的 JVM 中執行（如在一個單獨的容器中執行）。擁有多個任務插槽表示：多個子任務共用同一個 JVM；在同一個 JVM 中，任務透過多工技術共用 TCP 連接和心跳資訊。任務還可以共用資料集和資料結構，從而降低每個任務的負擔。

在預設情況下，Flink 允許子任務共用任務插槽（即使它們是不同任務的子任務，只要它們來自同一個作業）。因此，一個任務插槽可能會負責這個作業的整個管道（Pipeline）。允許共用任務插槽有以下兩個好處。

- 減少計算：如果 Flink 叢集有與作業中使用的最高平行度一樣多的任務插槽，則不需要計算作業總共包含多少個任務（具有不同平行度）。
- 更好的資源使用率：在沒有共用任務插槽的情況下，簡單的子任務（如 Map）會佔用和複雜子任務（如視窗）一樣多的資源。如果透過共用任務插槽將圖 3-11 中的平行度從 2 增加到 6，則可以充分利用任務插槽的資源，同時確保繁重的子任務在工作管理員之間公平地獲取資源，共用任務插槽，如圖 3-12 所示。

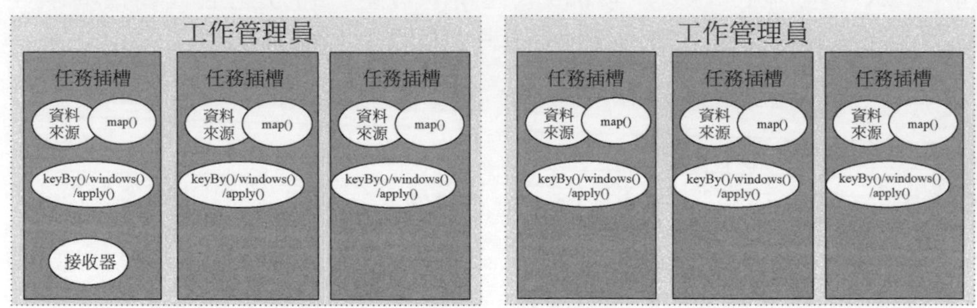

圖 3-12

任務插槽的數量應該和 CPU 核心數相同。在使用超執行緒時，每個任務插槽會佔用 2 個或更多的硬體執行緒上下文。

3.5.3 Flink 應用程式的執行

Flink 應用程式的執行可以在本地 JVM 或具有多台電腦的叢集環境中進行。

對於每個應用程式，執行環境提供了一些諸如設定平行性的方法，以控制作業執行，並與外界進行互動。

Flink 應用程式的作業可以提交到長時間執行的 Flink 階段叢集、Flink 作業叢集或 Flink 應用程式叢集，三者的差異主要表現在叢集的生命週期和資源隔離方面，如表 3-1 所示。

表 3-1

比較項	Flink 階段叢集	Flink 作業叢集	Flink 應用程式叢集
生命週期	不與任何 Flink 作業的存活時間綁定	用於為提交的每個作業啟動叢集。在作業完成後，Flink 作業叢集將被拆除	僅從一個 Flink 應用程式執行作業，並且 main() 方法在整個叢集內，而不只是在用戶端上執行。Flink 應用程式叢集的存活時間與 Flink 應用程式的存活時間應綁定在一起
資源隔離	工作管理員的任務插槽由資源管理器在作業提交時分配，並在作業完成後釋放	作業管理器中的致命錯誤僅影響在該 Flink 作業叢集中執行的作業	資源管理器和排程器的作用域為單一 Flink 應用程式

這 3 種叢集的優勢如下。

- Flink 階段叢集：擁有預先存在的叢集，可以節省資源申請和工作管理員的啟動時間，可以讓作業快速使用現有資源執行計算。
- Flink 作業叢集：由於資源管理器必須應用並等待外部資源管理元件，以啟動工作管理員處理程序並分配資源，因此 Flink 作業叢集適用於長期執行、具有高穩定性要求且對長啟動時間不敏感的大型作業。

Flink 應用程式叢集：Flink 應用程式叢集可以被看作 Flink 應用程式叢集的「用戶端執行」替代方案。

Chapter
04

Flink 開發基礎

本章首先介紹 Flink 應用程式的結構，如何設定 Flink 應用程式的執行環境和參數，初始化資料來源，如何進行資料轉換和結果的輸出；然後介紹如何處理應用程式的參數，以及如何自訂函數；最後介紹 Flink 的資料類型和序列化。

4.1 開發 Flink 應用程式的流程

4.1.1 了解 Flink 應用程式的結構

使用 DataStream API、DataSet API、Table API 和 SQL 開發的 Flink 應用程式具有相同的程式結構。Flink 應用程式的程式和資料流程如圖 4-1 所示。

由圖 4-1 可以看出，Flink 應用程式主要由 3 部分組成。

- 資料來源（Source）：用來讀取資料，是整個流的入口。
- 轉換（Transformation）：用於處理資料，轉換一個或多個無界資料流程或有界資料流程，從而形成一個新的資料流程。
- 接收器（Sink）：用於輸出資料，是資料的出口，也可以稱之為「匯」或「輸出」。

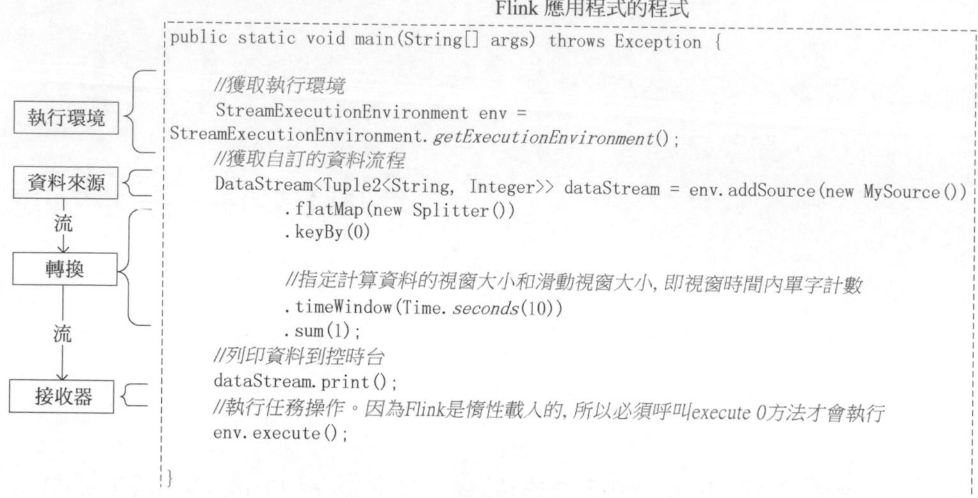

圖 4-1

流和轉換組成了 Flink 應用程式的基礎建構模組。每個資料流程起始於一個或多個資料來源，並終止於一個或多個接收器。

程式中的轉換與資料流程中的運算元之間存在「一對一」或「一對多」的對應關係。

4.1.2 設定執行環境和參數

開發 Flink 應用程式的第一步是設定執行環境和參數。

1. 設定 DataStream API、DataSet API 的執行環境

執行環境（Execution Environment）表示當前執行程式的上下文，它決定了 Flink 應用程式在什麼執行環境（本地或叢集）中執行。不同的執行環境也決定了應用程式的不同類型。批次處理和流處理作業分別使用不同的執行環境。在 Flink 應用程式中，可以透過以下 2 個類別來創建執行環境。

- StreamExecutionEnvironment：用來創建流處理執行環境。
- ExecutionEnvironment：用來創建批次處理執行環境。

可以使用以下 3 個方法來獲取執行環境。

（1）getExecutionEnvironment() 方法。該方法自動獲取當前執行環境，是常用的創建執行環境的方式。如果沒有設定平行度，則以 flink-conf.yaml 檔案中設定的平行度為準，預設值是 1。

（2）createLocalEnvironment() 方法。該方法返回本地執行環境，需要在呼叫時指定平行度。如果將編譯後的應用程式發佈到叢集中，則需要把原始程式改成遠端執行環境。

（3）createRemoteEnvironment() 方法。該方法返回叢集的執行環境，但需要在呼叫時指定作業管理器的 IP 位址、通訊埠編號和叢集中執行的 JAR 套件位置等。createRemoteEnvironment() 方法的使用方法如下所示：

```
StreamExecutionEnvironment.createRemoteEnvironment("JobManagerHost", 6021, 5,
"/flink_ application.jar");
```

2. 設定 Table API、SQL 的執行環境

（1）BatchTableEnvironment 類別。該類別用來創建 Table API、SQL 的批資料處理執行環境，其使用方法如下所示：

```
// 獲取批資料處理執行環境
ExecutionEnvironment env = ExecutionEnvironment.getExecutionEnvironment();
// 創建Table API、SQL程式的執行環境
BatchTableEnvironment tEnv = BatchTableEnvironment.create(env);
```

（2）StreamTableEnvironment 類別。該類別用來創建 Table API、SQL 的流資料處理執行環境，其使用方法如下所示：

```
// 獲取流資料處理的執行環境
StreamExecutionEnvironment env = StreamExecutionEnvironment.
getExecutionEnvironment();
// 創建Table API、SQL程式的執行環境
StreamTableEnvironment tableEnv = StreamTableEnvironment.create(env);
```

3. 設定執行環境參數

（1）setParallelism() 方法，用來設定平行度。在此處設定的平行度將使所有運算元與平行實例一起執行。此方法將覆蓋執行環境中的預設平行度。

LocalStreamEnvironment 類別預設使用等於硬體上下文（CPU 核心 / 執行緒）數量的值。在透過命令列用戶端執行程式時，才使用在這裡設定的平行度。

（2）setBufferTimeout() 方法，用來設定刷新輸出緩衝區的最大時間頻率（ms）。在預設情況下，輸出緩衝區會頻繁刷新，以提供低延遲。

在實際生產環境中，流中的資料通常不會一個一個地在網路中傳輸，而是將這些資料先快取起來，以避免不必要的網路流量消耗，然後傳輸。快取的大小可以在 Flink 的設定檔、ExecutionEnvironment 或某個運算元中進行設定（預設為 100ms）。

setBufferTimeout() 方法的參數主要有以下 3 種。

- 正整數：以該數值定期觸發，優勢是提高了輸送量，劣勢是增加了延遲。
- 0：在每筆記錄後觸發，從而最大限度地減少等待時間，這會產生性能的損耗。
- -1：快取中的資料一滿就會被發送，這會移除逾時機制。

（3）setMaxParallelism() 方法，用來設定最大平行度，以指定動態縮放的上限。最大平行度的範圍如下：

$$0 < maxParallelism \leqslant 2^{15}-1$$

（4）setStateBackend() 方法，用於設定狀態後端。Flink 內建了以下 3 種狀態後端。

- MemoryStateBackend：用記憶體儲存狀態（此為預設值），用於小狀態、本地偵錯。

- FsStateBackend：用檔案系統儲存狀態，用於大狀態、長視窗、高可用場景。
- RocksDBStateBackend：用 Rocks 資料庫儲存狀態，用於超大狀態、長視窗、可增量檢查點和高可用場景。

（5）setStreamTimeCharacteristic() 方法，用來設定應用程式處理資料流程的時間特性。Flink 定義了以下 3 類時間特性的值。

- ProcessingTime：處理時間。
- IngestionTime：攝入時間。
- EventTime：事件時間。

（6）setRestartStrategy() 方法，用於設定故障重新啟動策略。當任務的失敗率上升到一定的程度時，Flink 認為本次任務最終是失敗的。setRestartStrategy() 方法的使用方法如下所示：

```
env.setRestartStrategy(RestartStrategies
    .failureRateRestart(2, Time.of(1, TimeUnit.MINUTES)
        ));
```

上述程式設定的最大失敗次數為 2，衡量失敗次數的時間間隔是 1min，也可以將單位設定為 s 或 ms。

4.1.3 初始化資料來源

在創建完成執行環境後，需要將資料引入 Flink 系統中。執行環境提供了不同的資料連線介面，以便將外部資料轉換成 DataStream 資料集或 DataSet 資料集。

Flink 讀取資料來源，並將其轉為 DataStream 資料集或 DataSet 資料集，這樣就完成了從資料來源到分散式資料集的轉換。

Flink 可以直接從第三方系統獲取資料，因為在 Flink 中預設提供了多種從外部讀取資料的連接器，這些連接器可以處理批次資料和即時資料。

4.1.4 資料轉換

DataStream API 和 DataSet API 主要的區別在於轉換部分，它們的運算元所在類別分別為 DataStream 和 DataSet 資料集。

1. 執行轉換操作

在透過 Flink 讀取資料，並轉換成 DataStream 資料集或 DataSet 資料集之後，就可以進行下一步的各種轉換操作。

Flink 中的轉換操作是透過不同的運算元來實現的，在每個運算元的內部透過實現函數介面來完成資料處理邏輯的定義。

DataStream API 和 DataSet API 提供了大量的轉換運算元，如 Map 運算元、FlatMap 運算元、Filter 運算元、KeyBy 運算元等。使用者只需要定義每種運算元執行的邏輯，並將它們應用在資料轉換操作的運算元中即可。

Tips

使用者也可以透過實現函數介面來自訂資料的處理邏輯，然後將定義好的函數應用在對應的運算元中。

2. 指定用來分區的鍵

Join 運算元、CoGroup 運算元、GroupBy 運算元等需要根據指定的鍵進行轉換，以便將相同鍵的資料路由到相同的管道（Pipeline）中，然後進行下一步的計算。所以，在使用它們之前，需要先將 DataStream 資料集或 DataSet 資料集轉換成對應的 KeyedStream 和 GroupedDataSet。

Tips

這類運算元並不是真正意義上的將資料集轉換成「鍵 - 值」結構，而是一種虛擬的鍵，以便於後面的基於鍵的運算元使用。

分區鍵可以透過以下 3 種方式指定。

（1）根據欄位位置指定。

在 DataStream API 中，可以透過 keyBy() 方法將 DataStream 資料集根據指定的鍵轉換成 KeyedStream。在 DataSet API 中，在對資料進行聚合時，可以使用 GroupBy() 方法對資料進行重新分區。

（2）根據欄位名稱指定。

如果要在 Flink 中使用巢狀結構的複雜資料結構，則可以透過欄位名稱來指定鍵。在使用欄位名稱來指定鍵時，DataStream 資料集中的資料結構必須是 Tuple 類型或 POJO 類型的。

如果程式中使用的資料是 Tuple 類型的，那麼欄位名稱通常是從 1 開始計算的，欄位位置索引則從 0 開始計算。如下所示的兩種方式是相等的：

```
// 透過欄位名稱指定第1個欄位
dataStream.keyBy("_1")
// 透過欄位位置指定第1個欄位
dataStream.keyBy(0)
```

（3）透過鍵選擇器指定。

可以透過定義鍵選擇器來選擇資料集中的鍵。

4.1.5 輸出結果和觸發程式

經過轉換之後的結果資料集，一般需要輸出到外部系統中，或輸出到主控台上。

在 DataStream 介面和 DataSet 介面中定義了基本的資料輸出方法，如基於檔案輸出和主控台的輸出。

使用者可以透過直接呼叫 addSink() 方法增加輸出系統定義的 DataSink 類別運算元，從而將資料輸出到外部系統中。

1. 輸出方式

基於檔案，如下所示：

```
// 輸出為Text檔案
stream.writeAsText("/path/to/file");
// 輸出為CSV檔案
stream.writeAsCsv("/path/to/file");
```

基於 Socket，如下所示：

```
// 輸出到Socket
stream.writeToSocket(host, port, SerializationSchema)
```

基於標準 / 錯誤輸出，如下所示：

```
// 列印資料到主控台
stream.print();
// 寫入標準輸出串流（錯誤訊息）
stream.printToErr();
```

在學習和開發中，常用的是輸出到開發工具的主控台上。

2. 觸發程式

在 StreamExecutionEnvironment 中，需要呼叫 ExecutionEnvironment 的 execute() 方法來觸發應用程式的執行。execute() 方法返回 JobExecutionResult 類型的結果，其中包含程式執行的時間和累加器等指標。

DataStream 應用程式需要顯性地呼叫 execute() 方法來執行程式。如果不呼叫 execute() 方法，則 DataStream 應用程式不會執行。在 DataSet 應用程式中的運算元已經包含對 execute() 方法的呼叫，所以不能再次呼叫 execute() 方法，否則會出現程式異常。

4.2 處理參數

Flink 應用程式一般都依賴外部設定參數。外部設定參數用於指定輸入和輸出來源（如路徑或位址）、系統參數（平行性，執行引擎設定），以及特定於應用程式的參數（通常在使用者函數內使用）。

Flink 提供了處理參數工具——ParameterTool 類別。另外，還可以將其他框架（如 Commons CLI 和 Argparse4j）與 Flink 一起使用。

4.2.1 將參數傳遞給函數

可以使用建構元數方法或 withParameters() 方法將參數傳遞給函數。這些參數將作為功能物件的一部分進行序列化，並發表給所有平行任務實例。

1. 建構元數方法

可以透過建構元數方法來傳遞參數，如下所示：

```
// 載入或創建來源資料
DataSet<Integer> toFilter = env.fromElements(1, 2, 3);
        toFilter.filter(new MyFilter(2));
// 透過實現FilterFunction來實現自訂過濾規則
private static class MyFilter implements FilterFunction<Integer> {
  private final int limit;
  public MyFilter(int limit) {
    this.limit = limit;
  }
  @Override
  public boolean filter(Integer value) throws Exception {
    return value > limit;
  }
}
```

2. withParameters() 方法

withParameters() 方法將 Configuration 物件作為參數傳遞給富函數的 open() 方法。舉例來說，實現 RichMapFunction，而非 MapFunction，因為富函數中的 open() 方法可以重新定義。Configuration 物件是一個 Map。

withParameters() 方法只支援在批次程式中使用，不支援在流處理常式中使用。withParameters() 方法要在每個運算元後面使用，並不是使用一次就可以獲取所有值。如果所有運算元都要該設定資訊，則需要重複設定多次。

3. 透過 ExecutionConfig 介面

Flink 還允許將自訂設定值傳遞到執行環境的 ExecutionConfig 介面。由於可以在所有使用者函數中存取執行環境的設定，因此自訂的設定全域可用。

下面設定一個自訂的全域設定：

```
Configuration conf = new Configuration();
// 自訂設定資訊
conf.setString("mykey","myvalue");
// 獲取執行環境
final ExecutionEnvironment env = ExecutionEnvironment.getExecutionEnvironment();
// 設定全域參數
env.getConfig().setGlobalJobParameters(conf);
```

Tips

還可以傳遞一個自訂類別，該類別將 ExecutionConfig.GlobalJobParameters 類別作為全域作業參數擴展到執行環境的配置。ExecutionConfig 介面允許實現 Map <String，String> toMap() 方法，該方法將依次顯示配置中的值。

全域作業參數中的物件可以在系統中的許多位置被存取。所有實現富函數介面的使用者自訂函數都可以透過執行引擎上下文進行存取，如下所示：

```
public static final class Tokenizer extends RichFlatMapFunction<String,
Tuple2<String, Integer>> {
    private String mykey;
    @Override
    public void open(Configuration parameters) throws Exception {
      super.open(parameters);
```

```
// 獲取設定資訊
ExecutionConfig.GlobalJobParameters globalParams = getRuntimeContext().
getExecutionConfig().getGlobalJobParameters();
        Configuration globConf = (Configuration) globalParams;
        // 自訂設定資訊
        mykey = globConf.getString("mykey", null);
}
//...
```

4.2.2 用參數工具讀取參數

在 Flink 中主要使用參數工具（ParameterTool 類別）讀取參數，使用該工具可以讀取環境變數、執行參數、設定檔等。

ParameterTool 類別透過提供的一組預先定義的靜態方法來讀取設定。ParameterTool 類別很容易將其與自己的設定樣式整合。

1. 從集合類別 Map 中讀取參數

將傳入的 Map 設定給 ParameterTool 類別，然後讀取設定，其返回值是一個 ParamcterTool 物件。

2. 從設定檔 .properties 中讀取參數

下面這 3 段程式演示了讀取設定檔，以及提供「鍵 - 值」對：

```
String propertiesFilePath = "/myjob.properties";
// 讀取參數
ParameterTool parameter = ParameterTool.fromPropertiesFile(propertiesFilePath);
```

```
File propertiesFile = new File(propertiesFilePath);
// 讀取參數
ParameterTool parameter = ParameterTool.fromPropertiesFile(propertiesFile);
```

```
InputStream propertiesFileInputStream = new FileInputStream(file);
// 讀取參數
ParameterTool parameter = ParameterTool.fromPropertiesFile(properties
FileInputStream);
```

3. 讀取命令列參數

Flink 支援為每個作業單獨傳入參數，然後可以透過如下所示的程式獲取參數：

```
// main()方法——Java應用程式的入口
public static void main(String[] args) {
// 讀取參數
ParameterTool parameterfromArgs = ParameterTool.fromArgs(args);
}
```

4. 讀取系統內容

ParameterTool 類別支援透過 fromSystemProperties() 方法來讀取系統內容。

當啟動一個 JVM 時，可以先透過如下所示的程式傳遞參數：

```
-Dinput=hdfs:///mydata.
```

然後透過如下所示的程式獲取系統參數：

```
ParameterTool parameter = ParameterTool.fromSystemProperties();
```

4.2.3 在 Flink 應用程式中使用參數

在獲取參數之後，可以透過各種方式來使用這些參數。

1. 直接透過 ParameterTool 使用參數

ParameterTool 本身具有讀取參數的方法，如下所示：

```
ParameterTool parameters = //...
// 讀取參數
parameter.getRequired("input");
parameter.get("output", "myDefaultValue");
parameter.getLong("expectedCount", -1L);
parameter.getNumberOfParameters()
```

可以直接在提交應用程式的用戶端的 main() 方法中使用這些方法的返回值。舉例來說，可以按照如下所示的方式設定運算元的平行性：

```
ParameterTool parameters = ParameterTool.fromArgs(args);
int parallelism = parameters.get("mapParallelism", 2);
// 轉換資料
DataSet<Tuple2<String, Integer>> counts = text
// FlatMap轉換運算元
.flatMap(new Tokenizer())
// 設定平行度
.setParallelism(parallelism);
```

ParameterTool 是可序列化的，可以先用如下所示的程式將其傳遞給函數本身，然後在函數內部使用它從命令列獲取的值：

```
// 讀取參數
ParameterTool parameters = ParameterTool.fromArgs(args);
// 轉換資料
DataSet<Tuple2<String, Integer>> counts = text
.flatMap(new Tokenizer(parameters));
```

2. 註冊和讀取全域參數

在 ExecutionConfig 介面中註冊全域作業參數之後，可以從作業管理器的 Web 介面和使用者定義的所有功能中存取設定值。

（1）註冊全域參數，如下所示：

```
ParameterTool parameters = ParameterTool.fromArgs(args);
// 獲取執行環境
final ExecutionEnvironment env = ExecutionEnvironment.getExecutionEnvironment();
// 設定全域參數
env.getConfig().setGlobalJobParameters(parameters);
```

（2）透過使用者函數讀取參數，如下所示：

```
public static final class Tokenizer extends RichFlatMapFunction<String,
Tuple2<String, Integer>> {
    @Override
```

```
    public void flatMap(String value, Collector<Tuple2<String, Integer>> out) {
    // 讀取參數
    ParameterTool parameters = (ParameterTool)
        getRuntimeContext().getExecutionConfig().getGlobalJobParameters();
        parameters.getRequired("input");
    //以下內容省略
```

4.2.4 實例 2：透過 withParameters() 方法傳遞和使用參數

本實例的程式在 "/Parameter/Configuration" 目錄下。

本實例演示的是透過 withParameters() 方法傳遞參數，並使用參數，如下所示：

```
public class ConfigurationDemo {
    // main()方法——Java應用程式的入口
    public static void main(String[] args) throws Exception {
        // 獲取執行環境
        ExecutionEnvironment env = ExecutionEnvironment.getExecutionEnvironment();
        // 載入或創建來源資料
        DataSet<Integer> input = env.fromElements(1,2,3,5,10,12,15,16);
        // 用Configuration類別儲存參數
        Configuration configuration = new Configuration();
        configuration.setInteger("limit", 8);
        input.filter(new RichFilterFunction<Integer>() {
            private int limit;
            @Override
            public void open(Configuration configuration) throws Exception {
                limit = configuration.getInteger("limit", 0);
            }
            @Override
            public boolean filter(Integer value) throws Exception {
                // 返回大於limit的值
                return value > limit;
            }
        }).withParameters(configuration)
        // 列印資料到主控台
```

```
            .print();
    }
}
```

執行上述應用程式之後，會在主控台中輸出以下資訊：

```
10
12
15
16
```

4.2.5 實例 3：透過參數工具讀取和使用參數

本實例的程式在 "/Parameter/ParameterTool" 目錄下。

本實例演示的是透過 ParameterTool 從 Map、設定檔、命令列及系統內容中讀取和使用參數，具體步驟如下。

1. 增加設定檔和設定項目

先在 Java 應用程式的 resources 資料夾下創建設定檔 myjob.properties，然後加入設定項目 "my=myflink"。

2. 實現應用程式功能

透過使用 ParameterTool 從 Map、設定檔、命令列及系統內容中讀取和使用參數，如下所示：

```
public class ParameterToolDemo {
    // main()方法——Java應用程式的入口
    public static void main(String[] args) throws Exception {
        /* 從Map中讀取參數 */
        Map properties = new HashMap();
        // 設定bootstrap.servers的位址和通訊埠
        properties.put("bootstrap.servers", "127.0.0.1:9092");
        // 設定Zookeeper的位址和通訊埠
        properties.put("zookeeper.connect", "172.0.0.1:2181");
        properties.put("topic", "myTopic");
```

```
        ParameterTool parameterTool = ParameterTool.fromMap(properties);
        System.out.println(parameterTool.getRequired("topic"));
        System.out.println(parameterTool.getProperties());

        /* 從.properties files檔案中讀取參數 */
        String propertiesFilePath = "src/main/resources/myjob.properties";
                ParameterTool parameter = ParameterTool.fromPropertiesFile
(propertiesFilePath);
        System.out.println(parameter.getProperties());
        System.out.println(parameter.getRequired("my"));

        File propertiesFile = new File(propertiesFilePath);
        ParameterTool parameterFlie = ParameterTool.fromPropertiesFile
(propertiesFile);
        System.out.println(parameterFlie.getProperties());
        System.out.println(parameterFlie.getRequired("my"));

        /* 從命令列中讀取參數 */
        ParameterTool parameterfromArgs = ParameterTool.fromArgs(args);
        System.out.println("parameterfromArgs:" + parameterfromArgs.
getProperties());

        /* 從系統組態中讀取參數 */
        ParameterTool parameterfromSystemProperties = ParameterTool.
fromSystemProperties();
        System.out.println("parameterfromSystemProperties" +
                    parameterfromSystemProperties.getProperties());
    }
}
```

3. 設定參數

在測試之前，需要在開發工具 IDEA 中設定參數，以便在測試時從命令列和 JVM 系統內容中讀取參數。如圖 4-2 所示，將 "VM options" 選項設定為 "-Dinput=hdfs://mydata"，將 "Program arguments" 選項設定為 "--port=8888"。

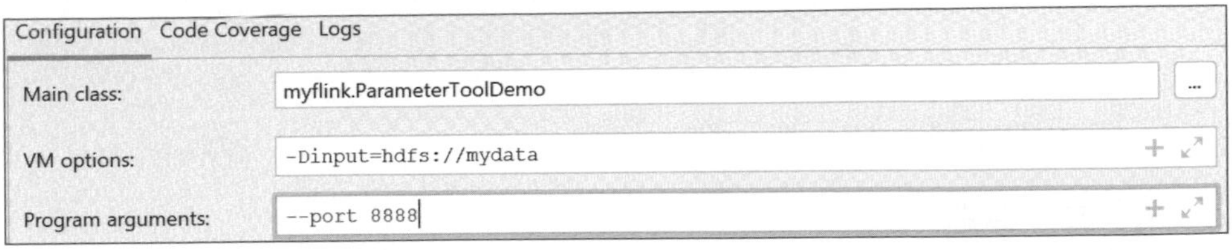

Configuration	Code Coverage	Logs
Main class:	myflink.ParameterToolDemo	
VM options:	-Dinput=hdfs://mydata	
Program arguments:	--port 8888	

圖 4-2

4. 測試

執行上述應用程式之後，會在主控台中輸出以下資訊：

```
myTopic
{topic=myTopic, zookeeper.connect=172.0.0.1:2181}
{my=myflink}
myflink
{my=myflink}
myflink
parameterfromArgs:{port=8888}
parameterfromSystemProperties{java.runtime.name=Java(TM) SE Runtime
Environment, input=hdfs://mydata
//以下內容省略
```

由此可知，成功獲取到設定的參數和 JVM 系統資訊。

4.3 自訂函數

在大多數情況下，使用者需要透過自訂函數來實現業務需求。本節主要介紹如何自訂函數，以及與自訂函數密切相關的累加器。

4.3.1 自訂函數的常用方式

1. 實現 Flink 提供的介面

自訂函數通常透過實現 Flink 提供的介面來實現自己的功能，如下所示：

```
// 自訂函數
class MyMapFunction implements MapFunction<String, Integer> {
```

```
    public Integer map(String value) { return Integer.parseInt(value); }
};
        data.map(new MyMapFunction());
```

2. 使用匿名類別

可以將函數作為匿名類別進行傳遞，如下所示：

```
// 可以將函數作為匿名類別進行傳遞
data.map(new MapFunction<String, Integer> () {
    public Integer map(String value) { return Integer.parseInt(value); }
});
```

3. 使用 Java 8 的 Lambda 運算式

在 Java API 中，Flink 支援 Java 8 的 Lambda 運算式，使用方法如下所示：

```
data.filter(s -> s.startsWith("http://"));
    // Reduce聚合轉換運算元
    data.reduce((i1,i2) -> i1 + i2);
```

4. 使用富函數

所有需要使用者定義函數的轉換都可以使用富函數，具體步驟如下。

（1）繼承富函數，如下所示：

```
class MyMapFunction extends RichMapFunction<String, Integer> {
    public Integer map(String value) { return Integer.parseInt(value); }
};
```

（2）將函數傳遞給 Map，如下所示：

```
data.map(new MyMapFunction());
```

還可以將富函數定義為匿名類別，如下所示：

```
data.map (new RichMapFunction<String, Integer>() {
    public Integer map(String value) { return Integer.parseInt(value); }
});
```

4.3.2 了解累加器和計數器

累加器（Accumulator）有加法運算功能。在程式執行期間，累加器能觀察任務的資料變化，這在偵錯過程中非常有用。累加器透過 add() 方法累加資料，在作業結束之後獲得累加器的最終結果。

最簡單的累加器是一個計數器（Counter），可以使用 Accumulator.add() 方法進行累加。在作業結束時，Flink 將合併所有結果，並將最終結果發送給用戶端。

目前，Flink 擁有以下幾種內建累加器。

- Counter：計數器，包含 IntCounter、LongCounter、DoubleCounter。
- Histogram：離散資料長條圖的實現。它是一個整數到整數的映射，可以用來計算值的分佈。

1. 使用累加器

使用累加器的具體步驟如下。

（1）創建累加器，如下所示：

```
private IntCounter numLines = new IntCounter();
```

（2）在 open() 方法中註冊累加器，然後定義累加器的名稱，如下所示：

```
getRuntimeContext().addAccumulator("myCounter", this.numLines);
```

（3）使用累加器，如下所示：

```
this.numLines.add(1);
```

（4）獲取累加器的結果。

將結果儲存在 JobExecutionResult 物件中，該物件是從執行環境的 execute() 方法返回的（僅在作業執行完成時起作用）。

獲取上面定義的累加器的結果，如下所示：

```
myJobExecutionResult.getAccumulatorResult("myCounter");
```

Flink 會在內部合併所有具有相同名稱的累加器。

Tips

累加器的結果僅在整個作業結束後才可用。Flink 官方計畫在下一次疊代中提供上一次疊代的結果。目前，可以使用聚合器（Aggregator）來計算每次疊代的統計資訊，並使疊代終止基於此類統計資訊。

2. 自訂累加器

自訂累加器可以透過繼承 Accumulator 或 SimpleAccumulator 來實現。

- Accumulator <V,R>：該介面最靈活，它為要增加的值定義類型 V，並且為最終結果定義類型 R。對於長條圖，V 代表數字，R 代表長條圖。
- SimpleAccumulator：適用於兩種類型相同的情況，如計數器。

4.3.3 實例 4：實現累加器

本實例的程式在 "/Accumulator" 目錄下。

本實例演示的是累加器的使用，如下所示：

```
public class AccumulatorDemo {
    // main()方法——Java應用程式的入口
    public static void main(String[] args) throws Exception {
        // 獲取執行環境
        final ExecutionEnvironment env= ExecutionEnvironment.
getExecutionEnvironment();
        // 載入或創建來源資料
        DataSet<String> input = env.fromElements("BMW", "Tesla", "Rolls-Royce");
        // 轉換資料
        DataSet<String> result =input.map(new RichMapFunction<String,String>() {
            @Override
            public String map(String value) throws Exception {
            //使用累加器。如果平行度為1，則使用普通的累加求和即可；如果設定了
多個平行度，則普通的累加求和結果不準確
                intCounter.add(1);
```

```
                return value;
            }
            // 創建累加器
            IntCounter intCounter = new IntCounter();
            @Override
            public void open(Configuration parameters) throws Exception {
                super.open(parameters);
                // 註冊累加器
                getRuntimeContext().addAccumulator("myAccumulatorName",
intCounter);
            }
        });
         result.writeAsText("d:\\file.TXT", FileSystem.WriteMode.OVERWRITE)
        // 設定平行度為1
        .setParallelism(1);
        // 作業執行結果物件
        JobExecutionResult jobExecutionResult = env.execute("myJob");
        // 獲取累加器的計數結果。參數是累加器的名稱，而非intCounter的名稱
        int  accumulatorResult=jobExecutionResult.getAccumulatorResult
("myAccumulatorName");
        System.out.println(accumulatorResult);
    }
}
```

執行上述應用程式之後，會在主控台中輸出以下資訊：

```
3
```

4.4 資料類型和序列化

4.4.1 認識資料類型

Flink 以獨特的方式來處理資料類型及序列化，並且內建了類型描述符號、泛型類型提取功能，以及類型序列化框架。Flink 對 DataSet 資料集或 DataStream 資料集中的元素類型設定了一些限制，以便分析類型從而確定有效的執行策略。

Flink 主要支持以下 7 種資料類型。

- 元組類別：Java 或 Scala 的元組類別。
- POJO 類別：Java 實體類別。
- 原生資料類別：預設支持 Java 和 Scala 基底資料型態。
- 正常類別：預設支持大多數 Java 和 Scala 類別。
- Value 類別：Flink 附帶的 Int、Long、String 等標準類型的序列化器。
- Hadoop 的 Writable 類別：支持 Hadoop 中實現的 org.apache.hadoop.Writable 資料類型。
- 特殊類別：如 Scala 中的 Either Option 和 Try。

1. 元組類別

元組類別（Tuple）是複合類型，包含固定數量的各種類型的欄位。透過定義 TupleTypeInfo 可以描述 Tuple 類型的資料。元組類別不支持空值儲存。

Java API 提供了從 Tuple1 到 Tuple25 的類別。如果欄位數量超過 25 的上限，則可以透過繼承 Tuple 類別的方式進行擴充。元組的每個欄位可以是任意的 Flink 類型，包括其他元組。

可以使用欄位名稱 tuple.f1，或通用的 getter() 方法、tuple.getField() 方法來直接存取元組的欄位。欄位索引從 0 開始。

元組類別的使用方法如下所示：

```
// 載入或創建來源資料
DataStream<Tuple2<String, Integer>> wordCounts = env.fromElements(
    new Tuple2<String, Integer>("hello", 1),
    new Tuple2<String, Integer>("world", 2));
    wordCounts.map(new MapFunction<Tuple2<String, Integer>, Integer>() {
    @Override
    public Integer map(Tuple2<String, Integer> value) throws Exception {
        return value.f1;
    }
});
```

```
wordCounts
.keyBy(0); // 鍵控流轉換算子，或使用.keyBy("f0")
```

2. POJO 類別

POJO 類比正常類型更易用，可以完成複雜資料結構的定義。另外，Flink 可以比正常類型更有效地處理 POJO 類別。Flink 透過實現 PojoTypeInfo 來描述任意的 POJO 類別。

在 Flink 中，POJO 類別可以透過欄位名稱獲取欄位，如下所示：

```
dataStream.join(otherStream).where("name").equalTo("userName")
```

如果要在 Flink 中使用 POJO 類別，則需要遵循以下幾點要求。

- POJO 類別必須是 public 修飾的，並且必須獨立定義，不能是內部類別。
- POJO 類別中必須含有預設空建構元。
- POJO 類別中所有的欄位必須是 public 修飾的，或具有用 public 修飾的 getter() 方法和 setter() 方法。
- POJO 類別中的欄位類型必須是 Flink 支持的。

POJO 類別通常用 PojoTypeInfo 表示，並用 PojoSerializer 序列化（用 Kryo 作為可設定的備用）。

但是，當 POJO 類別實際上是 Avro 類型或作為「Avro 反射類型」產生時，POJO 類別由 AvroTypeInfo 表示，並且透過 AvroSerializer 進行序列化。如果需要，可以註冊自訂序列化程式。

下面演示一個帶兩個公共欄位的簡單 POJO 類別：

```
public class WordCount {
        // 定義類的屬性
        public String word;
        // 定義類的屬性
        public int count;
```

```
        // 無參建構方法
        public WordCount() {}
        // 有參建構方法
        public WordCount(String word, int count) {
            this.word = word;
            this.count = count;
    }
}
// 載入或創建來源資料
DataStream<WordCount> wordCount = env.fromElements(
        new WordCount("hello", 1),
        new WordCount("world", 2));
    wordCount.keyBy("word"); // 鍵控流轉換算子
// 以下內容省略
```

3. 原生資料類別

Flink 透過實現 BasicTypeInfo 資料類別，能夠支持任意 Java 原生基本類型或 String 類型，如 Integer、String、Double 等。透過實現 BasicArray TypeInfo 資料類型，能夠支援 Java 基本類型陣列或 String 物件的陣列。

4. 正常類別

Flink 支援大多數的 Java 類別，但限制使用無法序列化的欄位的類別，如檔案指標、I/O 流或其他本機資源。

所有未標識為 POJO 類型的類別，均由 Flink 處理為正常類。Flink 將這些資料類型視為「黑盒」，並且無法存取其內容。通用類型使用序列化框架 Kryo 進行反序列化。

5. Value 類別

Value 類別沒有使用通用的序列化框架，而是透過讀 / 寫方法實現 org.apache.flinktypes.Value 介面來為這些操作提供自訂程式。在通用序列化效率非常低時，使用 Value 類別是合理的。

舉例來說，要將元素的稀疏向量變為陣列的資料類型，如果知道陣列大部分為零，則可以對非零元素使用一種特殊的編碼，而通用序列化會寫入所有陣列元素。org.apache.flinktypes.CopyableValue 介面以類似方式支援內部複製邏輯。

Flink 帶有與基底資料型態相對應的預先定義數值型態（ByteValue、ShortValue、IntValue、LongValue、FloatValue、DoublcValue、StringValue、CharValue、BooleanValue）。

6. Hadoop 的 Writable 類別

可以使用實現了 org.apache.hadoop.Writable 介面的類別。此時，在 write() 方法和 readFields() 方法中定義的序列化邏輯將用於 Writable 類型的序列化。

7. 特殊類別

還可以使用特殊類別，如 Scala 的 Either、Option 和 Try。在 Java API 中也有自訂的 Either 類別。與 Scala 的 Either 類別類似，Java 的 Either 類別存在表示兩種可能的值——Left 或 Right。Either 類別對於錯誤處理或需要輸出兩種不同類型的記錄的運算元非常有用。

對於 Flink 無法實現序列化的資料類型，不僅可以用 Avro 和 Kryo 序列化，還可以自訂序列化，使用方法如下。

（1）用 Avro 序列化，如下所示：

```
// 獲取執行環境
ExecutionEnvironment env = ExecutionEnvironment.getExecutionEnvironment();
// 開啟Avro序列化
env.getConfig().enableForceAvro();
```

（2）用 Kryo 序列化，如下所示：

```
// 獲取執行環境
ExecutionEnvironment env = ExecutionEnvironment.getExecutionEnvironment();
```

```
// 開啟Kryo序列化
env.getConfig().enableForceKryo();
```

（3）自訂序列化，如下所示：

```
// 獲取執行環境
ExecutionEnvironment env = ExecutionEnvironment.getExecutionEnvironment();
// 自訂序列化
env.getConfig().addDefaultKryoSerializer(Class<?> type, Class<? extends
Serializer<?>> serializerClass)
```

4.4.2 類型擦拭和類型推斷

在 Java 中存在「類型擦拭」，所以 Java 編譯器在編譯後會捨棄很多通用類型資訊。因此，在 Flink 的執行引擎中，無法知道物件實例的通用類型。舉例來說，DataStream <String> 和 DataStream <Long> 的實例在 JVM 中看起來是相同的。

Flink 在準備要執行的程式時需要知道類型資訊。Flink 的 Java API 會嘗試重建捨棄的類型資訊，並將其顯性儲存在資料集和運算元中。可以使用 DataStream.getType() 方法檢索類型資訊，該方法返回 TypeInformation 的實例。

MapFunction <I,O> 之類的通用函數需要額外的類型資訊，所以需要開發人員完成定義。ResultTypeQueryable 介面可以透過輸入格式和函數，來明確告知 API 其返回什麼類型，通常可以透過先前操作的結果類型來推斷函數的輸入類型。

4.4.3 實例 5：在 Flink 中使用元組類別

本實例的程式在 "/DataTypes" 目錄下。

元組類別是複合類型，包含固定數量的各種類型的欄位。本實例演示的是使用 Tuple1<String>，如下所示：

```
public class Tuples {
    // main()方法——Java應用程式的入口
    public static void main(String[] args) throws Exception {
        // 獲取執行環境
        final ExecutionEnvironment env = ExecutionEnvironment.
getExecutionEnvironment();
        // 載入或創建來源資料
        DataSet<Tuple1<String>> dataSource = env.fromElements(
                                                Tuple1.of("BMW"),
                                                Tuple1.of("Tesla") ,
                                                Tuple1.of("Rolls-Royce"));
        // 轉換資料
        DataSet<String> ds= dataSource.map(new MyMapFunction());
        // 列印資料到主控台
        ds.print();
    }
    public static class MyMapFunction implements MapFunction<Tuple1<String>,
String> {
        @Override
        public String map(Tuple1<String> value) throws Exception {
            return "I love"+value.f0;
        }
    }
}
```

執行上述應用程式之後，會在主控台中輸出以下資訊：

```
I love BMW
I love Tesla
I love Rolls-Royce
```

4.4.4 實例 6：在 Flink 中使用 Java 的 POJO 類別

本實例的程式在 "/DataTypes" 目錄下。

Flink 可以有效地處理 Java 的 POJO 類別。本實例演示的是在 Flink 中使用 Java 的 POJO 類別，如下所示：

```
public class Pojo {
    // main()方法——Java應用程式的入口
    public static void main(String[] args) throws Exception {
        // 獲取執行環境
        ExecutionEnvironment env = ExecutionEnvironment.getExecutionEnvironment();
        // 載入或創建來源資料
        DataSet<MyCar> input= env.fromElements(
                new MyCar("BMW", 3000),
                new MyCar("Tesla", 4000),
                 new MyCar("Tesla", 400),
                new MyCar("Rolls-Royce", 200));
        final FilterOperator<MyCar> output= input.filter(new
FilterFunction<MyCar>() {
            @Override
            public boolean filter(MyCar value) throws Exception {
                // 返回amount大於1000的值
                return value.amount > 1000;
            }
        });
        // 列印資料到主控台
        output.print();
    }

    public static class MyCar {
        // 定義類別的屬性
        public String brand;
        // 定義類別的屬性
        public int amount;
        // 無參建構方法
        public MyCar() {
        }
        // 有參建構方法
        public MyCar(String brand, int amount) {
            this.brand = brand;
            this.amount = amount;
        }
        @Override
        /* toString()方法，返回數值型態為String */
        public String toString() {
```

```
                return "MyCar{" +
                        "brand='" + brand + '\'' +
                        ", amount=" + amount +
                        '}';
            }
        }
    }
```

執行上述應用程式之後，會在主控台中輸出以下資訊：

```
MyCar{brand='BMW', amount=3000}
MyCar{brand='Tesla', amount=4000}
```

4.4.5 處理類型

Flink 會根據在分散式運算期間被網路交換或儲存的資訊來推斷資料類型。在大多數情況下，Flink 可以推斷出所有需要的類型資訊，這些類型資訊可以幫助 Flink 實現很多的特性。

- 使用 POJO 類型，可以透過指定欄位名稱（如 dataSet.keyBy("username")）來執行分組、連接和集合操作。類型資訊可以幫助 Flink 在執行之前做一些拼字錯誤和類型相容方面的檢查，而非等到執行時期才發現這些問題。
- Flink 對資料類型了解得越多，序列化和資料佈局方案就越好。
- Flink 還讓使用者在大多數情況下不必擔心序列化框架和類型註冊的煩瑣過程。

4.4.6 認識 TypeInformation 類別

Flink 能夠在分散式運算過程中對資料類型進行管理和推斷，並且是透過 TypeInformation 類別來管理資料類型的。TypeInformation 類別是所有類型描述符號的基礎類別。該類別表示類型的基本屬性，並且可以生成序列化器，在一些特殊情況下可以生成類型的比較器。

比較常用的 TypeInformation 類別有 BasicTypeInfo 類別、TupleTypeInfo 類別、CaseClassTypeInfo 類別和 PojoTypeInfo 類別等。

Flink 內部對類型做了以下區分。

- 基礎類型：所有的 Java 主類型，以及它們的包裝類別、Void、String、Date、BigDecimal、BigInteger。
- 主類型陣列（Primitive Array）及物件陣列。
- 複合類型：Flink 中的 Java 元組、Scala 中的 Case Classes、Row（具有任意數量欄位的元組，並且支持 Null 欄位）、POJO（遵循某種類似 Bean 模式的類別）。
- 輔助類型：Option、Either、Lists、Maps 等。
- 泛型類型：該類型不是由 Flink 本身序列化的，而是由 Kryo 序列化的。

POJO 支援複雜類型的創建，以及在鍵的定義中直接使用欄位名稱，如下所示：

```
dataSet.join(another).where("name").equalTo("userName")
```

1. POJO 類型的規則

如果某個類別滿足以下條件，則 Flink 會將資料類型辨識為 POJO 類型（並允許「按名稱」引用欄位）。

- 該類別是公有的和獨立的（沒有非靜態內部類別）。
- 該類別有公有的無參建構元。
- 該類別，以及所有超類別中所有非靜態、非 Transient 欄位都是公有的（非 Final 的）。

當使用者自訂的資料型態無法被辨識為 POJO 類型時，則必須將其作為泛型類型處理，並使用 Kryo 進行序列化。

2. 創建 TypeInformation 物件或 TypeSerializer 物件

要為類型創建 TypeInformation 物件，就需要使用特定於語言的方法。因為 Java 會擦拭泛型類型資訊，所以需要將類型傳入 TypeInformation 建構元數（對於非泛型類型，可以傳入類型的 Class 物件），如下所示：

```
TypeInformation<String> info = TypeInformation.of(String.class);
```

對於泛型類型，則需要透過 TypeHint 來「捕捉」泛型類型資訊，如下所示：

```
TypeInformation<Tuple2<String,Double>> info = TypeInformation.of(new
TypeHint<Tuple2<String, Double>>(){});
```

在 Flink 內部會創建 TypeHint 的匿名子類別，以便捕捉泛型資訊並將其保留到執行引擎。

透過呼叫 TypeInformation 物件的 typeInfo.createSerializer() 方法，可以簡單地創建 TypeSerializer 物件。設定參數的類型是 ExecutionConfig，該參數中會附帶程式註冊的自訂序列化器資訊。透過呼叫 DataStream 或 DataSet 的 getExecutionConfig() 方法，可以獲得 ExecutionConfig 物件。如果是在一個函數的內部（如 MapFunction），則可以使這個函數先成 RichFunction，然後透過呼叫 getExecutionConfig() 方法獲得 ExecutionConfig 物件。

4.4.7 認識 Java API 類型資訊

Java 會擦拭泛型類型資訊。Flink 使用 Java 預留的函數名稱和子類別資訊等，透過反射盡可能多地重新構造類型資訊。對於根據輸入類型來確定函數返回類型的情況，此邏輯還包含一些簡單類型推斷。

在某些情況下，Flink 無法重建所有泛型類型資訊。在這種情況下，使用者必須透過類型提示來解決問題。

1. Java API 中的類型提示

當 Flink 無法重建被擦拭的泛型類型資訊時，Java API 需要提供類型提示，類型提示告訴 Flink 類型資訊，如下所示：

```
// 轉換資料
DataSet<SomeType> result = dataSet
    .map(new MyGenericNonInferrableFunction<Long, SomeType>())
        .returns(SomeType.class); // 返回類別的類型
```

在上述程式中，returns() 方法返回類別的類型。

2. Java 8 lambda 的類型提取

因為 lambda 與 Flink 擴充函數介面的實現類別沒有連結，所以 Java 8 lambda 的類型提取與非 lambda 不同。Flink 目前正試圖找出實現 lambda 的方法，並使用 Java 的泛型簽名來確定參數類型和返回類型。但是，並非所有編譯器都為 lambda 生成這些簽名。

3. POJO 類型的序列化

Flink 的標準類型（如 Int、Long、String 等）由 Flink 序列化器處理。而對於所有其他類型，則回復到 Kryo。對於 Kryo 不能處理的類型，則可以要求 PojoTypeInfo 使用 Avro 對 POJO 進行序列化。需要透過以下程式開啟序列化：

```
// 獲取執行環境
final ExecutionEnvironment env = ExecutionEnvironment.getExecutionEnvironment();
env
.getConfig()
.enableForceAvro(); // 啟用Avro進行序列化
```

Flink 會使用 Avro 序列化器自動序列化「用 Avro 生成的 POJO」。透過如下所示的設定，可以讓整個 POJO 類型被 Kryo 序列化器處理：

```
// 獲取執行環境
final ExecutionEnvironment env = ExecutionEnvironment.getExecutionEnvironment();
env
```

```
.getConfig()
.enableForceKryo(); // 啟用Kryo進行序列化
```

如果 Kryo 不能序列化某些 POJO 類型，則可以透過如下所示的程式增加自訂的序列化器：

```
env.getConfig().addDefaultKryoSerializer(Class<?> type, Class<? extends
Serializer<?>> serializerClass)
```

4. 禁止回復到 Kryo

在某些情況下，程式可能希望避免使用 Kryo，如使用者想要所有的類型都透過 Flink 自身（或使用者自訂的序列化器）高效率地進行序列化操作。採用如下所示的設定可以透過 Kryo 的資料類型拋出異常：

```
env.getConfig().disableGenericTypes();
```

5. 使用工廠方法定義類型資訊

類型資訊工廠允許將使用者定義的類型資訊插入 Flink 類型系統。可以透過實現 TypeInfoFactory 介面來返回自訂的類型資訊工廠。如果對應的類型已指定了註釋 @TypeInfo，則在類型提取階段會呼叫由 @TypeInfo 註釋指定的類型資訊工廠。類型資訊工廠可以在 Java 中使用。

在類型的層次結構中，在向上遍歷時將選擇最近的工廠，但是內建工廠具有最高優先順序。工廠的優先順序也高於 Flink 的內建類型。

下面的實例介紹了如何使用 Java 中的工廠註釋為自訂類型 MyTuple 提供自訂類型資訊。

帶註釋的自訂類型：

```
@TypeInfo(MyTupleTypeInfoFactory.class)
public class MyTuple<T0, T1> {
  public T0 myfield0;
  public T1 myfield1;
}
```

支援自訂類型資訊的工廠：

```
public class MyTupleTypeInfoFactory extends TypeInfoFactory<MyTuple> {
  @Override
  // 創建類型資訊
  public TypeInformation<MyTuple> createTypeInfo(Type t, Map<String,
TypeInformation<?>> genericParameters) {
    return new MyTupleTypeInfo(genericParameters.get("T0"),
genericParameters.get("T1"));
  }
}
```

如果類型包含可能需要從 Flink 函數的輸入類型衍生的泛型參數，則需要確保實現了 TypeInformation#getGenericParameters() 方法，以便將泛型參數與類型資訊進行雙向映射。

Chapter

05

Flink 的轉換運算元

本章首先介紹如何定義鍵；然後介紹 Flink 的通用轉換運算元，以及處理無界資料集和有界資料集的專用轉換運算元；最後介紹 ProcessFunction 和疊代運算。

5.1 定義鍵

Join、CoGroup、GroupBy 等轉換運算元，要求在元素集合上定義鍵。Reduce、GroupReduce、Aggregate 等轉換運算元，允許在對資料進行分組（根據鍵）之前將其分組。

資料集分組方法如下所示：

```
// 載入或創建來源資料
DataSet<...> input = // [...]
// 轉換資料
DataSet<...> reduced = input
    // 分組轉換運算元
    .groupBy(/*定義key*/)
    // 應用Group Reduce函數
    .reduceGroup(...);
```

Flink 的資料模型不是基於「鍵 - 值」(Key-Value) 對的，因此無須將資料集類型實際打包到「鍵 - 值」對中，鍵是「虛擬的」。

5.1.1 定義元組的鍵

定義元組的鍵最簡單的情況是，在元組的或多個欄位上對元組進行分組。如下所示的程式是在元組的第 1 個欄位上分組：

```
// 載入或創建來源資料
DataSet<Tuple3<Integer,String,Long>> input = // [...]
UnsortedGrouping<Tuple3<Integer,String,Long>,Tuple> keyed = input
.groupBy(0) // 分組轉換運算元，定義元組在第1個欄位上分組
```

如下所示的程式是在元組的第 1 個和第 2 個欄位上分組：

```
// 載入或創建來源資料
DataSet<Tuple3<Integer,String,Long>> input = // [...]
UnsortedGrouping<Tuple3<Integer,String,Long>,Tuple> keyed = input
.groupBy(0,1) // 分組轉換運算元，定義元組在第1個和第2個欄位上分組
```

如果資料集帶有巢狀結構元組，如：

```
// 載入或創建來源資料
DataSet<Tuple3<Tuple2<Integer, Float>,String,Long>> ds= …;
```

則指定 groupBy(0) 將導致系統使用完整的 Tuple2 作為鍵（以 Integer 和 Float 為鍵）。如果要「導航」到巢狀結構的 Tuple2 中，則必須使用欄位運算式定義鍵。

5.1.2 使用欄位運算式定義鍵

可以使用基於字串（String-Based）的欄位運算式來引用巢狀結構欄位，並定義用於分組、排序、連接或聯合分組的鍵。

欄位運算式使選擇組合類型（如 Tuple 類型和 POJO 類型）中的欄位變得非常容易。

在下面的實例中，POJO 中有兩個欄位，分別為 "word" 和 "count"，為了對欄位進行分組，將其名稱傳遞給 groupBy() 方法即可：

```
public class WC {
    // 定義類的屬性
    public String word;
    // 定義類的屬性
    public int count;
}
DataSet<WC> words = // [...]
DataSet<WC> wordCounts = words
        // 分組轉換運算元
        .groupBy("word")
```

欄位運算式的語法如下。

- 透過欄位名稱或 0 偏移（0-Offset）欄位索引選擇元組欄位。舉例來說，"f0" 和 "f7" 分別表示 Java Tuple 類型的第 1 個和第 8 個欄位。
- 在 POJO 和元組中選擇巢狀結構欄位。舉例來說，"user.sex" 是指儲存在 POJO 類型的 "user" 的 "sex" 欄位。可以使用 POJO 和元組的任意巢狀結構與混合，如 "f1.user.sex" 或 "user.f3.1. sex"。
- 使用 "*" 萬用字元運算式選擇完整類型，也適用於非 Tuple 類型或 POJO 類型。

5.1.3 使用鍵選擇器函數定義鍵

定義鍵的另一個方法是使用鍵選擇器函數。鍵選擇器函數將單一元素作為輸入，並返回該元素的鍵。鍵可以是任何類型。

下面的實例顯示了一個鍵選擇器函數，該函數僅返回物件的欄位：

```
public class WC {
    // 定義類的屬性
    public String word;
    // 定義類的屬性
    public int count;
```

```
}
// 載入或創建來源資料
DataSet<WC> words =  // [...]
UnsortedGrouping<WC> keyed = words
                 // 分組轉換運算元
                 .groupBy(new KeySelector<WC, String>() {
      public String getKey(WC wc) {
 return wc.word;
}
   });
```

5.2 Flink 的通用轉換運算元

從無界資料流程或有界資料流程，生成新的無界資料流程或有界資料流程的過程稱為轉換（Transformation）。轉換過程中的各種操作類型稱為運算元（Operator）。不同的轉換組成一個複雜的資料流程拓撲（Dataflow Topology）。

5.2.1 DataStream 和 DataSet 的通用轉換運算元

1. Map 運算元

Map 運算元根據資料來源的 1 個元素產生 1 個新的元素，通常用於對資料集中的資料進行清洗和轉換。

2. FlatMap 運算元

FlatMap 運算元根據資料來源的元素產生 0 個、1 個或多個元素。

3. Filter 運算元

Filter 運算元用於進行資料過濾，篩選出符合條件的資料（保留該函數為其返回為 true 的那些元素）。

4. Project 運算元

Project 運算元用於對資料集中的資料進行投射轉換，它將刪除或移動元組資料集的元組欄位。

Project 運算元的使用方法如下所示：

```
// 載入或創建來源資料
DataStream<Tuple3<Integer, Double, String>> in = // [...]
// 轉換資料
DataStream<Tuple2<String, Integer>> out = in.project(2,0);
```

上述程式使用 Project() 方法選擇欄位，並在輸出結果中定義其順序。

Java 編譯器無法推斷運算元的返回類型。如果在運算元的結果中呼叫另一個運算元，則可能會引起問題，如下所示：

```
// 載入或創建來源資料
DataSet<Tuple5<String,String,String,String,String>> ds = ....
// 轉換資料
DataSet<Tuple1<String>> ds2 = ds
.project(0)
.distinct(0);
```

可以透過隱射（Hint）運算元的返回類型來解決此問題，即實現帶有類型提示的投影，如下所示：

```
// 轉換資料
DataSet<Tuple1<String>> ds2 = ds
.<Tuple1<String>>project(0)
.distinct(0);
```

5.2.2 實例 7：使用 Map 運算元轉換資料

本實例的程式在 "/transformations/…/MyMapDemo.java" 目錄下。

本實例演示的是將資料集進行 Map 轉換，並輸出轉換後的資料：

```
public class MyMapDemo {
    // main()方法——Java應用程式的入口
```

```
    public static void main(String[] args) throws Exception {
        // 獲取流處理的執行環境
        final StreamExecutionEnvironment sEnv = StreamExecutionEnvironment.
getExecutionEnvironment();
        // 設定平行度為1
        sEnv.setParallelism(1);
        // 載入或創建來源資料，並完成資料轉換
        DataStream<Integer> dataStream = sEnv.fromElements(4, 1, 7)
                .map(x -> x + 8);
        // 輸出
        dataStream.print("Map");
        sEnv.execute("Map Job");
    }
}
```

執行上述應用程式之後，會在主控台中輸出以下資訊：

```
Map:3> 12
Map:2> 9
Map:4> 15
```

由輸出結果可以看出，元素 4、1、7 分別進行了加 8 的運算，變成 12、9、15。

5.2.3 實例 8：使用 FlatMap 運算元拆分句子

本實例的程式在 "/transformations/…/MyFlatMap" 目錄下。

本實例演示的是使用 FlatMap 運算元將句子拆分為單字：

```
public class MyFlatMap {
    // main()方法——Java應用程式的入口
    public static void main(String[] args) throws Exception {
        // 獲取執行環境
        final ExecutionEnvironment env = ExecutionEnvironment.
getExecutionEnvironment();
        // 載入或創建來源資料
        DataSet<String> dataSource = env.fromElements("
                Apache Flink is a framework and distributed processing
```

```
                engine for stateful computations over unbounded and
                bounded data streams." );
        // 轉換資料
        final FlatMapOperator<String, String> flatMap= dataSource.flatMap(new
FlatMapFunction<String, String>() {
            @Override
            public void flatMap(String value, Collector<String> out)
                    throws Exception {
                // 使用空格分割單字
                for (String word : value.split(" ")) {
                    out.collect(word);
                }
            }
        });
        flatMap.print(); // 列印資料到主控台
    }
}
```

執行上述應用程式之後，會在主控台中輸出以下資訊：

```
Apache
Flink
// 以下內容省略
```

5.2.4 實例 9：使用 Filter 運算元過濾資料

本實例的程式在 "/transformations/…/MyFilter" 目錄下。

在實際生產環境中，Filter 運算元是常用又特別實用的運算元。在資料處理階段，使用 Filter 運算元可以過濾掉大部分與業務無關的內容，從而極大地降低 Flink 的運算壓力。

本實例演示的是從資料集中過濾掉所有小於零的整數：

```
public class MyFilter {
    // main()方法——Java應用程式的入口
    public static void main(String[] args) throws Exception {
        // 獲取執行環境
```

```
        final ExecutionEnvironment env = ExecutionEnvironment.
getExecutionEnvironment();
        // 載入或創建來源資料
        DataSet<Integer> input = env.fromElements(-1,-2,-3,1,2,417);
        // 轉換資料
        DataSet<Integer> ds = input.filter(new MyFilterFunction());
        // 列印資料到主控台
        ds.print();
    }
    public static class MyFilterFunction extends RichFilterFunction<Integer> {
        @Override
        public boolean filter(Integer value) throws Exception {
                // 返回大於0的值
                return value>0;
        }
    }
}
```

執行上述應用程式之後，會在主控台中輸出以下資訊：

```
1
2
417
```

系統假定 Filter 運算元未修改應用述詞的元素。如果違反此假設，則可能導致錯誤的結果。

5.2.5 實例 10：使用 Project 運算元投射欄位並排序

本實例的程式在 "/transformations/…/MyProjectionDemo" 目錄下。

本實例演示的是從元組中選擇欄位的子集，並設定其順序：

```
public class MyProjectionDemo {
    // main()方法——Java應用程式的入口
    public static void main(String[] args) throws Exception {
```

```
        // 獲取執行環境
        final ExecutionEnvironment env = ExecutionEnvironment.
getExecutionEnvironment();
        // 載入或創建來源資料
        DataSet<Tuple3<Integer, Double, String>> inPut = env.fromElements(
                new Tuple3<>(1, 2.0, "BMW"),
                new Tuple3<>(2, 2.4, "Tesla"));
        // 將Tuple3<Integer, Double, String> 轉為 Tuple2<String, Integer>
        DataSet<Tuple2<String, Integer>> out = input
                .project(2, 1); // 投射第3個和第2個欄位
        out.print();            // 列印資料到主控台
    }
}
```

執行上述應用程式之後，會在主控台中輸出以下資訊：

```
(BMW,2.0)
(Tesla,2.4)
```

由輸出結果可以看出，project() 方法選擇了輸入串流 "inPut" 的 2 個欄位，並且對它們按照欄位 2 進行排序。

5.3 Flink 的 DataSet API 專用轉換運算元

5.3.1 聚合轉換運算元

1. Reduce 運算元

Reduce 運算元可以將兩個元素組合為一個元素，或將一組元素組合為單一元素或多個元素。

2. Aggregate 運算元

Aggregate 運算元將一組值聚合為單一值。Aggregate 運算元既可以應用於分組的資料集，也可以應用於完整的資料集。可以將 Aggregate 運算元看作內建的 Reduce 函數。

（1）在分組元組資料集上聚合。

聚合轉換提供的內建聚合功能如下。

- Sum：求和。
- Min：求最小值。
- Max：求最大值。

Aggregate 運算元只能應用於元組資料集（Tuple），並且僅支援用於分組的欄位位置鍵。Flink 官方計畫在未來擴充聚合功能。

如下所示的程式演示了在按欄位位置鍵分組的資料集上應用 Aggregate 運算元：

```
// 載入或創建來源資料
DataSet<Tuple3<Integer, String, Double>> input = // [...]
// 轉換資料
DataSet<Tuple3<Integer, String, Double>> output = input
                .groupBy(1)          // 在第2個欄位上對資料集進行分組
                .aggregate(SUM, 0)   // 計算第1個欄位的和
                .and(MIN, 2);        // 計算第3欄位的最小值
```

如果要對資料集應用多個聚合，則在第 1 個聚合之後使用 and() 方法，如 .aggregate(SUM,0).and(MIN,2) 產生的是「欄位 0 的總和」和「欄位 2 的最小值」。

如果是 .aggregate(SUM,0).aggregate(MIN,2) 這樣的應用，則代表在聚合上再次應用聚合。

（2）在完整的元組資料集上聚合。

如下所示的程式演示了在完整的資料集上應用聚合：

```
// 載入或創建來源資料
DataSet<Tuple2<Integer, Double>> input = // [...]
// 轉換資料
DataSet<Tuple2<Integer, Double>> output = input
                .aggregate(SUM, 0)       // 計算第1個欄位的和
                .and(MIN, 1);            // 計算第2個欄位的最小值
```

3. Distinct 運算元

Distinct 運算元返回資料集中的不同元素，並且從輸入資料集中刪除相關的重複項。如下所示的程式演示了從資料集中刪除所有重複的元素：

```
// 載入或創建來源資料
DataSet<Tuple2<Integer, Double>> input = // [...]
// 轉換資料
DataSet<Tuple2<Integer, Double>> output = input.distinct();
```

也可以使用以下方法確定資料集中區分元素的方法。

- 一個或多個欄位位置鍵（僅用於元組資料集）。
- 鍵選擇器函數。
- 鍵運算式。

（1）使用欄位位置鍵去除重複：

```
// 載入或創建來源資料
DataSet<Tuple2<Integer, Double, String>> input = // [...]
// 轉換資料
DataSet<Tuple2<Integer, Double, String>> output = input.distinct(0,2);
```

（2）使用 KeySelcctor 函數去除重複：

```
private static class AbsSelector implements KeySelector<Integer, Integer> {
private static final long serialVersionUID = 1L;
        @Override
        public Integer getKey(Integer t) {
        return Math.abs(t);
        }
}
// 載入或創建來源資料
DataSet<Integer> input = // [...]
// 轉換資料
DataSet<Integer> output = input.distinct(new AbsSelector());
```

（3）使用鍵運算式去除重複：

```
public class User {
```

```
    // 定義類的屬性
    public String name;
    // 定義類的屬性
    public int sex;
    // [...]
}

// 載入或創建來源資料
DataSet<User> input = // [...]
// 轉換資料
DataSet<User> output = input.distinct("name", "sex");
```

也可以透過萬用字元指示使用的所有欄位：

```
// 載入或創建來源資料
DataSet<User> input = // [...]
// 轉換資料
DataSet<User> output = input.distinct("*");
```

5.3.2 分區轉換運算元

1. Hash-Partition 運算元

Hash-Partition 運算元根據指定鍵對資料集進行雜湊分區，可以將鍵指定為位置鍵、運算式鍵和鍵選擇器函數。Hash-Partition 運算元的使用方法如下所示：

```
// 載入或創建來源資料
DataSet<Tuple2<String, Integer>> in = // [...]
// 根據String值對DataSet進行雜湊分區，並應用MapPartition轉換
DataSet<Tuple2<String, String>> out = in.partitionByHash(0)
        .mapPartition(new PartitionMapper());
```

2. Range-Partition 運算元

Range-Partition 運算元根據指定鍵對資料集進行分區，可以將鍵指定為位置鍵、運算式鍵和鍵選擇器函數。Range-Partition 運算元的使用方法如下所示：

```
// 載入或創建來源資料
DataSet<Tuple2<String, Integer>> in = // [...]
// 根據String值對DataSet進行範圍分區，並應用MapPartition轉換
DataSet<Tuple2<String, String>> out = in.partitionByRange(0)
.mapPartition(new PartitionMapper());
```

3. Sort Partition 運算元

Sort Partition 運算元在指定欄位上以指定順序對資料集的所有分區進行本地排序，可以將欄位指定為欄位運算式或欄位位置。可以透過連結 sortPartition() 方法在多個欄位上對分區進行排序。Sort Partition 運算元的使用方法如下所示：

```
// 載入或創建來源資料
DataSet<Tuple2<String, Integer>> in = // [...]
// 轉換資料
DataSet<Tuple2<String, String>> out = in
                 // 在第2個欄位上以昇冪對分區進行本地排序
                 .sortPartition(1, Order.ASCENDING)
                 // 在第1個欄位上按降冪排列
                 .sortPartition(0, Order.DESCENDING)
                 // 在排序的分區上應用MapPartition轉換
                 .mapPartition(new PartitionMapper());
```

4. MapPartition 運算元

MapPartition 運算元在單一函數呼叫中轉換平行分區，將分區獲取為 Iterable，並且可以產生任意數量的結果值。每個分區中元素的數量取決於平行度和先前的運算元。

以下程式將文字行的資料集轉為每個分區計數的資料集：

```
public class PartitionCounter implements MapPartitionFunction<String, Long> {
  public void mapPartition(Iterable<String> values, Collector<Long> out) {
    long c = 0;
    for (String s : values) {
      c++;
    }
    out.collect(c);
```

```
    }
}
    // 載入或創建來源資料
    DataSet<String> textLines = // [...]
    // 轉換資料
    DataSet<Long> counts = textLines.mapPartition(new PartitionCounter());
```

5.3.3 排序轉換運算元

1. MinBy/MaxBy 運算元

MinBy/MaxBy 運算元從資料集中返回指定欄位（或組合）中的最小記錄或最大記錄。選定的元組可以是一個或多個指定欄位的值最小（最大）的元組。在比較欄位時，必須有效地比較關鍵欄位。如果多個元組具有最小（最大）欄位值，則返回這些元組中的任意元組。

（1）分組元組資料集的 MinBy/MaxBy。

使用方法如下所示：

```
// 載入或創建來源資料
DataSet<Tuple3<Integer, String, Double>> input = // [...]
// 轉換資料
DataSet<Tuple3<Integer, String, Double>> output = input
.groupBy(1)     // 在第2個欄位上對資料集進行分組
.minBy(0, 2);   // 為第1個和第3個欄位選擇具有最小值的元組
```

上述程式從 DataSet <Tuple3 <Integer，String，Double >> 中，為具有相同 String 值的每組元組選擇具有 Integer 和 Double 欄位最小值的元組。

（2）基於完整元組資料集的 MinBy/MaxBy。

使用方法如下所示：

```
// 載入或創建來源資料
DataSet<Tuple3<Integer, String, Double>> input = // [...]
// 轉換資料
DataSet<Tuple3<Integer, String, Double>> output = input
                              .maxBy(0, 2); //為第1個和第3個欄位選擇具有最大值的元組
```

上述程式從 DataSet <Tuple3 <Integer，String，Double >> 中選擇具有 Integer 和 Double 欄位最大值的元組。

2. First-n 運算元

First-n 運算元用於返回資料集的前 *n* 個（任意）元素。該運算元可以應用於正常資料集、分組資料集或分組排序資料集。可以將分組鍵指定為鍵選擇器函數或欄位的位置鍵。使用方法如下所示：

```
// 載入或創建來源資料
DataSet<Tuple2<String, Integer>> in = // [...]
// 返回資料集的前5個（任意）元素
DataSet<Tuple2<String, Integer>> out1 = in.first(5);
DataSet<Tuple2<String, Integer>> out2 = in.groupBy(0)   // 分組轉換運算元
                      .first(2);   // 返回每個字串組的前兩個（任意）元素

DataSet<Tuple2<String, Integer>> out3 = in
          .groupBy(0)                              // 分組轉換運算元
              .sortGroup(1, Order.ASCENDING)  // 排序運算元
              .first(3);                           // 獲取前3個資料
```

5.3.4 連結轉換運算元

1. Join 運算元

Join 運算元先根據指定的條件連結兩個資料集，然後根據所選欄位形成一個新的資料集。該運算元可以將兩個資料集合並為一個資料集。如果兩個資料集的元素都連接到一個或多個鍵，則連結的鍵可以使用以下方式來指定：鍵運算式、鍵選擇器函數、一個或多個欄位位置鍵（僅限於使用元組）。

2. OuterJoin 運算元

OuterJoin 運算元對兩個資料集執行左、右或完全外連接。

外部連接與內部連接類似。如果在另一側找不到匹配的鍵，則保留「外側」（左側、右側）的記錄或全部記錄。該運算元將匹配的一對元素（或

一個元素和另一個輸入的空值）提供給 JoinFunction，將一對元素變成單一元素，或為 FlatJoinFunction 指定任意數量（包括 0 個）的元素。

兩個資料集的元素都連接到一個或多個鍵，連接的鍵可以使用以下方式來指定：鍵運算式、鍵選擇器函數、一個或多個欄位位置鍵（僅限於 Tuple DataSet）。

3. Cross 運算元

Cross 運算元可以將兩個資料集組合為一個資料集。它建構兩個輸入資料集的元素的所有成對組合，即建構笛卡兒乘積。該運算元不是在每對元素上呼叫使用者定義的交換函數，就是輸出元組 Tuple2。

4. CoGroup 運算元

CoGroup 運算元處理兩個資料集的組。該運算元把兩個資料集都分組在一個定義的鍵上，把兩個共用相同鍵的資料集的組一起交給使用者定義的函數。對於一個特定的鍵（只有一個 DataSet 且只有一個組），通常使用該組和一個空組呼叫共同的分組函數。該運算元可以分別疊代兩個組的元素，並返回任意數量的結果元素。

與 Reduce 運算元、GroupReduce 運算元和 Join 運算元相似，CoGroup 運算元可以透過使用不同的鍵選擇函數來定義鍵。

5.3.5 實例 11：在按欄位位置鍵分組的資料集上進行聚合轉換

本實例的程式在 "/transformations/…/AggregateonGroupedTupleDataSet" 目錄下。

本實例演示的是在按欄位位置鍵分組的資料集上進行聚合轉換：

```
public class AggregateonGroupedTupleDataSet {
    // main()方法——Java應用程式的入口
    public static void main(String[] args) throws Exception {
```

```
        // 獲取執行環境
        final ExecutionEnvironment env = ExecutionEnvironment.
getExecutionEnvironment();
        // 載入或創建來源資料
        DataSet<Tuple3<Integer, String, Double>> input = env.fromElements(
                new Tuple3(1, "a", 1.0),
                new Tuple3(2, "b", 2.0),
                new Tuple3(4, "b", 4.0),
                new Tuple3(3, "c", 3.0));
        // 轉換資料
        DataSet<Tuple3<Integer, String, Double>> output1 = input
                .groupBy(1) // 分組轉換運算元，在欄位2上進行分組
                .aggregate(SUM, 0).and(MIN, 2); // 產生「欄位1的總和"和「欄位3
                的最小值"資料集
        // 轉換資料
        DataSet<Tuple3<Integer, String, Double>> output2 = input
                .groupBy(1) // 分組轉換運算元，在欄位2上進行分組
                .aggregate(SUM, 0)
                .aggregate(MIN, 2); // 在聚合上應用聚合，在「計算按欄位2分組的
                欄位1的總和"後產生欄位3的最小值
        output1.print(); // 列印資料到主控台
        System.out.println("--------");
        output2.print(); // 列印資料到主控台
    }
}
```

執行上述應用程式之後，會在主控台中輸出以下資訊：

```
(1,a,1.0)
(6,b,2.0)
(3,c,3.0)
--------
(1,a,1.0)
```

如果對資料集應用多個聚合，則必須在第 1 個聚合之後使用 .and() 方法。這表示，.aggregate(SUM，0).and(MIN，2) 會產生「欄位 1 的總和」和「欄位 3 的最小值」的資料集。

如果使用程式 .aggregate(SUM,0).aggregate(MIN,2)，則在聚合上應用聚合。該程式將在「按欄位 1 分組的欄位 1 的總和」之後產生欄位 3 的最小值。

5.3.6 實例 12：在分組元組上進行比較運算

本實例的程式在 "/transformations/…/MinByMaxByonGroupedTupleDataSet" 目錄下。

本實例演示的是從 DataSet <Tuple3 <Integer，String，Double >> 中，為具有相同 String 值的每組元組選擇具有 Integer 和 Double 欄位最小值的元組：

```
// main()方法——Java應用程式的入口
public static void main(String[] args) throws Exception {
// 獲取執行環境
        final ExecutionEnvironment env = ExecutionEnvironment.
getExecutionEnvironment();
        // 載入或創建來源資料
        DataSet<Tuple3<Integer, String, Double>> input = env.fromElements(
                new Tuple3(1, "a", 1.0),
                new Tuple3(2, "b", 2.0),
                new Tuple3(4, "b", 4.0),
                new Tuple3(5, "b", 1.0),
                new Tuple3(3, "c", 3.0));
        // 轉換資料
        DataSet<Tuple3<Integer, String, Double>> output1 = input
                .groupBy(1)       // 分組轉換運算元，在第2個欄位上進行分組
                .minBy(0, 2);     // 根據第1個和第3個欄位選擇最小值的元組
        output1.print();          // 列印資料到主控台
    }
```

執行上述應用程式之後，會在主控台中輸出以下資訊：

```
(1,a,1.0)
(2,b,2.0)
(3,c,3.0)
```

5.3.7 實例 13：使用 MapPartition 運算元統計資料集的分區計數

本實例的程式在 "/transformations/⋯/MyMapPartitionDemo" 目錄下。

本實例演示的是使用 MapPartition 運算元統計資料集的分區計數：

```
// main()方法——Java應用程式的入口
public static void main(String[] args) throws Exception {
        // 獲取執行環境
        final ExecutionEnvironment env = ExecutionEnvironment.
getExecutionEnvironment();
        // 載入或創建來源資料
        DataSet<String> textLines = env.fromElements("BMW","Tesla",
"Rolls-Royce");
        // 轉換資料
        DataSet<Long> counts = textLines.mapPartition(new PartitionCounter());
        // 列印資料到主控台
        counts.print();
}
        // 實現MapPartition，以便統計資料集的分區計數
        private static class PartitionCounter  implements MapPartitionFunction
<String, Long> {
        @Override
        public void mapPartition(Iterable<String> values, Collector<Long> out)
throws Exception {
            long i = 0;
            for (String value : values) {
                i++;
            }
            out.collect(i);
        }
}
```

執行上述應用程式之後，會在主控台中輸出以下資訊：

```
3
```

5.3.8 實例 14：對 POJO 資料集和元組進行分組與聚合

本實例的程式在 "/transformations/…/dataset/demo14" 目錄下。

1. 使用鍵運算式對 POJO 資料集進行分組與聚合

本實例演示的是使用鍵運算式對 POJO 資料集進行分組，以及透過 Reduce 運算元進行聚合：

```
// main()方法——Java應用程式的入口
public static void main(String[] args) throws Exception {
        // 獲取執行環境
        final ExecutionEnvironment env = ExecutionEnvironment.
getExecutionEnvironment();
        // 載入或創建來源資料
        DataSet<WC> words = env.fromElements(
                new WC("BMW", 1),
                new WC("Tesla", 1),
                new WC("Tesla", 9),
                new WC("Rolls-Royce", 1));
        // 轉換資料
        DataSet<WC> wordCounts = words
                        // 根據word欄位對資料集進行分組
                        .groupBy("word")
                        // 在分組資料集上應用Reduce
                        .reduce(new WordCounter());
        // 列印資料到主控台
        wordCounts.print();
    }
     public static class WC {
        // 定義類的屬性
        public String word;
        // 定義類的屬性
        public int count;
        // 無參建構方法
        public WC() {
        }
        // 有參建構方法
        public WC(String word, int count) {
```

```
            this.word = word;
            this.count = count;
        }
        @Override
        /* toString()方法，返回數值型態為String */
        public String toString() {
            return "WC{" +
                    "word='" + word + '\'' +
                    ", count=" + count +
                    '}';
        }
    }
    // 求和count欄位的ReduceFunction
    public static class WordCounter implements ReduceFunction<WC> {
        @Override
        public WC reduce(WC in1, WC in2) {
            return new WC(in1.word, in1.count + in2.count);
        }
    }
```

執行上述應用程式之後，會在主控台中輸出以下資訊：

```
WC{word='Rolls-Royce', count=1}
WC{word='BMW', count=1}
WC{word='Tesla', count=10}
```

2. 使用鍵選擇器對 POJO 資料集進行分組與聚合

本實例演示的是使用鍵選擇器對 POJO 資料集進行分組與聚合：

```
// main()方法——Java應用程式的入口
public static void main(String[] args) throws Exception {
        // 獲取執行環境
        final ExecutionEnvironment env = ExecutionEnvironment.
getExecutionEnvironment();
        // 載入或創建來源資料
        DataSet<WC> words = env.fromElements(
                new WC("BMW", 1),
                new WC("Tesla", 1),
                new WC("Tesla", 9),
```

```
                new WC("Rolls-Royce", 1));
        // 轉換資料
        DataSet<WC> wordCounts = words
                // 分組轉換運算元，在欄位word上進行資料集分組
                .groupBy(new SelectWord())
                // 在分組的DataSet上應用Reduce
                .reduce(new WordCounter());
                // 列印資料到主控台
        wordCounts.print();
    }
    // POJO類別
    public static class WC {
        // 定義類的屬性
        public String word;
        // 定義類的屬性
        public int count;
// 部分內容省略
    }
    public static class SelectWord implements KeySelector<WC, String> {
        @Override
        public String getKey(WC value) throws Exception {
            return value.word;
        }
    }
    // 使用ReduceFunction對POJO的Integer屬性求和
    public static class WordCounter implements ReduceFunction<WC> {
        @Override
        public WC reduce(WC in1, WC in2) {
            return new WC(in1.word, in1.count + in2.count);
        }
}
```

執行上述應用程式之後，會在主控台中輸出以下資訊：

```
WC{word='Rolls-Royce', count=1}
WC{word='BMW', count=1}
WC{word='Tesla', count=10}
```

3. 使用鍵選擇器對元組資料進行分組與聚合

本實例演示的是使用鍵選擇器（欄位位置鍵）對元組資料進行分組與聚合：

```
// main()方法——Java應用程式的入口
public static void main(String[] args) throws Exception {
        // 獲取執行環境
        final ExecutionEnvironment env = ExecutionEnvironment.
getExecutionEnvironment();
        // 載入或創建來源資料
        DataSet<Tuple3<String, Integer, Double>> tuples = env.fromElements(
                Tuple3.of("BMW", 30, 2.0),
                Tuple3.of("Tesla", 30, 2.0),
                Tuple3.of("Tesla", 30, 2.0),
                Tuple3.of("Rolls-Royce", 300, 4.0)
        );
        // 轉換資料
        DataSet<Tuple3<String, Integer, Double>> reducedTuples = tuples
                // 在元組的第1個和第2個欄位上對資料集進行分組
                .groupBy(0, 1)
                // 在分組的DataSet上應用Reduce
                .reduce(new MyTupleReducer());
        // 列印資料到主控台
        reducedTuples.print();

    }

    private static class MyTupleReducer implements org.apache.flink.api.
common.functions.ReduceFunction<Tuple3<String, Integer, Double>> {
        @Override
        public Tuple3<String, Integer, Double> reduce(Tuple3<String, Integer,
Double> value1, Tuple3<String, Integer, Double> value2) throws Exception {
            return new Tuple3<>(value1.f0,value1.f1+value2.f1,value1.f2);
        }
}
```

執行上述應用程式之後，會在主控台中輸出以下資訊：

```
(BMW,30,2.0)
(Rolls-Royce,300,4.0)
(Tesla,60,2.0)
```

5.3.9 實例 15：使用 First-n 運算元返回資料集的前 *n* 個元素

本實例的程式在 "/transformations/…/ReduceonDataSetGroupedbyFieldPositionKeys" 目錄下。

本實例演示的是使用 First-n 運算元返回資料集的前 *n* 個元素：

```
// main()方法——Java應用程式的入口
public static void main(String[] args) throws Exception {
        // 獲取執行環境
        final ExecutionEnvironment env = ExecutionEnvironment.
getExecutionEnvironment();
        // 載入或創建來源資料
        DataSet<Tuple2<String, Integer>> in = env.fromElements(
                Tuple2.of("BMW", 30),
                Tuple2.of("Tesla", 35),
                Tuple2.of("Tesla", 55),
                Tuple2.of("Tesla", 80),
                Tuple2.of("Rolls-Royce", 300),
                Tuple2.of("BMW", 40),
                Tuple2.of("BMW", 45),
                Tuple2.of("BMW", 80)
        );
        DataSet<Tuple2<String, Integer>> out1 = in
                .first(2);     // 返回前2個元素
        DataSet<Tuple2<String, Integer>> out2 = in
                .groupBy(0)    // 分組轉換運算元
                .first(2);     // 返回前2個元素
        // 轉換資料
        DataSet<Tuple2<String, Integer>> out3 = in
                .groupBy(0)    // 根據欄位1分組
                .sortGroup(1, Order.ASCENDING)  // 根據欄位2排序
                .first(2);     // 返回每個分組的前2個元素，並且按照昇冪排列
        out1.print();     // 列印資料到主控台
        System.out.println("-------------");
        out2.print();     // 列印資料到主控台
```

```
        System.out.println("-------------");
        out3.print();     // 列印資料到主控台
    }
```

執行上述應用程式之後，會在主控台中輸出以下資訊：

```
(BMW,30)
(Tesla,35)
-------------
(Rolls-Royce,300)
(BMW,30)
(BMW,40)
(Tesla,35)
(Tesla,55)
-------------
(Rolls-Royce,300)
(BMW,30)
(BMW,40)
(Tesla,35)
(Tesla,55)
```

5.4 Flink 的 DataStream API 專用轉換運算元

5.4.1 多流轉換算子

1. Union 運算元

Union 運算元可以將兩個或多個資料流程進行合併，從而創建一個包含所有流中元素的新流。其使用方法如下所示：

```
dataStream.union(otherStream1, otherStream2, ...);
```

2. Connect 運算元

Connect 運算元連接兩個資料流程，但兩個資料流程只是被放在同一個流（ConnectedStream）中，依然保持各自的資料和形式，不會發生任何變化，兩個資料流程相互獨立。

Connect 運算元與 Union 運算元的區別如下。

- Connect 運算元可以連接兩個不同資料類型的資料流程，而 Union 運算元需要資料流程的類型相同。
- Union 運算元支持兩個及兩個以上的資料流程合併。Connect 運算元只支援兩個資料流程。可以借助 CoFlatMap 運算元將不同類型的資料流程進行類型統一操作。

Connect 運算元的使用方法如下所示：

```
// 載入或創建來源資料
DataStream<Integer> oneStream = //...
// 載入或創建來源資料
DataStream<String> twoStream = //...
// 創建ConnectedStreams流
ConnectedStreams<Integer, String> connectedStreams = oneStream.connect(twoStream);
```

3. CoMap 運算元和 CoFlatMap 運算元

CoMap 運算元和 CoFlatMap 運算元可以將 ConnectedStreams 流轉為 DataStream 流，與連接資料流程運算元 Map 和 FlatMap 相似。

4. Split 運算元

Split 運算元根據某些特徵把一個 DataStream 流拆分成兩個或多個 DataStream 流。

5. Select 運算元

Select 運算元從一個 SplitStream 流中獲取一個或多個 DataStream 流。其使用方法如下所示：

```
SplitStream<Integer> split;
DataStream<Integer> even = split.select("even");
DataStream<Integer> odd = split.select("odd");
DataStream<Integer> all = split.select("even","odd");
```

5.4.2 鍵控流轉換算子

1. KeyBy 運算元

KeyBy 運算元根據指定的鍵，將 DataStream 流轉為 KeyedStream 流。使用 KeyBy 運算元必須使用鍵控狀態。KeyBy 運算元從邏輯上將流劃分為不相交的分區。具有相同鍵的所有記錄都被分配給同一個分區。在內部，keyBy() 方法是透過雜湊分區來實現的。該運算元有多種指定鍵的方法。

利用 keyBy() 方法可以把具有相同鍵的資料放在同一個邏輯分區中，如下所示：

```
//透過欄位name進行分區
dataStream.keyBy("name")
//透過元組類別的第1個元素進行分區
dataStream.keyBy(0)
```

在以下情況下類型不能為鍵，因為沒有辦法計算鍵的值，或值沒有意義。

- POJO 類型，但不覆蓋 hashCode() 方法，而是依賴 Object.hashCode() 實現。
- 任何類型的陣列。

2. Aggregation 運算元

（1）在鍵控流上的 Aggregation。

Aggregation 運算元可以將 KeyedStream 流轉為 DataStream 流，在鍵控流上捲動聚合。Aggregation 運算元的 KeyedStream 流轉換的使用方法如下所示：

```
keyedStream.sum(0);
keyedStream.sum("key");
keyedStream.min(0);
keyedStream.min("key");
keyedStream.max(0);
keyedStream.max("key");
keyedStream.minBy(0);
```

```
keyedStream.minBy("key");
keyedStream.maxBy(0);
keyedStream.maxBy("key");
```

min() 方法和 minBy() 方法的區別如下：min() 方法返回最小值，而 minBy() 方法返回在此欄位中具有最小值的元素。

（2）在視窗上聚合。

Aggregation 運算元也可以將 WindowedStream 流轉為 DataStream 流，聚合視窗的內容。Aggregation 運算元的 WindowedStream 流轉換的使用方法如下所示：

```
windowedStream.sum(0);
windowedStream.sum("key");
windowedStream.min(0);
windowedStream.min("key");
windowedStream.max(0);
windowedStream.max("key");
windowedStream.minBy(0);
windowedStream.minBy("key");
windowedStream.maxBy(0);
windowedStream.maxBy("key");
```

3. Reduce 運算元

Reduce 運算元對鍵控流進行「捲動」壓縮，將當前元素的值與最後一個元素的 Reduce 的值合併，並產生新值。

Reduce 運算元的使用方法如下所示：

```
keyedStream.reduce(new ReduceFunction<Integer>() {
    @Override
    public Integer reduce(Integer value1, Integer value2)
    throws Exception {
        return value1 + value2;
    }
});
```

5.4.3 視窗轉換運算元

1. Window 運算元

Window 運算元可以在已經分區的 KeyedStream 流上定義視窗，把 KeyedStream 流轉為 WindowedStream 流。Window 運算元根據某些特徵將每個鍵中的資料分組（如最近 2s 內到達的資料）。其使用方法如下所示：

```
dataStream
// 鍵控流轉換算子
.keyBy(0)
// 視窗轉換運算元
.window(TumblingEventTimeWindows.of(Time.seconds(2)));  //最近2s的資料
```

2. WindowAll 運算元

視窗可以在正常 DataStream 流上定義。WindowAll 運算元可以將 DataStream 流轉為 AllWindowedStream 流。視窗會根據某些特徵（如最近 2s 內到達的資料）對所有流事件進行分組。在許多情況下，這是非平行轉換。所有記錄將被收集在該運算元的一項任務中。WindowAll 運算元的使用方法如下所示：

```
dataStream
.windowAll(TumblingEventTimeWindows.of(Time.seconds(2))); //最近2s的資料
```

3. Window Apply 運算元

Window Apply 運算元將一般功能應用於整個視窗，可以將 WindowedStream 流或 AllWindowedStream 流轉為 DataStream 流。如果使用 WindowAll 運算元進行轉換，則需要使用 AllWindowFunction 函數。

4. Window Reduce 運算元

Window Reduce 運算元將功能化的 Reduce 函數應用於視窗，可以將 WindowedStream 流轉為 DataStream 流。其使用方法如下所示：

```
windowedStream.reduce (new ReduceFunction<Tuple2<String,Integer>>() {
    public Tuple2<String, Integer> reduce(Tuple2<String, Integer> value1,
Tuple2<String, Integer> value2) throws Exception {
        return new Tuple2<String,Integer>(value1.f0, value1.f1 + value2.f1);
    }
});
```

5. Window Fold 運算元

Window Fold 運算元將實用的折疊功能應用於視窗，並返回折疊值，可以將 WindowedStream 流轉為 DataStream 流。其使用方法如下所示：

```
windowedStream.fold("start", new FoldFunction<Integer, String>() {
    public String fold(String current, Integer value) {
        return current + "-" + value;
    }
});
```

該實例函數在應用於序列（1,2,3,4,5）時，會將序列折疊為字串 "start-1-2-3-4-5"。

6. Window CoGroup 運算元

Window CoGroup 運算元在指定鍵和一個公共視窗上將兩個資料流程組合在一起，可以將兩個 DataStream 流轉為 DataStream 流。其使用方法如下所示：

```
dataStream.coGroup(otherStream)
.where(0).equalTo(1)
// 視窗轉換運算元
.window(TumblingEventTimeWindows.of(Time.seconds(3)))
// 應用CoGroupFunction
.apply (new CoGroupFunction () {...});
```

5.4.4 連接轉換運算元

1. 視窗連接

視窗連接連接兩個共用一個公共鍵且位於同一個視窗中的流的元素。可以使用視窗分配器定義這些視窗，並根據兩個資料流程中的元素計算。然後，可以將來自兩邊的元素傳遞給使用者定義的 JoinFunction 或 FlatJoinFunction，使用者可以發出滿足連接條件的結果。

視窗連接的使用方法如下所示：

```
stream.join(otherStream)
.where(<KeySelector>)
.equalTo(<KeySelector>)
// 視窗轉換運算元
.window(<WindowAssigner>)
// 應用JoinFunction
.apply(<JoinFunction>)
```

有關語義的注意事項包括以下幾點。

- 創建兩個資料流程元素的成對組合的行為類似於內連接，如果來自一個流的元素與另一個流沒有相對應要連接的元素，則不會輸出該視窗中的元素。
- 在視窗連接中，結合在一起的元素將其時間戳記設定為位於各自視窗中的最大時間戳記。舉例來說，以 [5,10) 為邊界的視窗，結合在一起的元素將時間戳記設定為 9。

下面根據一些範例場景來介紹不同類型的視窗連接的行為。

(1) 捲動視窗連接。

在執行捲動（捲動）視窗連接（Tumbling Window Join）時，具有公共鍵和公共捲動視窗的所有元素都以成對組合的形式進行連接，並傳遞給 JoinFunction 或 FlatJoinFunction。因為這類似於一個內連接，所以在捲動視窗中，如果沒有來自另一個資料流程的元素，則流的元素不會被輸出。

圖 5-1 中定義了一個大小為 2ms 的捲動視窗。該圖型顯示了每個視窗中所有元素的成對組合，這些元素將傳遞給 JoinFunction。在捲動視窗 [7,8] 中沒有發出任何內容，因為在視窗上方的流中沒有元素與元素 7、8 連接。

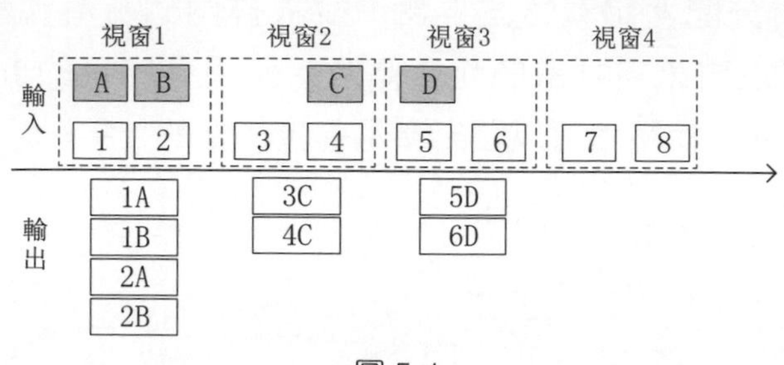

圖 5-1

（2）滑動視窗連接。

在執行滑動視窗連接時，具有公共鍵和公共滑動視窗（Sliding Window）的所有元素都作為成對組合進行連接，並傳遞給 JoinFunction 或 FlatJoinFunction。在前滑動視窗中，如果沒有來自另一個流的元素，則流的元素不會被發出。

滑動視窗的滑動情況如圖 5-2 所示，滑動視窗的大小為 2ms，滑動的間隔時間為 1ms，時間軸以下是每個滑動視窗的連接結果將被傳遞給 JoinFunction 的元素。

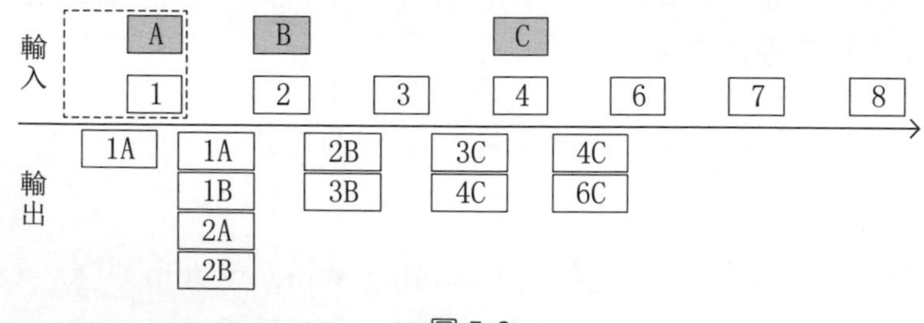

圖 5-2

可以將圖 5-2 簡單地了解為，每隔 1s 推動（滑動）圖中的虛線框，如果資料在虛線框內，則視窗中的流元素可以連接。

（3）階段視窗連接。

在執行時視窗連接時，具有相同鍵的所有元素滿足階段條件時，都以成對的組合進行連接，並傳遞給 JoinFunction 或 FlatJoinFunction。如果階段視窗中只包含來自一個流的元素，則不會發出任何輸出。

如圖 5-3 所示，定義一個階段視窗連接，其中每個階段被至少 1ms 的間隔所分割。

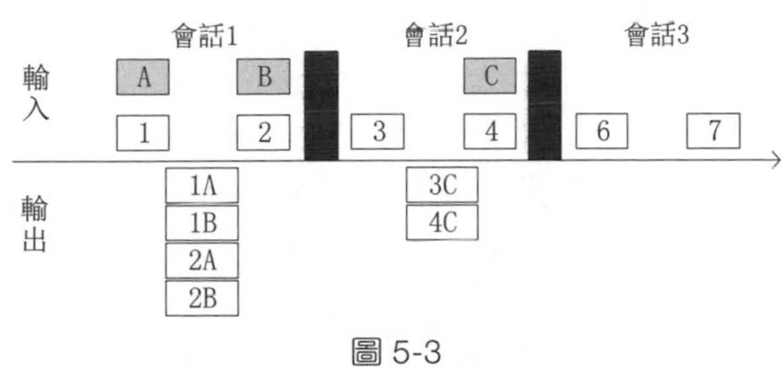

圖 5-3

圖 5-3 中有 3 個階段，在階段視窗 1 和階段視窗 2 中，來自兩個流的元素會進行連接，並傳遞給 JoinFunction。階段視窗 3 中的元素不會進行連接。

2. 間隔連接

間隔連接用一個公共鍵連接兩個流的元素，其中一條流元素的時間戳記具有相對於另一條流中元素的時間戳記。

在將一對元素傳遞給 ProcessJoinFunction 時，兩個元素將分配更大的時間戳記（可以透過 ProcessJoinFunction.Context 存取）。需要注意的是，間隔連接目前只支持事件時間。

如圖 5-4 所示，將兩個流連接起來，它們的下界（lowerbound）為 -2ms，上界（upperbound）為 +1ms。

在預設情況下是包含上界和下界的。如果不想包含上界和下界，則可以透過 .lowerboundexclusive() 方法和 .upperboundexclusive() 方法進行設定。

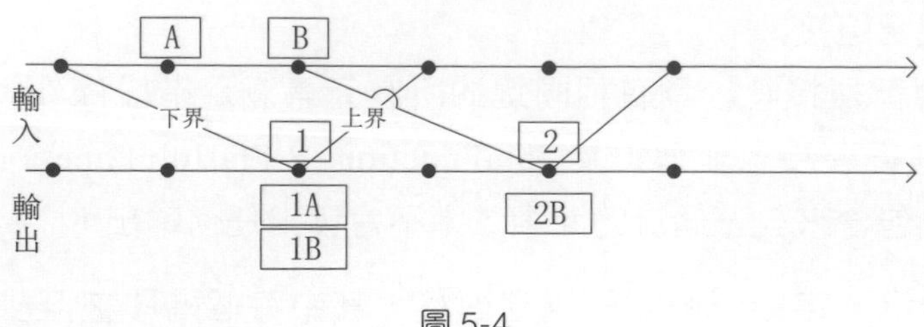

圖 5-4

5.4.5 物理分區運算元

Flink 可以對轉換後的流分區進行低級別控制。實際上，物理分區（Physical Partitioning）或運算元分區（Operator Partition）就是運算元平行實例：子任務。Flink 提供的物理分區低級別控制運算元如表 5-1 所示。

表 5-1

運算元	功　能

partitionCustom	將 DataStream 流轉為 DataStream 流。使用使用者定義的分區程式為每個元素選擇目標任務，其用法如下所示：
	`dataStream.partitionCustom(partitioner, "someKey");`
	`dataStream.partitionCustom(partitioner, 0);`

shuffle	將 DataStream 流轉為 DataStream 流。根據均勻分佈對元素進行隨機劃分，其用法如下所示： `dataStream.shuffle();`
rebalance	將 DataStream 流轉為 DataStream 流。每個分區創建相等的負載。在存在資料偏斜時，該運算元對性能最佳化有用。其用法如下所示： `dataStream.rebalance();` shuffle 運算元隨機分發資料，而 rebalance 運算元以迴圈方式分發資料。後者因為不必計算隨機數，所以更有效。另外，根據隨機性，最終可能會得到某種不太均勻的分佈。 另外，rebalance 運算元始終將第 1 個元素發送到第 1 個通道。因此，如果只有少量元素（元素少於子任務），則只有部分子任務接收元素，因為總是將第 1 個元素發送到第 1 個子任務。在流式傳輸時，這最終無關緊要，因為通常有一個無界的輸入串流

<table>
<tr><th>運算元</th><th>功 能</th></tr>
<tr><td>rescale</td><td>將 DataStream 流轉為 DataStream 流。rescale 運算元相當於低配版 Rebalance，無須網路傳輸。該運算元以 round-robin 方式將元素分區，然後發送到下游運算元。如果想從 source 的每個平行實例分散到許多 mapper 以負載平衡，但不期望像 rebalacne() 那樣執行全域負載平衡，則該運算元會很有用。該運算元僅需要本地資料傳輸，而非透過網路傳輸資料，具體取決於其他設定值，如 TaskManager 的插槽數。
上游運算元所發送的元素被分區到下游運算元的哪些子集，取決於上游運算元和下游運算元的併發度。舉例來說，上游運算元的併發度為 2，而下游運算元的併發度為 6，則其中一個上游運算元會將元素分發到 3 個下游運算元，另一個上游運算元會將元素分發到另外 3 個下游運算元。相反，如果上游運算元的併發度為 6，而下游運算元的併發度為 2，則其中 3 個上游運算元會將元素分發到 1 個下游運算元，另 1 個上游運算元會將元素分發到另外 1 個下游運算元。
在上游運算元和下游運算元的平行度不是彼此的倍數的情況下，下游運算元對應的上游的操作輸入數量不同：
<code>dataStream.rescale();</code></td></tr>
<tr><td>broadcast</td><td>將 DataStream 流轉為 DataStream 流，將元素廣播到每個分區：
<code>dataStream.broadcast();</code></td></tr>
</table>

5.4.6 其他轉換運算元

1. Fold 運算元

Fold 運算元可以將 KeyedStream 流轉為 DataStream 流，在帶有初值的鍵控流上「捲動」折疊，將當前元素與上一個折疊值組合在一起並發出新值。Fold 運算元的使用方法如下所示：

```
DataStream<String> result =
  keyedStream.fold("start", new FoldFunction<Integer, String>() {
    @Override
    public String fold(String current, Integer value) {
        return current + "-" + value;
```

```
    }
  });
```

折疊函數在應用於序列（1,2,3,4,5）時，會發出序列 "start-1"、"start-1-2"、"start-1-2-3" 等。

2. Interval Join 運算元

Interval Join 運算元可以將兩個 KeyedStream 流轉為 DataStream 流。在指定的時間間隔內，用公共鍵將兩個鍵控流的兩個元素 e1 和 e2 連接起來，以便 e1.timestamp + lowerBound ≤ e2.timestamp ≤ e1.timestamp + upperBound。Interval Join 運算元的使用方法如下所示：

```
keyedStream.intervalJoin(otherKeyedStream)
.between(Time.milliseconds(-2), Time.milliseconds(2))  // 上限和下限
.upperBoundExclusive(true)                             // 可選項
.lowerBoundExclusive(true)                             // 可選項
.process(new IntervalJoinFunction() {...});  // 將指定的ProcessFunction應用於
                                              輸入串流，從而創建轉換後的輸出串流
```

上述程式連接了 2 個流，以便 key1 == key2 && leftTs - 2 < rightTs < leftTs + 2。

3. Iterate 運算元

Iterate 運算元可以將 DataStream 流轉為 IterativeStream 流，然後轉為 DataStream 流。透過將一個運算元的輸出重新導向到某個先前的運算元，在流中創建「回饋」迴圈，這對於定義不斷更新模型的演算法特別有用。Iterate 運算元提供了一種流計算中的類似於遞迴的方法。

圖 5-5 展示了 Flink 中目前支持的幾種流的類型，以及它們之間的轉換關係。

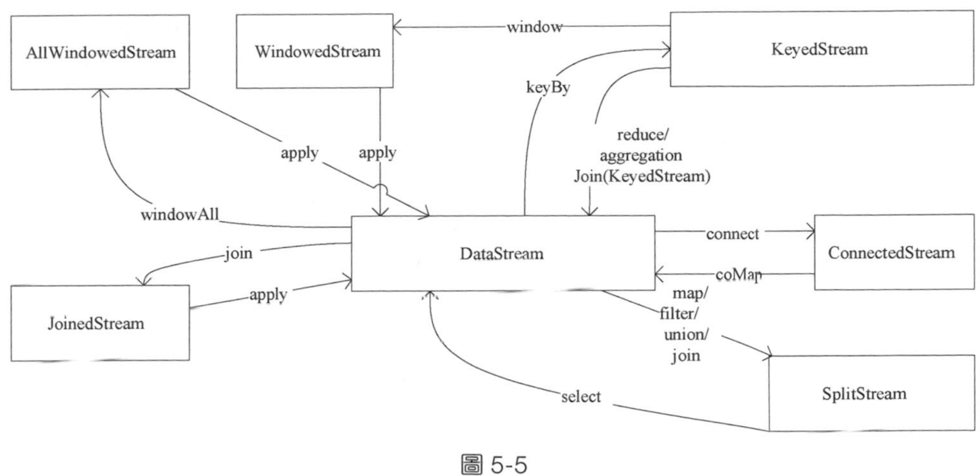

圖 5-5

5.4.7 實例 16：使用 Union 運算元連接多個資料來源

本實例的程式在 "/transformations/…/MyUnionDemo" 目錄下。

本實例演示的是使用 Union 運算元連接多個資料來源。

首先準備 3 個類型一樣的資料來源，然後使用 Union 運算元將它們連接起來，如下所示：

```
public class MyUnionDemo {
    // main()方法——Java應用程式的入口
    public static void main(String[] args) throws Exception {
        // 獲取流處理的執行環境
        final StreamExecutionEnvironment senv = StreamExecutionEnvironment.
getExecutionEnvironment();
        // 載入或創建來源資料
        DataStream<Tuple2<String, Integer>> source1 = senv.fromElements(
                new Tuple2<>("Honda", 15),
                new Tuple2<>("CROWN", 25));
        // 載入或創建來源資料
        DataStream<Tuple2<String, Integer>> source2 = senv.fromElements(
                new Tuple2<>("BMW", 35),
                new Tuple2<>("Tesla", 40));
        // 載入或創建來源資料
```

```
        DataStream<Tuple2<String, Integer>> source3 = senv.fromElements(
                new Tuple2<>("Rolls-Royce", 300),
                new Tuple2<>("AMG", 330));
        DataStream<Tuple2<String, Integer>> union = source1.union(source2,
source3);
        union.print("union");
        // 執行任務操作。因為Flink是惰性載入的，所以必須呼叫execute()方法才會
           執行
        senv.execute();
}
}
```

執行上述應用程式之後，會在主控台中輸出以下資訊：

```
union:10> (Rolls-Royce,300)
union:3> (BMW,35)
union:11> (CROWN,25)
union:4> (Tesla,40)
union:10> (Honda,15)
union:11> (AMG,330)
```

5.4.8 實例 17：使用 Connect 運算元連接不同類型的資料來源

本實例的程式在 "/transformations/…/MyConnectDemo" 目錄下。

將兩條流從形式上連接在一起變成 ConnectedStream 流，但是，內部依然保持各自的資料和形式不發生任何變化，兩個流相互獨立。ConnectedStream 流會對兩個流的資料應用不同的處理方法，內部的兩個流之間可以共用狀態。

使用 Connect 運算元連接不同類型的資料來源，如下所示：

```
public class MyConnectDemo {
// main()方法——Java應用程式的入口
public static void main(String[] args) throws Exception {
        // 獲取流處理的執行環境
        final StreamExecutionEnvironment senv = StreamExecutionEnvironment.
```

```
getExecutionEnvironment();
        // 載入或創建來源資料
        DataStream<Tuple1<String>> source1 = senv.fromElements(
                new Tuple1<>("Honda"),
                new Tuple1<>("CROWN"));
        // 載入或創建來源資料
        DataStream<Tuple2<String, Integer>> source2 = senv.fromElements(
                new Tuple2<>("BMW", 35),
                new Tuple2<>("Tesla", 40));
        ConnectedStreams<Tuple1<String>, Tuple2<String, Integer>>
                connectedStreams =
                source1.connect(source2);
                connectedStreams.getFirstInput().print("union");
                connectedStreams.getSecondInput().print("union");
        // 執行任務操作。因為Flink是惰性載入的，所以必須呼叫execute()方法才會
           執行
        senv.execute();
    }
}
```

執行上述應用程式之後，會在主控台中輸出以下資訊：

```
union:5> (BMW,35)
union:4> (Honda)
union:5> (CROWN)
union:6> (Tesla,40)
```

5.4.9 實例 18：使用 Reduce 操作鍵控流

本實例的程式在 "/transformations/…/MyReduceDemo" 目錄下。

本實例演示的是使用 Reduce 對鍵控流進行「捲動」壓縮。將當前元素的值與最後一個元素的值合併，並發出新值，如下所示：

```
public class MyReduceDemo {
    // main()方法——Java應用程式的入口
    public static void main(String[] args) throws Exception {
        // 獲取流處理的執行環境
        final StreamExecutionEnvironment senv = StreamExecutionEnvironment.
```

```
getExecutionEnvironment();
        // 載入或創建來源資料
        DataStream<Tuple2<String,Integer>> source = senv.fromElements(
                new Tuple2<>("A",1),
                new Tuple2<>("B",3),
                new Tuple2<>("C",6),
                new Tuple2<>("A",5),
                new Tuple2<>("B",8));
        //使用reduce()方法
        DataStream<Tuple2<String, Integer>> reduce  = source
                // 鍵控流轉換算子
                .keyBy(0)
                .reduce(new ReduceFunction<Tuple2<String, Integer>>() {

            @Override
            public Tuple2<String, Integer> reduce(Tuple2<String, Integer>
value1, Tuple2<String, Integer> value2) throws Exception {
                return new Tuple2(value1.f0,value1.f1+value2.f1);
            }
        });
        reduce.print("reduce");
        senv.execute("Reduce Demo");
    }
}
```

執行上述應用程式之後，會在主控台中輸出以下資訊：

```
reduce:10> (A,1)
reduce:2> (B,3)
reduce:2> (C,6)
reduce:2> (B,11)
reduce:10> (A,6)
```

5.4.10 實例 19：使用 Split 運算元和 Select 運算元拆分資料流程，並選擇拆分後的資料流程

本實例的程式在 "/transformations/datastream" 目錄下。

本實例演示的是使用 Split 運算元根據某些特徵把一個 DataStream 流拆分成兩個 DataStream（SplitStream）流，並使用 Select 運算元選擇一個或多個 DataStream 流，如下所示：

```
public class SplitAndSelect {
// main()方法——Java應用程式的入口
public static void main(String[] args) throws Exception {
        // 獲取流處理的執行環境
        final StreamExecutionEnvironment sEnv = StreamExecutionEnvironment.
getExecutionEnvironment();
        // 載入或創建來源資料
        DataStream<Integer> input = sEnv.fromElements(1, 2, 3, 4, 5, 6, 7, 8);
        // 設定平行度為1
        sEnv.setParallelism(1);
        SplitStream<Integer> split = input.split(new OutputSelector<Integer>() {
            @Override
            public Iterable<String> select(Integer value) {
                List<String> output = new ArrayList<String>();
                if (value % 2 == 0) {
                    //返回偶數
                    output.add("even");
                }
                else {
                    //返回奇數
                    output.add("odd");
                }
                return output;
            }
        });
        DataStream<Integer> even = split.select("even");
        DataStream<Integer> odd = split.select("odd");
        DataStream<Integer> all = split.select("even","odd");
        even.print("even流");
        odd.print("odd流");
        // 執行任務操作。因為Flink是惰性載入的，所以必須呼叫execute()方法才會
           執行
        sEnv.execute();
    }
}
```

執行上述應用程式之後，會在主控台中輸出以下資訊：

```
odd流> 1
even流> 2
odd流> 3
even流> 4
odd流> 5
even流> 6
odd流> 7
even流> 8
```

5.4.11 任務、運算元鏈和資源群組

在分散式運算中，Flink 將運算元的子任務連結成任務，每個任務由一個執行緒執行。把運算元連結成任務，能夠減少執行緒之間切換和緩衝的負擔，在降低延遲時可以提高整體的輸送量。

如圖 5-6 所示，該資料流程將 3 個任務拆解成 5 個子任務，因此具有 5 個平行線程。

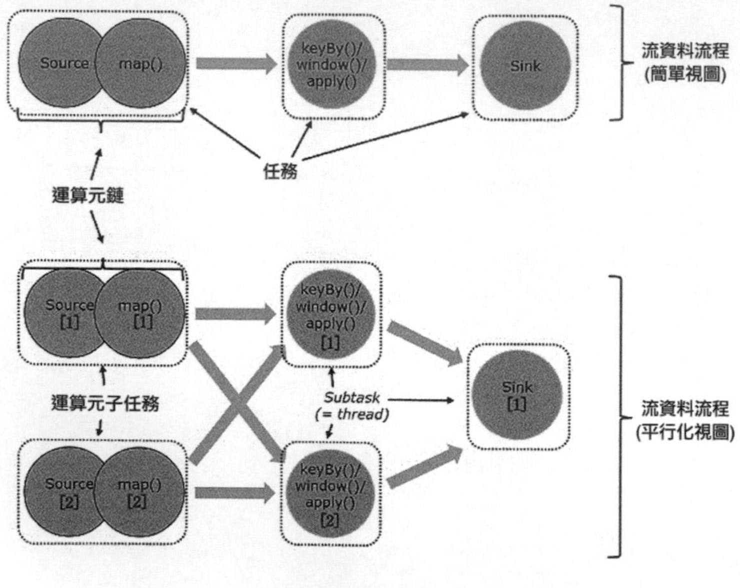

圖 5-6

將運算元連結成任務的優點包括以下幾點。

- 減少執行緒之間的切換。
- 減少訊息的序列化 / 反序列化。
- 減少資料在緩衝區的交換。
- 減少延遲。
- 提高整體的吞吐 。

在預設情況下，Flink 會自動連結運算元。如果需要，則可以透過 API 對連結進行細粒度的控制。

如果在整個作業中禁用連結，則使用 StreamExecutionEnvironment.disableOperatorChaining() 方法。為了獲得更精細的控制，可以使用以下功能。

資源組是 Flink 中的插槽。如果需要，則可以手動將運算元隔離在單獨的插槽中。

1. 開始新連結

如果從某個運算元開始新的連結，則連結的前後兩個映射器（Mapper）將被連結，並且篩檢程式將不會連結到第 1 個映射器。開始新連結的使用方法如下所示：

```
someStream.filter(...)
.map(...)
// 開始新連結
.startNewChain()
.map(...);
```

2. 關閉連結

關閉連結即不連結 Map 運算元，其使用方法如下所示：

```
someStream.map(...)
// 關閉連結
.disableChaining();
```

3. 設定插槽共用組

Flink 會將具有相同插槽共用組的運算元放入同一插槽中，同時將沒有插槽共用組的運算元保留在其他插槽中，這樣可以隔離插槽。如果所有輸入運算元都在同一插槽共用組中，則插槽共用組將從輸入運算元繼承。預設插槽共用組的名稱為 "default"，可以透過呼叫 slotSharingGroup() 方法將運算元明確地放入該組中。

設定插槽共用組的方法如下所示：

```
someStream
.filter(...)
// 設定插槽共用組
.slotSharingGroup("name");
```

Tips

這些方法只能在 DataStream 轉換後使用，因為它們引用的是先前的轉換。例如，可以使用 someStream.map(...).startNewChain() 方法，但不能使用 someStream.startNewChain() 方法。

5.5 認識低階流處理運算元

運算元無法存取事件的時間戳記資訊和水位線資訊。DataStream API 提供了一系列的低階的流處理運算元——ProcessFunction。這些運算元用來建構事件驅動的應用，以及實現自訂的業務邏輯。這些低階流處理運算元不僅可以存取時間戳資訊和水位線資訊，註冊定時事件，還可以輸出特定的事件（如逾時事件）等。所有的 ProcessFunction 都繼承自 RichFunction 介面，都有 open() 方法、close() 方法和 getRuntimeContext() 方法等。

Flink 提供以下 8 個 ProcessFunction：ProcessFunction、CoProcessFunction、KeyedProcessFunction、ProcessJoinFunction、BroadcastProcessFunction、KeyedBroadcastProcessFunction 和 ProcessWindowFunction、ProcessAll WindowFunction。

下面介紹部分常用的 ProcessFunction。

5.5.1 ProcessFunction——在非迴圈流上實現低階運算

ProcessFunction 可以存取所有非迴圈流應用程式的基本建構區塊。

可以將 ProcessFunction 視為可便捷鍵控狀態（Keyed State）和計時器（Timer）的 FlatMapFunction 函數。

對於容錯狀態，ProcessFunction 透過執行引擎上下文存取 Flink 的鍵控狀態，類似於用其他有狀態函數便捷鍵控狀態。

計時器允許應用程式對處理時間和事件時間的變化做出反應。每次呼叫 processElement() 方法都會獲得一個上下文物件，該上下文物件可以存取元素的事件時間時間戳記和 TimerService。TimerService 用於為將來的事件時間 / 處理時間註冊回呼。

對於事件時間計時器，如果當前水位線前進到或超過計時器的時間戳記，則呼叫 onTimer() 方法；而對於處理時間計時器，在時間到達指定時間後，則使用掛鐘（Wall Clock）呼叫 onTimer() 方法。在該呼叫期間，所有狀態都將再次限定在用於創建計時器的鍵上，從而允許計時器操作鍵控狀態。

Tips

如果便捷鍵控狀態和計時器，則必須在鍵控流上應用 ProcessFunction，使用方法如下所示：

```
stream.keyBy(...).process(new MyProcessFunction())
```

5.5.2 CoProcessFunction——在兩個輸入串流上實現低階運算

可以使用 CoProcessFunction 或 KeyedCoProcessFunction 在兩個輸入串流上實現低級別的運算。CoProcessFunction 綁定兩個不同的輸入，並為不同的輸入記錄分別呼叫 processElement1() 方法和 processElement2() 方法，對兩個輸入串流的資料進行處理。實現低級別連接通常遵循以下模式。

- 為一個（或兩個）輸入創建一個狀態物件。
- 當從輸入來源接收到元素時，更新狀態。
- 當從其他輸入來源接收到元素時，探測狀態並生成連接的結果。

5.5.3 KeyedProcessFunction——在鍵控流上實現低階運算

KeyedProcessFunction 用來操作 KeyedStream 流。KeyedProcessFunction 會處理流的每個元素，輸出為 0 個、1 個或多個元素。KeyedProcessFunction 額外提供了以下兩個方法。

- processElement() 方法：流中的每個元素都會呼叫這個方法，呼叫結果會放在 Collector 資料類型中輸出。
- onTimer() 方法：這是一個回呼方法，在之前註冊的計時器觸發時呼叫。參數 timestamp 為計時器所設定的觸發的時間戳記；Collector 為輸出結果的集合；OnTimerContext 和 processElement 的 Context 參數一樣，用於提供上下文的一些資訊。

5.5.4 計時器和計時器服務

TimerService 在內部維護兩種類型的計時器——處理時間計時器和事件時間計時器，並排隊等待執行。TimerService 刪除每個鍵和時間戳記重複的計時器，即每個鍵和時間戳記最多有一個計時器。如果為同一時間戳註冊了多個計時器，則 onTimer() 方法僅被呼叫一次。

Tips

Flink 本身實現了 onTimer() 方法和 processElement() 方法的同步呼叫。因此，使用者不必擔心狀態的併發修改。

Context 和 OnTimerContext 所持有的 TimerService 物件具有以下幾個方法。

- currentProcessingTime() 方法：返回當前處理時間。
- currentWatermark() 方法：返回當前水位線的時間戳記。
- registerProcessingTimeTimer() 方法：註冊當前時間計時器。

1. 計時器容錯

計時器具有容錯能力，並與應用程式狀態一起被檢查。如果發生故障恢復或從保存點啟動應用程式，則會還原計時器。

計時器始終是非同步檢查點，但「RocksDB 後端 + 增量快照」和「RocksDB 後端 + 基於堆積的計時器」的組合除外。大量計時器會增加檢查點時間，因為計時器是檢查點狀態的一部分。

2. 計時器合併

由於 Flink 每個鍵和時間戳記僅維護一個計時器，因此可以透過降低計時器解析度（即將時間戳記的單位控制在秒級，而非毫秒級）進行合併，從而減少計時器的數量。

對於 1s（事件時間或處理時間）的計時器解析度，可以將目標時間處理為整秒。計時器最多可以提前 1s 觸發一次，但不晚於要求的毫秒精度。這樣，每個鍵和每秒最多有一個計時器。註冊處理時間計時器的使用方法如下所示：

```
// 定義合併時間
long coalescedTime = ((ctx.timestamp() + timeout) / 1000) * 1000;
// 註冊處理時間計時器
ctx.timerService().registerProcessingTimeTimer(coalescedTime);
```

由於事件時間計時器僅在水位線進入時才被觸發，因此還可以使用當前計時器安排下一個計時器，並將當前計時器與下一個水位線合併。註冊事件時間計時器的使用方法如下所示：

```
// 定義合併時間
long coalescedTime = ctx.timerService().currentWatermark() + 1;
// 註冊事件時間計時器
ctx.timerService().registerEventTimeTimer(coalescedTime);
```

也可以按照以下方式停止 / 刪除計時器。

停止處理時間計時器，如下所示：

```
// 定義停止計時器的時間戳記
long timestampOfTimerToStop = ...
// 停止處理時間計時器
ctx.timerService().deleteProcessingTimeTimer(timestampOfTimerToStop);
```

停止事件時間計時器，如下所示：

```
// 定義停止計時器的時間戳記
long timestampOfTimerToStop = ...
// 停止事件時間計時器
ctx.timerService().deleteEventTimeTimer(timestampOfTimerToStop);
```

如果未註冊具有給定時間戳記的計時器，則停止計時器無效。

5.6 疊代運算

5.6.1 認識 DataSet 的全量疊代運算和增量疊代運算

疊代運算對於巨量資料非常重要，透過疊代可以從資料中提取有意義的資訊。Flink 應用程式透過定義步進函數，並將其嵌入特殊的疊代運算元中來實現疊代演算法。

Flink 提供了兩種疊代運算：**全量疊代**（Bulk Iterate）和**增量疊代**（Delta Iterate）。兩種疊代運算都在當前疊代狀態下重複呼叫步進函數，直到達到某個終止條件為止。

Flink 還可以透過圖形處理函數庫（Gelly）支援以頂點為中心的疊代、應用整理疊代、求和疊代。

1. 全量疊代運算

疊代運算也被稱為全量疊代運算，並且涵蓋了簡單的疊代形式。在每次疊代中，步進函數都會消費整個輸入（上一個疊代的結果或初始資料集），並計算部分解的下一個版本（如 Map、Reduce 等）。全量疊代運算的執行過程如圖 5-7 所示。

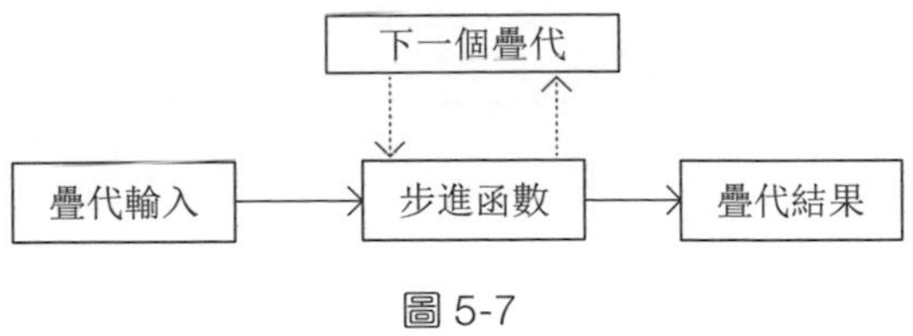

圖 5-7

- 疊代輸入（Iteration Input）：來自資料來源，或先前運算元的第一次疊代的初始輸入。
- 步進函數（Step Function）：它將在每次疊代中執行。它是一個任意的資料流程，由 Map 運算元、Reduce 運算元、Join 運算元等組成，並且取決於當前特定任務。

- 下一個疊代（Next Partial Solution）：在每次疊代中，步進函數的輸出將回饋到下一個疊代中。
- 疊代結果（Iteration Result）：將最後一次疊代的輸出寫入資料接收器，或用作下一個運算元的輸入。

疊代計算完成後需要進行終止，可以透過觸發疊代的終止條件來終止。

- 最大疊代次數：在沒有其他條件的情況下，疊代執行的限制次數。
- 自訂聚合器收斂條件：疊代允許自訂聚合器的收斂條件。

2. 增量疊代運算

增量疊代運算是指有選擇地修改其解決方案的元素並疊代解決方案，而非完全重新計算。在適用的情況下，這會使演算法更有效，因為並非解決方案集中的每個元素在每次疊代中都會發生變化。這樣使用者可以將注意力集中在解決方案的熱部分（Hot Part）上，冷部分（Cold Part）則保持不變。

一般來說大多數解決方案的冷卻速度都比較快，以後的疊代僅對資料的一小部分起作用。增量疊代運算的執行過程如圖 5-8 所示。

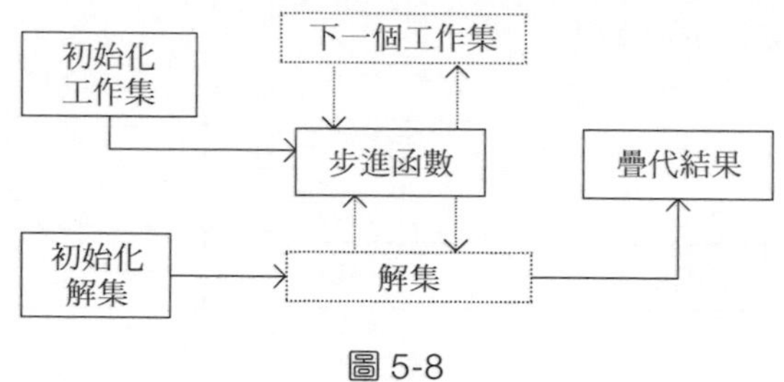

圖 5-8

- 疊代輸入（Iteration Input）：從資料來源或先前的運算元中讀取初始工作集和解決方案集，作為第 1 次的疊代輸入。
- 步進函數（Step Function）：它將在每次疊代中執行。它是一個任意的資料流程，由 Map 運算元、Reduce 運算元、Join 運算元等組成，並且取決於當前的特定任務。

- 下一個工作集 / 更新解決方案集（Next Workset/Update Solution Set）：下一個工作集驅動疊代計算，並將回饋給下一個疊代。此外，解決方案集將被更新並隱式轉發（不需要重建）。這兩個資料集可以由步進函數的不同運算元更新。
- 疊代結果（Iteration Result）：在最後一次疊代後，解決方案集將寫入資料接收器，或用作下一個疊代運算元的輸入。

增量疊代的預設終止條件由空工作集收斂條件和最大疊代次數指定。在產生的下一個工作集為空或達到最大疊代次數時，疊代將終止。另外，還可以指定自訂聚合器和收斂標準。

3. 超步同步

步進函數的每一次執行被稱為一次疊代。在平行設定中，將在不同分區上平行評估步進函數的多個實例。對所有平行實例上的步進函數的求值會形成所謂的「超步」（Superstep），它是同步的粒度。因此，在初始化下一個超步之前，疊代的所有平行任務都需要完成超步。終止標準還將在超步欄柵（Superstep Barrier）進行評估。步進函數如圖 5-9 所示。

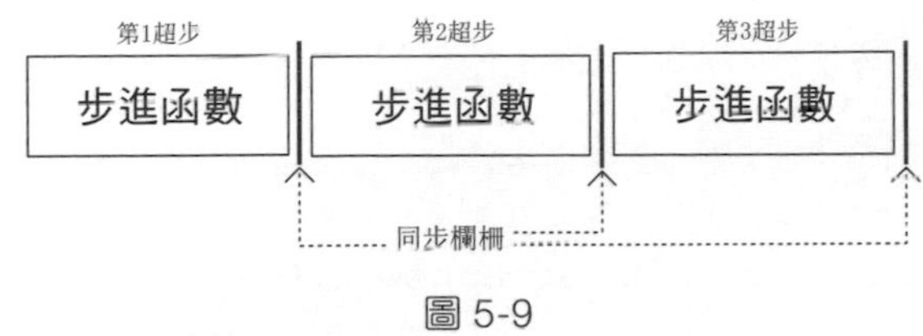

圖 5-9

5.6.2 比較全量疊代運算和增量疊代運算

5.6.1 節介紹了全量疊代運算和增量疊代運算，這兩種運算的區別如表 5-2 所示。

表 5-2

項目	全量疊代運算	增量疊代運算
疊代輸入	部分解	工作集（Workset）和解集（Solution Set）
步進函數	任意資料流程	任意資料流程
狀態更新	下一個部分解	下一個工作集變為解集
疊代結果	最終的部分解	最後一次疊代後的解集狀態
終止	（1）最大的疊代次數（預設）。 （2）自訂的聚合收斂	（1）最大的疊代次數。 （2）空的工作集（預設）。 （3）使用者自訂聚合收斂條件

5.6.3 實例 20：全量疊代

本實例的程式在 "/DataSet/Iteration/Bulk Iteration" 目錄下。

本實例的疊代估計數字為 Pi，目的是計算落入單位圓內的隨機點的數量。在每次疊代中都會選擇一個隨機點，如果此點位於單位圓內，則將增加計數，然後將 Pi 估算為「結果計數除以疊代次數並乘以 4」，如下所示：

```
// 獲取執行環境
final ExecutionEnvironment env = ExecutionEnvironment.getExecutionEnvironment();
// 創建初始的疊代資料集
IterativeDataSet<Integer> initial = env.fromElements(0).iterate(10);
// 轉換資料
DataSet<Integer> iteration = initial.map(new MapFunction<Integer, Integer>() {
    @Override
    public Integer map(Integer i) throws Exception {
        double x = Math.random();
        double y = Math.random();
        return i + ((x * x + y * y < 1) ? 1 : 0);
    }
});
// 疊代轉換
DataSet<Integer> count = initial.closeWith(iteration);
count.map(new MapFunction<Integer, Double>() {
    @Override
```

```
    public Double map(Integer count) throws Exception {
        return count / (double) 10 * 4;
    }
})
.print(); // 列印資料到主控台
```

要創建全量疊代，應從疊代開始的 DataSet 的 iterate() 方法開始。將會返回一個 IterativeDataSet，可以使用正常運算對 IterativeDataSet 進行轉換。疊代呼叫的單一參數指定最大疊代次數。

如果要指定疊代的結束，則在 IterativeDataSet 上呼叫 closeWith() 方法，以指定應將哪種轉換回饋給下一次疊代。可以選擇使用 closeWith() 方法指定終止條件，該條件將評估第 2 個 DataSet 並終止疊代（如果此 DataSet 為空）。如果未指定終止條件，則該疊代將在指定的最大疊代次數後終止。

執行上述應用程式之後，會在主控台中輸出以下資訊（會有變動）：

```
3.1556
```

5.6.4 實例 21：增量疊代

本實例的程式在 "/DataSet/Iteration/Delta Iteration" 目錄下。

增量疊代的語法如下所示：

```
public class DeltaIterationDemo {
    // main()方法——Java應用程式的入口
    public static void main(String[] args) throws Exception {
        // 獲取執行環境
        ExecutionEnvironment env = ExecutionEnvironment.getExecutionEnvironment();
        // 載入或創建來源資料
        DataSet<Tuple2<Long, Double>> initialSolutionSet =  env.fromElements(
                new Tuple2<Long, Double>(1l, 4.17d));
        // 載入或創建來源資料
        DataSet<Tuple2<Long, Double>> initialDeltaSet = env.fromElements(
                new Tuple2<Long, Double>(2l, 1.9d),
```

```
                new Tuple2<Long, Double>(2l, 4.8d),
                new Tuple2<Long, Double>(3l, 2.9d));
        DeltaIteration<Tuple2<Long, Double>, Tuple2<Long, Double>> iteration
= initialSolutionSet
                // 疊代100次，鍵位置為0
                .iterateDelta(initialDeltaSet, 100, 0);
        DataSet<Tuple2<Long, Double>> candidateUpdates = iteration.getWorkset()
                // 分組轉換運算元
                .groupBy(0)
                // 應用Group Reduce函數
                .reduceGroup(new GroupReduceFunction<Tuple2<Long,Double>,
Tuple2<Long, Double>>() {
                    @Override
                    public void reduce(Iterable<Tuple2<Long, Double>> values,
Collector<Tuple2<Long, Double>> out)
                            throws Exception {
                        Iterator<Tuple2<Long, Double>> ite = values.iterator();
                        while(ite.hasNext()) {
                            Tuple2<Long, Double> item = ite.next();
                            out.collect(new Tuple2<Long, Double>(item.f0,
item.f1+1));
                        }
                    }
                });
         // 轉換資料
        DataSet<Tuple2<Long, Double>> deltas = candidateUpdates
                .join(iteration.getSolutionSet())
                .where(0)
                .equalTo(0)
                .with(new FlatJoinFunction<Tuple2<Long,Double>, Tuple2<Long,
Double>, Tuple2<Long,Double>>() {

                        @Override
                    public void join(Tuple2<Long, Double> first, Tuple2<Long,
Double> second, Collector<Tuple2<Long,Double>> out)
                            throws Exception {
                        if( second != null) {
                            out.collect(new Tuple2<Long, Double>(first.f0,
first.f1 + second.f1));
                        } else {
```

```
                        out.collect(first);
                    }
                }
            });
        // 轉換資料
        DataSet<Tuple2<Long, Double>> nextWorkset = deltas
                .filter(i -> i.f0 <1);
        iteration.closeWith(deltas, nextWorkset).print(); // 列印資料到主控台
    }
}
```

除了在每次疊代中回饋的部分解決方案（稱為工作集），增量疊代還會維護各個疊代之間的狀態（稱為解決方案集），可以透過增量來更新狀態。疊代計算的結果是最後一次疊代後的狀態。在增量疊代時，某些運算元不會在每次疊代中更改「解決方案」的資料。

定義 DeltaIteration 類似於定義 BulkIteration。對於增量疊代，兩個資料集形成每個疊代的輸入（工作集和解決方案集），並且在每個疊代中生成兩個資料集作為結果（新工作集和解決方案集增量）。

要定義 DeltaIteration，需要在初始解決方案集上呼叫 iterateDelta() 方法，返回的 DeltaIteration 物件可以透過 eration.getWorkset() 方法和 getSolutionSet() 方法來存取，分別表示工作集和解決方案集的資料集。

執行上述應用程式之後，會在主控台中輸出以下資訊：

```
(3,3.9)
(1,4.17)
(2,5.8)
```

5.6.5 認識 DataStream 的疊代

疊代（Iteration）流程式實現了一個逐步功能，並將其嵌入疊代流（IterativeStream）中。由於 DataStream 程式可能永遠無法完成，因此沒有最大疊代次數，需要使用拆分轉換或篩檢程式指定流的哪一部分回饋給疊代，哪一部分向下游轉發。

與 DataSet 提供的可疊代的資料集（IterativeDataSet）類似，在 DataStream 中也是透過一個特定的可疊代的流（IterativeStream）來建構相關的疊代處理邏輯的。

IterativeStream 的實例是透過 iterate() 方法創建的，該方法存在兩個多載形式。

- iterate()：無參的 iterate() 方法，表示不限定最大等待時間。
- iterate(long maxWaitTimeMillis)：提供一個長整數的參數，允許使用者指定等待回饋的下一個輸入元素的最大時間間隔。

疊代流的關閉是透過呼叫 closeWith() 方法來實現的。

資料流程都有與之對應的流轉換。疊代資料流程對應的轉換是 FeedbackTransformation。

- 疊代中的資料流程向：DataStream → IterativeStream → DataStream。
- 疊代資料流程的資料流程向：IterativeStream → FeedbackTransformation。

DataStream 的疊代應用程式的開發步驟如下。

（1）定義一個 IterativeStream，如下所示：

```
IterativeStream<Integer> iteration = input.iterate();
```

（2）指定將在迴圈內執行的邏輯。

在定義一個 IterativeStream 之後，需要使用一系列轉換（指定將在迴圈內執行的邏輯），如下所示：

```
DataStream<Integer> iterationBody = iteration.map();
```

（3）關閉疊代並定義疊代尾部。

關閉疊代並定義疊代尾部，可以透過呼叫 IterativeStream 的 closeWith() 方法實現。

一種常見的模式是，使用篩檢程式將「回饋的部分」與「向前傳播的部分」分開。這些篩檢程式可以定義類似於「終止」的邏輯，其中允許元素向下游傳播，而非被回饋，如下所示：

```
iteration.closeWith(iterationBody.filter( /*流的一部分*/));
DataStream<Integer> output = iterationBody.filter( /*流的其他部分*/);
```

5.6.6 實例 22：實現 DataStream 的歸零疊代運算

本實例的程式在 "/DataStream/Iteration" 目錄下。

本實例演示的是從一系列整數中連續減去 1，直到它們達到 0，如下所示：

```
public class IterationDemo {
// main()方法——Java應用程式的入口
    public static void main(String[] args) throws Exception {
        // 獲取流處理的執行環境
        final StreamExecutionEnvironment env = StreamExecutionEnvironment.
getExecutionEnvironment();
        // 載入或創建來源資料
        DataStream<Long> input = env.generateSequence(0,4);
        // 使用iterate()方法創建疊代流，如果iterate()方法有參數，則允許使用者
           指定等待回饋的下一個輸入元素的最大時間間隔
        IterativeStream<Long> iterativeStream = input.iterate();
        // 增加處理邏輯，對元素執行減1操作
        DataStream<Long>  zero = iterativeStream.map(new MapFunction<Long,
Long>() {
            @Override
            public Long map(Long value) throws Exception {
                return value - 1 ;
            }
        });
        // 獲取要進行疊代的流
        DataStream<Long> stillGreaterThanZero = zero.filter(new
FilterFunction<Long>() {
            @Override
            public boolean filter(Long value) throws Exception {
```

```
                return (value > 0);
            }
        });
        // 對需要疊代的流形成一個閉環，設定feedback，這個資料流程是被回饋的通
           道，只要是value>0的資料，都會被重新疊代計算
        iterativeStream.closeWith(stillGreaterThanZero);
        // 小於或等於0的資料繼續向前傳輸
        DataStream<Long> lessThanZero = zero.filter(new FilterFunction<Long>() {
            @Override
            public boolean filter(Long value) throws Exception {
                return (value <= 0);
            }
        });
        zero.print("IterationDemo");
        // 執行任務操作。因為Flink是惰性載入的，所以必須呼叫execute()方法才會
           執行
env.execute();
    }
}
```

執行上述應用程式之後，會在主控台中輸出以下資訊：

```
IterationDemo:3> 0
IterationDemo:4> 1
IterationDemo:5> 2
IterationDemo:4> 0
IterationDemo:5> 1
IterationDemo:5> 0
```

Chapter 06

使用 DataSet API 實現批次處理

本章首先介紹 DataSet API 的資料來源，然後介紹操作函數中的資料物件、語義註釋，最後介紹分散式快取和廣播變數。

6.1 DataSet API 的資料來源

6.1.1 認識 DataSet API 的資料來源

1. 基於檔案

基於檔案的資料來源可以使用以下幾個方法來讀取資料。

- readTextFile(path)/TextInputFormat：按行讀取檔案，並將其作為字串返回。
- readTextFileWithValue(path)/TextValueInputFormat：按行讀取檔案，並將它們作為可變字串返回。
- readCsvFile(path)/CsvInputFormat：解析逗點（或其他字元）分隔欄位的檔案，返回元組或 POJO 的資料集，支持基本 Java 類型作為欄位類型。
- readFileOfPrimitives(path,Class)/PrimitiveInputFormat：讀取一個原始資料類型（如 String 和 Integer）的檔案，返回一個對應的原始類型的 DataSet 集合。

- readFileOfPrimitives(path,delimiter,Class)/PrimitiveInputFormat：讀取一個原始資料類型（如 String 和 Integer）的檔案，返回一個對應的原始類型的 DataSet 集合。這裡使用指定的分隔符號。
- readSequenceFile(Key,Value,path)/SequenceFileInputFormat：創建一個作業設定，並從指定路徑中讀取檔案，然後將它們作為 Tuple2 <key, value> 返回。

2. 基於集合

基於集合的資料來源可以使用以下幾個方法來讀取資料。

- fromElements()：根據指定的物件序列創建資料集，這種方式也支援 Tuple、自訂物件等複合形式。
- fromElements(T...)：根據指定的物件序列創建資料集，所有物件必須屬於同一種類型，如 env.fromElements(1,2,3)。
- fromCollection(Iterator, Class)：從疊代器中創建資料集。該類別指定疊代器返回資料元的資料類型，如 env.fromCollection(List(1,2,3))。
- fromCollection(Collection)：從 Java.util.Collection 中創建一個資料集，集合中的所有元素必須是相同的類型。
- generateSequence(from,to)：在指定的區間內平行生成數字序列，如 env.generateSequence(0, 8)。
- fromParallelCollection(SplittableIterator,Class)：平行地從疊代器中創建資料集。該類別指定疊代器返回的資料元的資料類型。

3. 基於通用方法

基於通用方法的資料來源可以使用以下幾個方法來讀取資料。

- readFile(inputFormat, path)/FileInputFormat：接收檔案輸入格式。
- createInput(inputFormat)/InputFormat：接收通用輸入格式。

6.1.2 設定 CSV 解析

Flink 提供了許多用於 CSV 解析的設定選項。

- Types(Class ... types)：指定要解析的欄位的類型（必須設定已解析欄位的類型）。在類型為 Boolean.class 的情況下，選項 "True"（不區分大小寫）、"False"（不區分大小寫）、"1" 和 "0" 被視為布林值。
- lineDelimiter(String del)：指定單一記錄的分隔符號，預設的行界定符號是分行符號 "\ n"。
- fieldDelimiter(String del)：指定分隔記錄欄位的界定符號，預設的欄位界定符號是逗點。
- includeFields(boolean ... flag)、includeFields(String mask) 或 includeFields(long bitMask)：定義從輸入檔案讀取哪些欄位（忽略哪些欄位）。在預設情況下，將解析前 *n* 個欄位（由 types() 方法呼叫中的類型數定義）。
- parseQuotedStrings(char quoteChar)：啟用加引號的字串解析。如果字串欄位的第 1 個字元是引號字元（不修剪前導空格或尾隨空格），則將字串解析為帶引號的字串。帶引號的字串中的欄位分隔符號將被忽略。如果帶引號的字串欄位的最後一個字元不是引號字元，或如果引號字元出現在不是帶引號的字串欄位的開始或結尾的某個點，則引號字串解析失敗（除非使用「"」來對引號字元進行逸出）。如果啟用了帶引號的字串解析，並且欄位的第 1 個字元不是帶引號的字串，則該字串將解析為無引號的字串。在預設情況下，帶引號的字串分析是禁用的。
- ignoreComments(String commentPrefix)：指定註釋字首。以指定的註釋字首開頭的所有行都不會被解析和忽略。在預設情況下，不忽略任何行。
- ignoreInvalidLines()：忽略無法正確解析的行。在預設情況下是禁用的，無效行會引發異常。
- ignoreFirstLine()：忽略輸入檔案的第 1 行。在預設情況下不忽略任何行。

6.1.3 實例 23：讀取和解析 CSV 檔案

本實例的程式在 "/DataSet/Source/ReadCSV" 目錄下。

本實例演示的是透過批次處理應用程式讀取和解析 CSV 檔案。

1. 創建 CSV 檔案

創建 CSV 檔案，列資訊為 name,sex,age，並輸入一些測試資料，如下所示：

```
name,sex,age
龍中華,男,20
龍劍融,男,10
```

2. 創建 POJO 類別

創建 POJO 類別，用於解析從 CSV 檔案中讀取到的資料，如下所示：

```
public class User {
    // 定義類的屬性
    private String name;
    // 定義類的屬性
    private String sex;
    // 定義類的屬性
    private Integer age;
    // 部分內容省略
}
```

3. 編寫批次程式

設定要讀取的 CSV 檔案的位址，並設定讀取的列，如下所示：

```
public class ReadCSV {
    // main()方法——Java應用程式的入口
    public static void main(String[] args) throws Exception {
        // 獲取執行環境
        ExecutionEnvironment env = ExecutionEnvironment.getExecutionEnvironment();
        // 載入或創建來源資料
        DataSet<User> inputData= env.readCsvFile("F:\\flink\\Code\\File\\
```

```
data.csv")
                    // fieldDelimiter設定分隔符號，預設的是","
                    .fieldDelimiter(",")
                    // 忽略第1行
                    .ignoreFirstLine()
                    // 設定選取哪幾列，第2列不選取
                    .includeFields(true, false, true)
                    // POJO的類型和欄位名稱，就是對應列
                    .pojoType(User.class,"name","age");
          // 列印資料到主控台
          inputData.print();
     }
}
```

執行上述應用程式之後，會在主控台中輸出以下資訊：

```
MyUser{name='龍中華', sex='', age=20}
MyUser{name='龍劍融', sex='', age=10}
```

6.1.4 讀取壓縮檔

如果輸入檔案標記了適當的檔案副檔名，那麼 Flink 支援透明的輸入檔案解壓縮。這表示，不需要進一步設定輸入格式，並且任何檔案輸入格式都支持壓縮（包括自訂輸入格式）。壓縮檔可能無法平行讀取，所以可能會影響作業的可伸縮性。

1. Flink 支援的壓縮方法

Flink 支援的壓縮方法如表 6-1 所示。

表 6-1

壓縮方法	檔案副檔名	併行性
DEFLATE	.deflate	no
GZip	.gz、.gzip	no
Bzip2	.bz2	no
XZ	.xz	no

2. 壓縮資料集中的元素

在某些演算法中，可能需要為資料集元素分配唯一識別碼，可以使用 DataSetUtils 類別來實現。

（1）壓縮索引。

使用 zipWithIndex() 方法可以為元素分配連續的標籤，將接收資料集作為輸入並返回新的（唯一 ID，初值）二元組的資料集。使用 zipWithIndex() 方法的具體步驟包括計數和標記元素。zipWithIndex() 方法的使用方法如下所示：

```
// 獲取執行環境
ExecutionEnvironment env = ExecutionEnvironment.getExecutionEnvironment();
// 設定平行度為2
env.setParallelism(2);
// 載入或創建來源資料
DataSet<String> in = env.fromElements("A", "B", "C", "D");
// 生成的值是連續的，返回由連續ID和初值組成的元組的資料集
DataSet<Tuple2<Long, String>> result = DataSetUtils.zipWithIndex(in);
// 列印資料到主控台
result.print();
```

執行上述程式，會在主控台中輸出以下元組：

```
0,A
1,B
2,C
3,D
```

（2）帶唯一識別碼的壓縮。

使用 zipWithIndex() 方法無法進行管線處理，但可以使用 zipWithUniqueId() 方法來替代。當唯一標籤足夠多，並且不需要分配連續的標籤時，首選 zipWithUniqueId() 方法，從而加快標籤分配過程。此方法接收一個資料集作為輸入，並返回一個新二元組（唯一 ID，初值）的資料集。舉例來說，以下程式：

```
// 獲取執行環境
ExecutionEnvironment env = ExecutionEnvironment.getExecutionEnvironment();
// 設定平行度為2
env.setParallelism(2);
// 載入或創建來源資料
DataSet<String> in = env.fromElements("A", "B", "C", "D");
// 在所有任務之間創建唯一的ID，該任務ID將被增加到計數器中
// 生成的值可能是非連續的，返回由連續ID和初值組成的元組的資料集
DataSet<Tuple2<Long, String>> result = DataSetUtils.zipWithUniqueId(in);
// 列印資料到主控台
result.print();
```

執行上述程式，會在主控台中輸出以下元組：

```
0,A
1,B
2,C
3,D
```

6.2 操作函數中的資料物件

Flink 的執行引擎會以 Java 物件的形式與使用者函數交換資料。使用者函數從執行引擎接收輸入物件（正常方法參數或疊代參數）作為方法參數，並返回輸出物件作為結果。因為這些物件是供使用者函數和執行引擎程式存取的，所以了解並遵循有關使用者程式如何存取（讀取和修改）這些物件的規則非常重要。

函數中的資料物件分為輸入物件和輸出物件。

- 輸入物件：執行引擎傳遞給使用者函數的物件被稱為輸入物件。使用者函數可以將物件作為方法返回值（如 MapFunction）或透過收集器（如 FlatMapFunction）發送給 Flink 的執行引擎。
- 輸出物件：由使用者函數發出到執行引擎的物件稱為輸出物件。

Flink 的 DataSet API 用來處理輸入物件和輸出物件的兩種模式如下。

- 禁用物件重用。
- 啟用物件重用。

這兩種模式的不同之處在於：Flink 的執行引擎如何創建或重複使用輸入物件。這個行為會影響使用者函數與輸入物件和輸出物件互動的保證及約束。

6.2.1 禁用物件重用

在預設情況下，Flink 在禁用物件重用模式下執行，這種模式用於確保函數始終在函數呼叫中接收新的輸入物件。禁用物件重用模式可以提供更好的保證，並且使用起來更安全。但是，禁用物件重用模式具有一定的處理負擔，並且可能導致更高的 Java 垃圾回收活動。

表 6-2 介紹了在禁用物件重用模式下使用者函數如何存取輸入物件和輸出物件。

表 6-2

操作方式	保證和限制
讀取輸入物件	在方法呼叫過程中，可以確保輸入物件的值不會更改（包括由 Iterable 服務的物件）。舉例來說，可以安全地在列表或映射中收集 Iterable 服務的輸入物件。在函數呼叫之間記住物件是不安全的
修改輸入物件	可以修改輸入物件
發出輸入物件	可以發出輸入物件。在發出輸入物件之後，其值可能已經更改。在發出輸入物件之後讀取它是不安全的
讀取輸出物件	提供給收集器或作為方法結果返回的物件可能已更改其值，讀取輸出物件是不安全的
修改輸出物件	可以在發出物件之後修改，然後再次發出它

禁用物件重用模式的編碼準則如下。

- 不要記住物件，不要讀取方法呼叫之間的輸入物件。
- 在發出物件之後請勿讀取物件。

6.2.2 啟用物件重用

在啟用物件重用模式下，Flink 的執行引擎會將物件實例化的數量減至最少，以提高性能，減輕 Java 垃圾回收的壓力，透過呼叫 ExecutionConfig.enableObjectReuse() 方法可以啟動該模式。

表 6-3 介紹了在啟用物件重用模式下使用者函數如何存取輸入物件和輸出物件。

表 6-3

操作方式	保證和限制
讀取作為正常方法參數接收的輸入物件	作為正常方法參數接收的輸入物件不會在函數呼叫中進行修改，但是在方法呼叫後可以修改物件。在函數呼叫之間記住物件是不安全的
讀取從 Iterable 參數接收的輸入物件	從 Iterable 參數接收的輸入物件僅在呼叫 next() 方法之前有效。Iterable 參數或 Iterator 參數可以多次服務於同一個物件實例。從 Iterable 參數接收到的輸入物件是不安全的，如將它們放入列表或映射中
修改輸入物件	除了 MapFunction、FlatMapFunction、MapPartitionFunction、GroupReduceFunction、GroupCombineFunction、CoGroupFunction 和 InputFormat.next（reuse）的輸入物件，不得修改輸入物件
發出輸入物件	除了 MapFunction、FlatMapFunction、MapPartitionFunction、GroupReduceFunction、GroupCombineFunction、CoGroupFunction 和 InputFormat.next（reuse）的輸入物件，不得發出輸入物件
讀取輸出物件	提供給收集器或作為方法結果返回的物件可能已更改其值，讀取輸出物件是不安全的
修改輸出物件	可以修改輸出物件，然後再次發出它

啟用物件重用模式的開發準則如下。

- 不要記住從 Iterable 參數接收的輸入物件。
- 不要記住物件，不要讀取方法呼叫之間的輸入物件。
- 除了 MapFunction、FlatMapFunction、MapPartitionFunction、GroupReduceFunction、GroupCombineFunction、CoGroupFunction 和 InputFormat.next（reuse）的輸入物件，不要修改或發出輸入物件。

- 為了減少物件實例化，始終可以發出專用的輸出物件，該物件被反覆修改但從未被讀取。

6.3 語義註釋

語義註釋可以為 Flink 提供有關函數行為的提示。它告訴系統函數讀取和評估輸入的欄位，以及未經修改的欄位的輸出。

語義註釋可以顯著提高程式的性能，因為它使系統能夠推理出在多個運算元之間重用排序順序和分區，使程式免於不必要的資料改組或不必要的排序。

Tips

語義註釋是可選的。如果運算元的行為無法明確預測，則不應提供註釋。錯誤的語義註釋可能會導致 Flink 對程式做出錯誤的假設，並最終導致錯誤的結果。

6.3.1 轉發欄位註釋

轉發欄位註釋宣告了輸入欄位，這些輸入欄位未經修改就會被函數轉發到輸出中的相同位置或另一個位置。最佳化器使用此資訊來推斷函數是否保留了諸如排序或分區之類的資料屬性。

對於在 GroupReduce、GroupCombine、CoGroup 和 MapPartition 等上執行的函數，所有定義為轉發欄位的欄位都必須始終從同一輸入元素聯合轉發。函數發出的每個元素的轉發欄位可能來自函數輸入組的不同元素。

使用欄位運算式指定欄位轉發資訊，可以透過其位置指定轉發到輸出中相同位置的欄位。指定的位置必須對輸入資料類型和輸出資料類型有效，並且必須具有相同的類型。舉例來說，字串 "f2" 宣告 Java 輸入元組的第 3 個欄位始終等於輸出元組中的第 3 個欄位。

透過將輸入中的來源欄位和輸出中的目標欄位指定為欄位運算式，可以宣告未修改的、轉發到輸出中其他位置的欄位。字串 "f0-> f2" 表示 Java 輸入元組的第 1 個欄位未複製到 Java 輸出元組的第 3 個欄位。萬用字元運算式 "*" 用於表示整個輸入類型或輸出類型，即 "f0-> *" 表示函數的輸出始終等於其 Java 輸入元組的第 1 個欄位。

Tips

在指定轉發欄位時，不需要宣告所有轉發欄位，但是所有宣告必須正確。

可以在單一字串中宣告多個轉發欄位，具體方法如下：使用分號將它們分隔為 "f0; f2-> f1; f3-> f2"，或在單獨的字串 "f0"、"f2->f1"、"f3-> f2" 中宣告。

可以透過在函數類別中定義附加 Java 註釋，或在資料集上呼叫函數之後將它們作為運算元傳遞，從而宣告轉發的欄位資訊。

（1）函數類別註釋。

- @ForwardedFields：用於單一輸入函數，如 Map 和 Reduce。
- @ForwardedFieldsFirst：用於具有兩個輸入（如 Join 和 CoGroup）的函數的第 1 個輸入。
- @ForwardedFieldsSecond：用於具有兩個輸入（如 Join 和 CoGroup）的函數的第 2 個輸入。

（2）運算元參數。

- data.map(myMapFnc).withForwardedFields()：用於單一輸入函數，如 Map 和 Reduce。
- data1.join(data2).where().equalTo().with(myJoinFnc).withForwardFieldsFirst()：用於具有兩個輸入（如 Join 和 CoGroup）的函數的第 1 個輸入。
- data1.join(data2).where().equalTo().with(myJoinFnc).withForwardFieldsSecond()：用於具有兩個輸入（如 Join 和 CoGroup）的函數的第 2 個輸入。

Tips

不能覆蓋由運算元參數指定為類批註的欄位轉發資訊。

6.3.2 實例 24：使用函數類別註釋宣告轉發欄位資訊

本實例的程式在 "/DataSet/Semantic Annotation/ForwardedField" 目錄下。

本實例演示的是使用函數類別註釋宣告轉發欄位資訊：

```
public class ForwardedFieldDemo{
    // main()方法——Java應用程式的入口
    public static void main(String[] args) throws Exception { // 獲取執行環境
        final ExecutionEnvironment env = ExecutionEnvironment.
getExecutionEnvironment();
        // 載入或創建來源資料
        DataSet<Tuple2<Integer, Integer>> input = env.fromElements(
                Tuple2.of(1, 2));
        input.map(new MyMap()).print(); // 列印資料到主控台
    }
}
// 將Tuple2的欄位1轉發到Tuple3的欄位3
@FunctionAnnotation.ForwardedFields("f0->f2")
class MyMap implements MapFunction<Tuple2<Integer, Integer>, Tuple3<String,
Integer, Integer>> {
@Override
    public Tuple3<String, Integer, Integer> map(Tuple2<Integer, Integer>
value) throws Exception {
        return new Tuple3<String, Integer, Integer>("foo", value.f1*8, value.f0);
    }
}
```

執行上述應用程式之後，會在主控台中輸出以下資訊：

```
(foo,16,1)
```

6.3.3 非轉發欄位

非轉發欄位（Non-forwarded Fields）資訊宣告了未保留在函數輸出中相同位置的所有欄位。所有其他欄位的值都被視為保留在輸出中的同一位置。因此，非轉發欄位資訊與轉發欄位資訊相反。對於 Groupwise 運算元（如 GroupReduce、GroupCombine、CoGroup 和 MapPartition），未轉發欄位資訊必須滿足與轉發欄位資訊相同的要求。

未轉發欄位被指定為欄位運算式（Field Expressions）的列表。該清單既可以作為單一字串（用分號分隔欄位運算式）列出，也可以作為多個字串列出。

舉例來說，"f1; f3" 和 "f1"，"f3" 這兩種寫法都宣告 Java 元組的第 2 個和第 4 個欄位未保留在適當的位置，而所有其他欄位均保留在適當的位置。非轉發欄位資訊只能被具有相同輸入類型和輸出類型的函數指定。

可以使用以下註釋將未轉發的欄位資訊指定為函數類別註釋。

- @NonForwardedFields：用於單一輸入函數，如 Map 和 Reduce。
- @NonForwardedFieldsFirst：用於具有兩個輸入（如 Join 和 CoGroup）的函數的第 1 個輸入。
- @NonForwardedFieldsSecond：用於具有兩個輸入（如 Join 和 CoGroup）的函數的第 2 個輸入。

6.3.4 實例 25：宣告非轉發欄位

本實例的程式在 "/DataSet/Semantic Annotation/NonForwardedField" 目錄下。

本實例演示的是宣告非轉發欄位資訊：

```
public class NonForwardedFieldDemo {
    // main()方法——Java應用程式的入口
    public static void main(String[] args) throws Exception {
        // 獲取執行環境
```

```
        final ExecutionEnvironment env = ExecutionEnvironment.
getExecutionEnvironment();
        // 載入或創建來源資料
        DataSet<Tuple2<Integer, Integer>> input = env.fromElements(
                Tuple2.of(1,2));
        // 列印資料到主控台
        input.map(new MyMap()).print();
}
// 第2個欄位不轉發
@FunctionAnnotation.NonForwardedFields("f1")
    public static class MyMap implements
            MapFunction<Tuple2<Integer, Integer>, Tuple2<Integer, Integer>> {
        @Override
        public Tuple2<Integer, Integer> map(Tuple2<Integer, Integer> val) {
            return new Tuple2<Integer, Integer>(val.f0, val.f1*8);
        }
    }
}
```

執行上述應用程式之後，會在主控台中輸出以下資訊：

```
(1,16)
```

6.3.5 讀取欄位資訊

讀取欄位資訊宣告被函數存取和評估的所有欄位。可以使用以下註釋將讀取欄位資訊指定為函數類別註釋。

- @ReadFields：用於單一輸入函數，如 Map 和 Reduce。
- @ReadFieldsFirst：用於具有兩個輸入的函數的第 1 個輸入，如 Join 和 CoGroup。
- @ReadFieldsSecond：用於具有兩個輸入的函數的第 2 個輸入，如 Join 和 CoGroup。

6.3.6 實例 26：宣告讀取欄位資訊

本實例的程式在 "/DataSet/Semantic Annotation/ReadField" 目錄下。

本實例演示的是宣告讀取欄位資訊：

```
public class NonForwardedFieldDemo {
    // main()方法——Java應用程式的入口
    public static void main(String[] args) throws Exception {
        // 獲取執行環境
        final ExecutionEnvironment env = ExecutionEnvironment.
getExecutionEnvironment();
        // 載入或創建來源資料
        DataSet<Tuple4<Integer, Integer, Integer, Integer>> input = env.
fromElements(
                    Tuple4.of(1,2,3,4));
        // 列印資料到主控台
        input.map(new MyMap()).print();
    }
@FunctionAnnotation.ReadFields("f0; f3")
    // f0和f3由該函數讀取與評估
    static class MyMap implements MapFunction<Tuple4<Integer, Integer,
Integer, Integer>,
                Tuple2<Integer, Integer>> {
        @Override
        public Tuple2<Integer, Integer> map(Tuple4<Integer, Integer, Integer,
Integer> val) {
            if(val.f0 == 2) {
                return new Tuple2<Integer, Integer>(val.f0, val.f1);
            } else {
                return new Tuple2<Integer, Integer>(val.f3+8, val.f1+8);
            }
        }
    }
}
```

執行上述應用程式之後，會在主控台中輸出以下資訊：

```
(12,10)
```

6.4 認識分散式快取和廣播變數

6.4.1 分散式快取

Flink 提供與 Hadoop 類似的分散式快取，從而使檔案在本地可以被使用者函數平行存取。此功能可用於共用包含靜態外部資料的檔案，如字典或機器學習的回歸模型。

快取的工作流程如下。

(1) 程式在執行環境中以特定的名稱將本地或遠端檔案系統（如 HDFS 或 S3）的檔案或目錄註冊為快取檔案。

(2) 在執行程式之後，Flink 會自動將檔案或目錄複寫到所有工作程式的本地檔案系統中。

(3) 使用者函數可以尋找指定名稱下的檔案或目錄，並且從工作的本地檔案系統進行存取。

分散式快取的用法如下。

(1) 在執行環境中註冊檔案或目錄。其用法如下所示：

```
// 獲取執行環境
ExecutionEnvironment env = ExecutionEnvironment.getExecutionEnvironment();
// 在HDFS註冊一個檔案
env.registerCachedFile("hdfs:///path/file", "hdfsFile")
// 註冊一個本地可執行檔
env.registerCachedFile("file:///path//execfile", "localExecFile", true)
// 定義程式
...
// 載入或創建來源資料
DataSet<String> input = ...
DataSet<Integer> result = input.map(new MyMapper());
...
// 執行任務操作。因為Flink是惰性載入的，所以必須呼叫execute()方法才會執行
env.execute();
```

（2）存取使用者函數（此處為 MapFunction）中的快取檔案或目錄，該函數必須擴充 RichFunction 類別，因為它需要存取 RuntimeContext。其用法如下所示：

```
// 擴充一個RichFunction，以便獲取RuntimeContext
public final class MyMapper extends RichMapFunction<String, Integer> {
    @Override
    public void open(Configuration config) {
      // 透過RuntimeContext和分散式快取存取快取
      File myFile = getRuntimeContext().getDistributedCache().getFile("hdfsFile");
      // 讀取檔案
      ...
    }
    @Override
    public Integer map(String value) throws Exception {
      // 使用檔案內容
      ...
    }
}
```

6.4.2 廣播變數

除了操作的正常輸入，廣播變數還允許將資料集用於操作的所有平行實例，這對於輔助資料集或與資料相關的參數設定很有用。在實現廣播變數之後，運算元可以將資料集作為集合進行存取。

我們可以把廣播變數當作一個公共的共用變數，它可以把一個資料集廣播出去，然後在不同的任務節點上都能夠獲取到該資料集，該資料集在每個節點上只會存在一份。

- 廣播：廣播資料集透過 withBroadcastSet() 方法按名稱註冊。
- 存取：可以透過目標運算元處的 getRuntimeContext().getBroadcastVariable() 方法存取。

廣播變數的使用方法如下所示：

```
// 1. 用於廣播的資料集
// 載入或創建來源資料
DataSet<Integer> dataSET = env.fromElements(1, 2, 3);
// 載入或創建來源資料
DataSet<String> data = env.fromElements("a", "b");
data.map(new RichMapFunction<String, String>() {
    @Override
    public void open(Configuration parameters) throws Exception {
      // 3. 作為集合存取廣播資料集
      Collection<Integer> broadcastSet = getRuntimeContext()
      .getBroadcastVariable("broadcastName");
    }
    @Override
    public String map(String value) throws Exception {
        ...
    }
}).withBroadcastSet(dataSET, "broadcastName"); // 2. 按名稱註冊廣播資料集
```

在註冊和存取廣播資料集時，需要確保名稱變數的匹配，如上述程式中的 broadcastName。

Tips

由於廣播變數的內容在每個節點都保留在記憶體中，因此它不應太大。對於簡單的事情，如標量值，可以簡單地使參數成為函數閉包的一部分，或者使用 withParameters() 方法傳入配置。

Chapter 07

使用 DataStream API 實現流處理

本章首先介紹 DataStream API，然後介紹視窗、時間、狀態、狀態持久化等流應用的概念和功能，最後介紹旁路輸出和資料處理語義。

7.1 認識 DataStream API

7.1.1 DataStream API 的資料來源

對於 DataStream 流，可以使用 StreamExecutionEnvironment.addSource() 方法將資料來源附加到程式中。Flink 支援使用以下幾種方式來獲取資料來源。

- 使用 Flink 附帶的預設實現的來源函數。
- 為非平行來源實現 SourceFunction 介面。
- 為平行來源實現 ParallelSourceFunction 介面。
- 為平行來源擴充 RichParallelSourceFunction 介面。

使用 Flink 預設實現的來源函數主要有以下幾種。

1. 基於檔案

- readTextFile(path)：逐行讀取符合文字輸入規範的文字檔，並將其作為字串返回。
- readFile(fileInputFormat,path)：根據指定的檔案輸入格式一次性讀取檔案。
- readFile(fileInputFormat,path,watchType,interval,pathFilter,typeInfo)：該方法是前兩個方法在內部呼叫的方法。

Flink 將檔案讀取過程分為目錄監視和資料讀取這兩個子任務。

- 目錄監視：由單一非平行（或平行度 =1）的任務來實現。單一監視任務的作用是，根據觀察類型定期（或僅一次）掃描目錄，尋找要處理的檔案，將其拆分為多個，然後將這些拆分後的檔案分配給下游的讀取器讀取。
- 資料讀取：由平行執行的多個任務執行。拆分後的資料流程只能由一個讀取器讀取，而讀取器可以一對一地讀取多個拆分後的資料流程。資料讀取的平行性等於作業的平行性。

Tips

如果將觀察類型（WatchType）設置為 FileProcessingMode.PROCESS_CONTINUOUSLY，則在修改檔案時將完全重新處理其內容。這可能會破壞「精確一次」的語義，因為在檔案末尾附加資料將導致重新處理檔案的全部內容。

如果將觀察類型設置為 FileProcessingMode.PROCESS_ONCE，則來源將掃描一次路徑並退出，無須等待讀取器完成檔案內容的讀取。當然，讀取器將繼續閱讀，直到讀取了所有檔案內容。關閉源將導致在該點後沒有更多的檢查點。這可能會導致節點故障後恢復速度變慢，因為作業將從上一個檢查點恢復讀取。

2. 基於通訊端

從基於通訊端的文字流（SocketTextStream）讀取資料，元素可以由界定符號分隔，使用方法如下所示：

```
.socketTextStream(hostname, port) // 設定通訊端的文字流的主機位址和通訊埠
```

3. 基於集合

- fromCollection(Collection)：從 Java Java.util.Collection 創建資料流程，集合中的所有元素必須具有相同的類型。
- fromCollection(Iterator,Class)：從疊代器創建資料流程，需要指定疊代器返回元素的資料類型。
- fromElements(T ...)：從指定的物件序列創建資料流程，所有物件必須具有相同的類型。
- fromParallelCollection(SplittableIterator,Class)：從疊代器平行創建資料流程，需要指定疊代器返回元素的資料類型。
- generateSequence(from,to)：平行生成指定間隔中的數字序列。

4. 使用連接器

Flink 提供的大部分連接器用來連接外部的資料來源，在使用這些外部的資料來源時，加一個 addSource() 方法即可。舉例來說，要讀取 Apache Kafka 的資料，可以使用如下所示的程式：

```
.addSource(new FlinkKafkaConsumer011 <>())
```

7.1.2 DataStream API 的資料接收器

資料接收器（Sink）的作用是，將轉換後的資料集轉發到檔案、通訊端、外部系統，或列印到終端等。Flink 帶有各種內建的輸出格式，這些格式封裝在 DataStream 的運算元中。

接收器有以下幾個方法。

- writeAsText() 方法：將元素以字串的形式逐行寫入，這些字元串透過呼叫每個元素的 toString() 方法來獲取。
- writeAsCsv() 方法 : 將元組寫為以逗點分隔的 CSV 檔案。行和欄位界定符號是可設定的，每個欄位的值來自物件的 toString() 方法。
- print() 方法 /printToErr() 方法：列印每個元素的 toString() 方法的值到標準輸出或標準錯誤輸出串流中。該方法既可以提供字首訊息，也可以幫助使用者區分不同的列印請求。如果平行度大於 1，則輸出帶有任務（Task）的識別符號。
- writeUsingOutputFormat() 方法：自訂檔案輸出的方法和基礎類別，支援自訂物件到位元組（Object-To-Bytes）的轉換。
- writeToSocket() 方法：根據 SerializationSchema 將元素寫入通訊端。
- addSink() 方法：呼叫自訂接收器功能。Flink 有與其他系統（如 Kafka）的連接器，這些連接器已實現接收器功能。

Tips

DataStream 上的 write*() 方法主要用於偵錯。它們沒有參與 Flink 的檢查點，這意味著這些功能通常具有「至少一次」（At-Least-Once）的語義。刷新到目標系統的資料取決於 OutputFormat 的實現，這意味著並非所有發送到 OutputFormat 的元素都立即顯示在目標系統中。同樣，在失敗的情況下，這些記錄可能會遺失。

為了將流可靠地一次傳輸到檔案系統中，請使用 flink-connector-filesystem。此外，透過 .addSink() 方法進行的自訂實現也可以參與 Flink 的「精確一次」（Exactly-Once）語義檢查。

7.2 視窗

7.2.1 認識時間驅動和資料驅動的視窗

視窗（Window）是處理無限流的**核心**。視窗將流分成有限大小的多個「儲存桶」，可以在其中對事件應用計算。

Count、Sum 等聚合事件在 Stream 和 Batch 處理上有所不同。舉例來說，統計 Stream 中元素的個數是不可能的，因為流通常是沒有邊界的。所以，流聚合使用視窗劃定範圍，如統計過去 5min 內元素的個數，或最近 100 個元素的和。

視窗可以是**時間驅動**（如每 1s) 或**資料驅動**（如每 100 個元素）的。時間驅動的視窗和資料驅動的視窗如圖 7-1 所示。

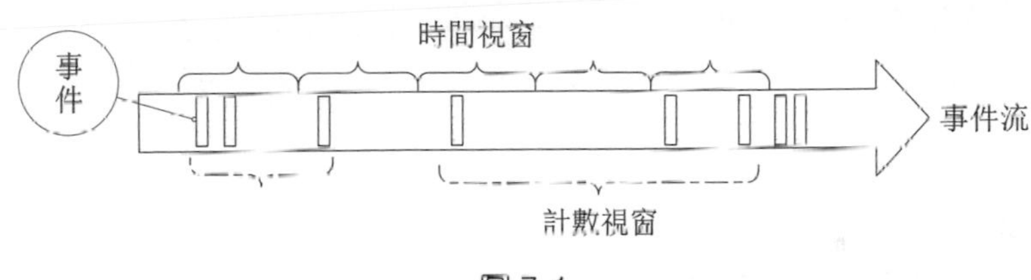

圖 7-1

圖 7-1 中的時間視窗是捲動時間視窗，根據一定的時間捲動劃分資料，捲動時間視窗的資料不重複。計數視窗是根據資料元素數量來劃分視窗的，將每 3 個資料劃分為一個計數視窗。

在時間驅動的基礎上，還可以將視窗劃分為以下類型。

- 捲動視窗：資料沒有重疊。
- 滑動視窗：資料有重疊。
- 階段視窗：由不活動的間隙隔開。

7.2.2 認識視窗分配器

視窗分配器定義如何將元素分配給視窗。在指定流是否為鍵控流後，就可以使用視窗分配器了。

（1）在鍵控流中使用視窗分配器。

在鍵控流中，使用 window() 方法呼叫視窗分配器，如下所示：

```
.window(WindowAssigner) // 鍵控流
```

（2）在非鍵控流中使用視窗分配器。

在非鍵控流中，使用 windowAll() 方法呼叫視窗分配器，如下所示：

```
.windowAll(WindowAssigner) // 非鍵控流
```

視窗分配器負責將資料流程中的元素分配給一個或多個視窗。Flink 帶有針對最常見使用案例的預先定義視窗分配器：捲動視窗、滑動視窗、階段視窗和全域視窗。還可以透過擴充 WindowAssigner 類別來實現自訂視窗分配器。

 **Tips**

所有內建視窗分配器（全域視窗除外）均基於時間將元素分配給視窗，時間可以是攝入時間、處理時間、事件時間。

基於時間的視窗具有**開始時間戳記（包括端點）**和**結束時間戳記（包括端點）**，它們共同描述視窗的大小。

Flink 在使用基於時間的視窗時會用到 TimeWindow 類別。時間視窗具有用於查詢開始時間戳記和結束時間戳記的方法，以及用於返回指定視窗的最大允許時間戳記的 maxTimestamp() 方法。

1. 捲動視窗

捲動（翻轉）視窗（Tumbling Windows）分配器將每個元素都分配給指定了視窗大小的視窗。捲動視窗具有固定的大小，並且不重疊。如果指定了大小為 2min 的捲動視窗，則評估當前視窗，並且每 2min 啟動一個新視窗。捲動視窗如圖 7-2 所示。

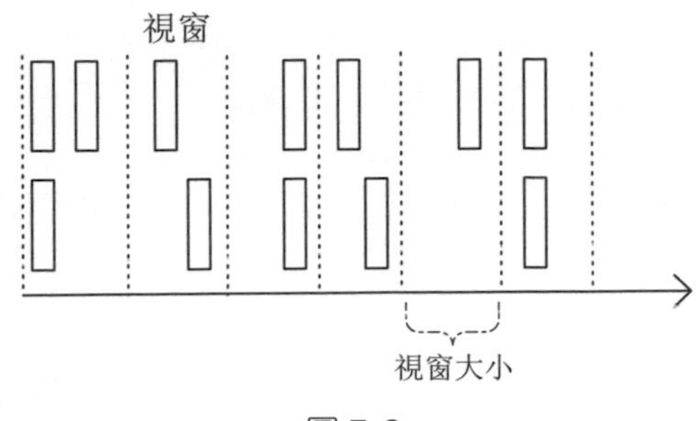

圖 7-2

下面介紹如何使用捲動視窗。

(1) 捲動「事件時間」視窗，如下所示：

```
DataStream<T> input = ...;
// 捲動"事件時間"視窗
Input
// 鍵控流轉換算子
.keyBy(<key selector>)
// 視窗轉換運算元
.window(TumblingEventTimeWindows.of(Time.seconds(5)))
.<windowed transformation>(<window function>);
```

捲動時間視窗可以使用 Time.milliseconds(x) 方法、Time.seconds(x) 方法、Time.minutes(x) 方法等來指定時間間隔。

(2) 捲動「處理時間」視窗，如下所示：

```
// 捲動"處理時間"視窗
Input
// 鍵控流轉換算子
.keyBy(<key selector>)
// 視窗轉換運算元
.window(TumblingProcessingTimeWindows.of(Time.seconds(5)))
.<windowed transformation>(<window function>);
```

（3）每日都捲動「事件時間」視窗，如下所示：

```
// 每日都捲動"事件時間"視窗
Input
// 鍵控流轉換算子
.keyBy(<key selector>)
// 視窗轉換運算元
.window(TumblingEventTimeWindows.of(Time.days(1), Time.hours(-8)))
// 時間偏移"-8"小時
.<windowed transformation>(<window function>);
```

捲動視窗分配器具有可選的 Offset 參數，該參數可用於更改視窗的對齊方式。如果沒有偏移，則每小時捲動視窗與曆元（開始時間）對齊，即將獲得諸如以下兩類視窗。

- 0：00：00.000 ～ 0：59：59.999。
- 1：00：00.000 ～ 1：59：59.999。

偏移量用於調整視窗的時區。舉例來說，在中原標準時間必須指定 Time. hours（-8）的偏移量。

2. 滑動視窗

滑動視窗（Sliding Windows）分配器類似於捲動視窗分配器，它將元素分配給固定長度的視窗，視窗的大小由視窗大小參數設定。附加的視窗滑動參數控制滑動視窗啟動的頻率。

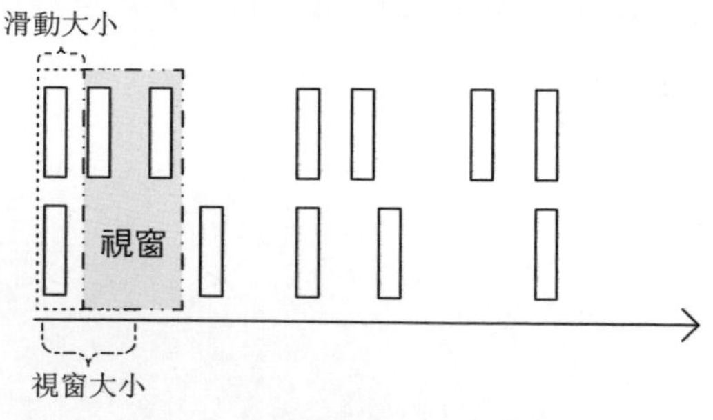

圖 7-3

如果滑動值小於視窗大小，則滑動視窗可能會重疊。在這種情況下，元素被分配給多個視窗。舉例來說，如果將大小為 2min 的視窗滑動 1min，則每隔 1min 就會得到一個視窗，其中包含最近 2min 內到達的事件，如圖 7-3 所示。

下面介紹如何使用滑動視窗。

（1）滑動「事件時間」視窗，如下所示：

```
// 滑動"事件時間"視窗
Input
// 鍵控流轉換算子
.keyBy(<key selector>)
// 視窗轉換運算元
.window(SlidingEventTimeWindows.of(Time.seconds(10), Time.seconds(5)))
                .<windowed transformation>(<window function>);
```

（2）滑動「處理時間」視窗，如下所示：

```
// 滑動"處理時間"視窗
Input
// 鍵控流轉換算子
.keyBy(<key selector>)
// 視窗轉換運算元
.window(SlidingProcessingTimeWindows.of(Time.seconds(10), Time.seconds(5)))
.<windowed transformation>(<window function>);
```

（3）滑動「處理時間」視窗偏移 "-8" h，如下所示：

```
// 滑動"處理時間"視窗偏移"-8"h
input
// 鍵控流轉換算子
.keyBy(<key selector>)
// 視窗轉換運算元
.window(SlidingProcessingTimeWindows.of(
Time.hours(12),
Time.hours(1),
Time.hours(-8))) // 偏移"-8"h
.<windowed transformation>(<window function>);
```

3. 階段視窗

階段視窗（Session Windows）分配器按活動階段對元素進行分組。

與捲動視窗和滑動視窗相比，階段視窗不重疊且沒有固定的開始時間和結束時間。如果階段視窗在一定的時間段內未接收到元素，那麼它將關閉。

階段視窗分配器既可以設定靜態階段間隔，也可以設定動態間隔，該功能用於定義不活動的時間長度。當該時間段到期後，當前階段將關閉，隨後的元素將被分配給新的階段視窗。階段視窗的示意圖如圖 7-4 所示。

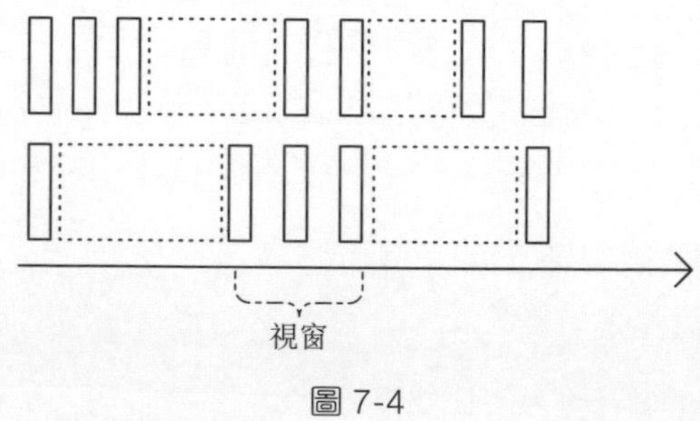

圖 7-4

下面介紹如何使用階段視窗。

（1）具有靜態間隔的「事件時間」階段視窗，如下所示：

```
DataStream<T> input = ...;
// 具有靜態間隔的"事件時間"階段視窗
Input
// 鍵控流轉換算子
.keyBy(<key selector>)
// 視窗轉換運算元
.window(EventTimeSessionWindows.withGap(Time.minutes(10)))
            .<windowed transformation>(<window function>);
```

（2）具有動態間隔的「事件時間」階段視窗，如下所示：

```
// 具有動態間隔的"事件時間"階段視窗
Input
// 鍵控流轉換算子
```

```
.keyBy(<key selector>)
// 視窗轉換運算元
.window(EventTimeSessionWindows.withDynamicGap((element) -> {
    }))
                .<windowed transformation>(<window function>);
```

（3）具有靜態間隔的「處理時間」階段視窗，如下所示：

```
// 具有靜態間隔的"處理時間"階段視窗
Input
// 鍵控流轉換算子
.keyBy(<key selector>)
// 視窗轉換運算元
.window(ProcessingTimeSessionWindows.withGap(Time.minutes(10)))
.<windowed transformation>(<window function>);
```

（4）具有動態間隔的「處理時間」階段視窗，如下所示：

```
// 具有動態間隔的"處理時間"階段視窗
Input
// 鍵控流轉換算子
.keyBy(<key selector>)
// 視窗轉換運算元
.window(ProcessingTimeSessionWindows.withDynamicGap((element) -> {
    }))
.<windowed transformation>(<window function>);
```

對於動態間隔階段視窗，可以透過實現 SessionWindowTimeGapExtractor 介面來指定動態間隔。

由於**階段視窗沒有固定的開始點和結束點**，因此對它的評估方式不同於捲動視窗和滑動視窗。在內部，階段視窗運算元會為每個到達的記錄都創建一個新視窗，**如果視窗彼此之間的距離比已定義的間隔小，則將它們合併在一起**。為了可合併，階段視窗運算元需要合併觸發器函數和合併視窗函數，如 ReduceFunction、AggregateFunction 和 ProcessWindowFunction（FoldFunction 無法合併）。

4. 全域視窗

全域視窗（Global Windows）分配器將具有相同鍵的所有元素分配給同一單一全域視窗。僅在指定自訂觸發器時，全域視窗方案才有用，否則全域視窗不會執行任何計算，因為它沒有可以處理聚合元素的自然結束。

全域視窗的使用方法如下所示：

```
DataStream<T> input = ...;
Input
// 鍵控流轉換算子
.keyBy(<key selector>)
// 視窗轉換運算元
.window(GlobalWindows.create())
.<windowed transformation>(<window function>);
```

7.2.3 認識鍵控視窗和非鍵控視窗

視窗式 Flink 應用程式有以下幾種視窗類型。

1. 鍵控視窗

```
// 鍵控流
stream
       .keyBy(...)                   // 鍵控流轉換算子
       .window(...)                  // 視窗分配器，必填
       [.trigger(...)]               // 觸發器或使用預設觸發器，可選
       [.evictor(...)]               // 移出器，可選
       [.allowedLateness(...)]       // 允許延遲，可選
       [.sideOutputLateData(...)] // 輸出標籤（否則沒有側面輸出用於後期資料），
                                     可選
       .reduce/aggregate/fold/apply()  // 功能函數，必填
       [.getSideOutput(...)]           // 輸出標籤，可選
```

在上述程式中，中括號 "[]" 中的命令是可選的。Flink 允許以多種不同的方式定義鍵控視窗邏輯，從而適合需求。

2. 非鍵控視窗

```
// 非鍵控流
stream
       .windowAll(...)              // 視窗分配器，必填
       [.trigger(...)]              // 觸發器或使用預設觸發器，可選
       [.evictor(...)]              // 移出器，可選
       [.allowedLateness(...)]      // 允許延遲，可選
       [.sideOutputLateData(...)] // 輸出標籤（否則沒有側面輸出用於後期資料），
                                    可選
       .reduce/aggregate/fold/apply()  // 功能函數，必填
       [.getSideOutput(...)]           // 輸出標籤，可選
```

在上述程式中，中括號 "[]" 中的命令是可選的。Flink 允許以多種不同的方式定義非鍵控視窗邏輯，從而適合需求。

3. 鍵控流和非鍵控流的區別

（1）呼叫方法不同。

- 鍵控流需要使用 keyBy() 方法和 window() 方法呼叫。
- 非鍵控流需要使用 windowAll() 方法呼叫。

在使用視窗之前需要考慮是否為視窗設定鍵。可以使用 keyBy() 方法將無限流拆分為邏輯鍵流。如果未呼叫 keyBy() 方法，則不會為流設定鍵。

（2）加窗邏輯的平行性不同。

非鍵控流的原始流不能被拆分為多個邏輯流，所有加窗邏輯將由單一任務執行（即平行度為 1）。

鍵控流可以將傳入事件的任何屬性用作鍵。擁有鍵控流使視窗化計算可以由多個任務並存執行，因為每個邏輯鍵控流都可以獨立於其他邏輯流進行處理。引用同一鍵的所有元素將被發送到同一平行任務中。

7.2.4 認識視窗的生命週期

視窗是有生命週期的：當屬於視窗的第 1 個元素到達時，就會創建一個視窗；當時間（事件時間或處理時間）超過「其結束時間戳記 + 使用者指定的允許延遲」時，該視窗將被完全刪除，但 Flink 只會刪除基於時間的視窗，而不會刪除其他類型的視窗。

視窗中主要有以下幾個元素。

- 函數：視窗中的函數用於定義視窗內容的計算邏輯，如 ProcessWindowFunction()、ReduceFunction()、AggregateFunction() 和 FoldFunction()。
- 觸發 ：指定視窗函數在什麼條件下被觸發。觸發器還可以決定在創建和刪除視窗之間的任何時間清除視窗中的內容。清除僅限於視窗中的元素，而不能是視窗中繼資料，即新資料仍然可以被增加到該視窗中。
- 移除器：用於在觸發器觸發之後或在函數被應用之前，清除視窗中的元素。

每個視窗都有一個觸發器和一個函數。

視窗的生命週期有以下幾個流程。

（1）創建：當屬於該視窗的第 1 個元素到達時就會創建該視窗。

（2）銷毀：當時間超過「視窗的結束時間戳記 + 使用者指定的延遲時間」時銷毀。

（3）移除：視窗最終被移除（僅限時間視窗）。

舉例來說，基於「事件時間」的視窗化策略，創建一個每 3min 捲動一次且允許的延遲時間為 1min 的視窗的流程如下。

（1）創建一個 00：00 ～ 00：03 的新視窗。

（2）帶有時間戳記的第 1 個元素落入 00：00 ～ 00：03 的時間間隔時，創建視窗。

（3）當時間達到 00：03，並且當水位線經過 00：04 時間戳記時，該視窗將被刪除。

7.2.5 實例 27：實現捲動時間視窗和滑動時間視窗

本實例的程式在 "/DataStream/Window/TimeWindow" 目錄下。

本實例演示的是實現捲動時間視窗和滑動時間視窗。

1. 實現捲動時間視窗

```
// 獲取自訂的資料流程
DataStream<String> input = env.addSource(new MySource());
DataStream<Tuple2<String, Integer>> output=input
        // FlatMap轉換運算元
        .flatMap(new Splitter())
        // 鍵控流轉換算子
        .keyBy(0)
        // 時間視窗
        .timeWindow(Time.seconds(3))
        // 求和
        .sum(1);
// 列印資料到主控台
output.print("window");
// 執行任務操作。因為Flink是惰性載入的，所以必須呼叫execute()方法才會
   執行
env.execute("WordCount");
```

執行上述應用程式之後，會在主控台中輸出以下資訊：

```
Source:Flink
Source:Batch
Source:Flink
window:5> (Batch,1)
window:12> (Flink,2)
Source:Flink
Source:Table
Source:Batch
window:5> (Batch,1)
window:4> (Table,1)
window:12> (Flink,1)
```

2. 實現滑動時間視窗

```
        // 獲取自訂的資料流程
        DataStream<String> input = env.addSource(new MySource());
        DataStream<Tuple2<String, Integer>> output=input
                // FlatMap轉換運算元
                .flatMap(new Splitter())
                // 鍵控流轉換算子
                .keyBy(0)
                // 指定視窗時間大小和滑動視窗時間
                .timeWindow(Time.seconds(3),Time.seconds(1))
                // 求和
                .sum(1);
        // 列印資料到主控台
        output.print("window");
        // 執行任務操作。因為Flink是惰性載入的，所以必須呼叫execute()方法才會
           執行
        env.execute("WordCount");
}
```

執行上述應用程式之後，會在主控台中輸出以下資訊：

```
Source:Batch
window:5> (Batch,1)
Source:world
window:7> (world,1)
window:5> (Batch,1)
Source:Batch
window:5> (Batch,2)
window:7> (world,1)
Source:Flink
window:12> (Flink,1)
window:5> (Batch,1)
window:7> (world,1)
```

7.2.6 實例 28：實現捲動計數視窗和滑動計數視窗

本實例的程式在 "/DataStream/Window/CountWindow" 目錄下。

計數視窗採用事件數量作為視窗處理依據。計數視窗分為捲動和滑動兩類。可以使用 keyedStream.countWindow() 方法來定義計數視窗。

1. 捲動計數視窗

實現捲動計數視窗，如下所示：

```
public class TumblingCountWindowDemo {
    // main()方法——Java應用程式的入口
    public static void main(String[] args) throws Exception {
        // 獲取流處理的執行環境
        StreamExecutionEnvironment env = StreamExecutionEnvironment.
getExecutionEnvironment();
        // 載入或創建來源資料
        final DataStream<Tuple2<String,Integer>> input = env.fromElements(
                Tuple2.of("S1",1),
                Tuple2.of("S1",2),
                Tuple2.of("S1",3),
                Tuple2.of("S2",4),
                Tuple2.of("S2",5),
                Tuple2.of("S2",6),
                Tuple2.of("S3",7),
                Tuple2.of("S3",8),
                Tuple2.of("S3",9)
        );
        Input
        // 鍵控流轉換算子
        .keyBy(0)
        // 計數視窗
        .countWindow(3)
        // 求和
        .sum(1)
        // 列印資料到主控台
        .print();
        // 執行任務操作。因為Flink是惰性載入的，所以必須呼叫execute()方法才會
           執行
        env.execute();
    }
}
```

執行上述應用程式之後，會在主控台中輸出以下資訊：

```
12> (S1,6)
6> (S3,24)
4> (S2,15)
```

2. 滑動計數視窗

實現滑動計數視窗，如下所示：

```
public class SlidingCountWindowDemo {
    // main()方法——Java應用程式的入口
    public static void main(String[] args) throws Exception {
        // 獲取流處理的執行環境
        StreamExecutionEnvironment env = StreamExecutionEnvironment.
                                        getExecutionEnvironment();
        // 設定平行度為1
        env.setParallelism(1);
        // 載入或創建來源資料
        final DataStream<Tuple2<String, Integer>> input = env.fromElements(
                Tuple2.of("S1", 1),
                Tuple2.of("S1", 2),
                Tuple2.of("S1", 3),
                Tuple2.of("S2", 4),
                Tuple2.of("S2", 5),
                Tuple2.of("S2", 6),
                Tuple2.of("S3", 7),
                Tuple2.of("S3", 8),
                Tuple2.of("S3", 9)
        );
        input
            // 鍵控流轉換算子
            .keyBy(0)
            // 滑動計數視窗，滑動大小為1
            .countWindow(3, 1)
            // 求和，計算最近3個事件的欄位2的和
            .sum(1)
            // 列印資料到主控台
        .print();
        // 執行任務操作。因為Flink是惰性載入的，所以必須呼叫execute()方法才會
```

```
        執行
        env.execute();
    }
}
```

執行上述應用程式之後，會在主控台中輸出以下資訊：

```
(S1,1)
(S1,3)
(S1,6)
(S2,4)
(S2,9)
(S2,15)
(S3,7)
(S3,15)
(S3,24)
```

7.2.7 實例 29：實現階段視窗

本實例的程式在 "/DataStream/Window/SessionWindow" 目錄下。

階段視窗採用「階段持續時長」作為視窗處理依據。設定「階段持續時長」之後，在這段時間中，如果不再出現階段，則認為超出階段時長。

1. 自訂資料來源

自訂資料來源，將延遲發送設定為「隨機時間」，以便在階段視窗中觸發計算，如下所示：

```
public class MySource implements SourceFunction<String> {
    private long count = 1L;
    private boolean isRunning = true;
    /* 在run()方法中透過實現一個迴圈來產生資料 */
    @Override
    public void run(SourceContext<String> ctx) throws Exception {
        while (isRunning) {
            // Word流
            List<String> stringList = new ArrayList<>();
```

```
            stringList.add("world");
            stringList.add("Flink");
            stringList.add("Steam");
            stringList.add("Batch");
            stringList.add("Table");
            stringList.add("SQL");
            stringList.add("hello");
            int size=stringList.size();
            int i = new Random().nextInt(size);
            ctx.collect(stringList.get(i));
            System.out.println("Source:"+stringList.get(i));
            // 每x（隨機）s產生一筆資料
            int rt=i * 1000;
            System.out.println("延遲時間："+rt);
            Thread.sleep(rt);
        }
    }
    // cancel()方法代表取消執行
    @Override
    public void cancel() {
        isRunning = false;
    }
}
```

2. 實現階段視窗

實現階段視窗，如下所示：

```
public class SessionWindowDemo {
    // main()方法——Java應用程式的入口
    public static void main(String[] args) throws Exception {
        // 獲取流處理的執行環境
        StreamExecutionEnvironment env = StreamExecutionEnvironment.
getExecutionEnvironment();
        // 獲取自訂的資料流程
        DataStream<String> input = env.addSource(new MySource());
        DataStream<Tuple2<String, Integer>> output=input
                // FlatMap轉換運算元
                .flatMap(new Splitter())
                // 鍵控流轉換算子
```

```
                .keyBy(0)
                // 如果超過2s沒有事件，則計算進入視窗內的總數
                .window(ProcessingTimeSessionWindows.withGap(Time.seconds(2)))
                // 求和
                .sum(1);
        // 列印資料到主控台
        output.print("window");
        // 執行任務操作。因為Flink是惰性載入的，所以必須呼叫execute()方法才會
           執行
        env.execute("WordCount");
    }
    // 實現FlatMapFunction，自訂處理邏輯
    public static class Splitter implements FlatMapFunction<String,
Tuple2<String, Integer>> {
        @Override
        public void flatMap(String sentence, Collector<Tuple2<String,
Integer>> out) throws Exception {
            // 使用空格分隔單字
            for (String word : sentence.split(" ")) {
                out.collect(new Tuple2<String, Integer>(word, 1));
            }
        }
}
}
```

執行上述應用程式之後，會在主控台中輸出以下資訊：

```
Source:Steam
延遲時間：2000
Source:Flink
延遲時間：1000
window:4> (Steam,1)
Source:Flink
延遲時間：1000
Source:SQL
延遲時間：5000
window:12> (Flink,2)
window:9> (SQL,1)
```

7.2.8 認識視窗函數

在定義了視窗分配器之後，需要指定在每個視窗中執行的計算。這是視窗函數的職責，一旦系統確定視窗已經準備好進行處理，就可以處理每個視窗中的元素。

視窗函數可以是 ReduceFunction()、AggregateFunction()、FoldFunction() 或 ProcessWindowFunction() 之一。前兩個可以更有效地執行，因為 Flink 可以在每個視窗到達時都以增量方式聚合它們。ProcessWindowFunction() 為視窗中包含的所有元素及「該元素所屬的視窗的其他詮譯資訊」獲取 Iterable。

用 ProcessWindowFunction() 進行視窗轉換不能像其他情況一樣有效地執行，因為 Flink 必須在呼叫函數之前在內部緩衝視窗中的所有元素。可以透過將 ProcessWindowFunction() 與 ReduceFunction()、AggregateFunction() 或 FoldFunction() 組合使用（即 ProcessWindowFunction() 加上後面 3 個函數中的），來獲得視窗元素的增量聚合，以及 ProcessWindowFunction 接收的其他視窗中繼資料，從而緩解這種情況。

1. ReduceFunction()

ReduceFunction() 指定如何將輸入中的兩個元素組合在一起，以產生相同類型的輸出元素。Flink 使用 ReduceFunction() 來逐步聚合視窗中的元素。

2. AggregateFunction()

AggregateFunction() 是 ReduceFunction() 的通用版本。與 ReduceFunction() 相同，Flink 將在視窗輸入元素到達時增量聚合。AggregateFunction() 具有 3 種類型：輸入類型（IN）、累加器類型（ACC）、輸出類型（OUT）。

輸入類型是輸入串流中元素的類型，AggregateFunction() 具有一種「將一個輸入元素增加到累加器」的方法。該介面還具有一種「創建初始累加器，將兩個累加器合併為一個累加器，並且從累加器提取輸出」的方法。

3. FoldFunction()

FoldFunction() 指定如何將視窗中的輸入元素與輸出類型的元素相組合。對於增加到視窗中的每個元素和當前輸出值，都將遞增呼叫 FoldFunction()。

Tips

fold() 方法不能與階段視窗或其他可合併視窗一起使用。

4. ProcessWindowFunction()

ProcessWindowFunction() 獲得一個 Iterable，其中包含視窗的所有元素，以及一個上下文物件（該物件可以存取**時間**和**狀態**資訊，從而使其比其他視窗函數更具有靈活性）。該功能以性能變低和資源消耗為代價，因為它不能增量聚合元素，而是在內部對聚合元素進行快取，直到將視窗視為已準備好進行處理為止。所以，將 ProcessWindowFunction() 用於簡單聚合（如 Count）的效率很低。

鍵參數是透過為 keyBy() 方法呼叫指定的鍵選擇器提取的。如果是元組索引鍵或字串欄位引用，則此鍵類型始終為元組，必須手動將其強制轉為正確大小的元組以提取鍵欄位。

可以將 ProcessWindowFunction() 與 ReduceFunction()、AggregateFunction 和 FoldFunction() 組合使用（即 ProcessWindowFunction() 加上後面 3 個函數中的），以在元素到達視窗時增量聚合。在視窗關閉時，匯總函數將向 ProcessWindowFunction() 提供聚合結果。這樣，ProcessWindowFunction() 可以遞增地計算視窗，同時可以存取 ProcessWindowFunction() 的其他視窗詮譯資訊。還可以使用舊版 WindowFunction() 代替 ProcessWindowFunction() 進行增量視窗聚合。

除了便捷鍵控狀態（任何富函數都可以），ProcessWindowFunction() 還可以使用鍵控狀態。該鍵控狀態的作用域範圍是該函數當前正在處理的視窗。

5. WindowFunction()（舊版本）

WindowFunction() 是 ProcessWindowFunction() 的舊版本，不但提供的上下文資訊較少，而且沒有某些進階功能（如每個視窗的鍵狀態）。WindowFunction() 將來會被棄用。WindowFunction() 的使用方法如下所示：

```
DataStream<Tuple2<String, Long>> input = ...;
Input
// 鍵控流轉換算子
.keyBy(<key selector>)
// 視窗轉換運算元
.window(<window assigner>)
// 應用MyWindowFunction
.apply(new MyWindowFunction());
```

7.2.9 實例 30：使用視窗函數實現視窗內的計算

本實例的程式在 "/DataStream/Window/WindowFunction" 目錄下。

本實例演示的是使用視窗函數實現視窗內的計算。

1. ReduceFunction

使用 ReduceFunction 整理視窗中元素的第 2 個欄位，如下所示：

```
// main()方法——Java應用程式的入口
public static void main(String[] args) throws Exception {
        // 獲取流處理的執行環境
        final StreamExecutionEnvironment sEnv = StreamExecutionEnvironment.
getExecutionEnvironment();
        // 載入或創建來源資料
        DataStream<Tuple2<String, Long>> input = sEnv.fromElements(
                new Tuple2("BMW",2L),
                new Tuple2("BMW",2L),
                new Tuple2("Tesla",3L),
                new Tuple2("Tesla",4L)
        );
```

```
        DataStream<Tuple2<String, Long>> output= input
                // 鍵控流轉換算子
                .keyBy(0)
                // 計數視窗
                .countWindow(2)
                // Reduce聚合轉換運算元
                .reduce(new ReduceFunction<Tuple2<String, Long>>() {
        @Override
        public Tuple2<String, Long> reduce(Tuple2<String, Long> value1,
Tuple2<String, Long> value2) throws Exception {
            return new Tuple2<>(value1.f0, value1.f1 + value2.f1);
        }
    });
        // 列印資料到主控台
        output.print();
        // 執行任務操作。因為Flink是惰性載入的，所以必須呼叫execute()方法才會
           執行
        sEnv.execute();
}
```

執行上述應用程式之後，會在主控台中輸出以下資訊：

```
7> (BMW,4)
3> (Tesla,7)
```

上述程式整理了視窗中所有元素的第 2 個欄位。

2. AggregateFunction

下面計算視窗中元素的第 2 個欄位的平均值，如下所示：

```
public class AggregateFunctionDemo {
    // main()方法——Java應用程式的入口
    public static void main(String[] args) throws Exception {
        // 獲取流處理的執行環境
        final StreamExecutionEnvironment sEnv = StreamExecutionEnvironment.
getExecutionEnvironment();
        // 載入或創建來源資料
```

```
        DataStream<Tuple2<String, Long>> input =sEnv.fromElements(
                new Tuple2("BMW",2L),
                new Tuple2("BMW",2L),
                new Tuple2("Tesla",3L),
                new Tuple2("Tesla",4L)
        );

        DataStream<Double> output=  input
                 // 鍵控流轉換算子
                .keyBy(0)
                 // 計數視窗
                .countWindow(2)
                .aggregate(new AverageAggregate());
                // 列印資料到主控台
                output.print();
                // 執行任務操作。因為Flink是惰性載入的，所以必須呼叫execute()
                   方法才會執行
        sEnv.execute();
    }
    private static class AverageAggregate implements AggregateFunction
<Tuple2<String, Long>, Tuple2<Long, Long>, Double> {
        @Override
        public Tuple2<Long, Long> createAccumulator() {
            return new Tuple2<>(0L, 0L);
        }
        @Override
        public Tuple2<Long, Long> add(Tuple2<String, Long> value, Tuple2
<Long, Long> accumulator) {
            return new Tuple2<>(accumulator.f0 + value.f1, accumulator.f1 + 1L);
        }

        @Override
        public Double getResult(Tuple2<Long, Long> accumulator) {
            return ((double) accumulator.f0) / accumulator.f1;
        }
```

```
        @Override
        public Tuple2<Long, Long> merge(Tuple2<Long, Long> a, Tuple2
<Long, Long> b) {
            return new Tuple2<>(a.f0 + b.f0, a.f1 + b.f1);
        }
    }
}
```

執行上述應用程式之後，會在主控台中輸出以下資訊：

```
3> 3.5
7> 2.0
```

3. FoldFunction

FoldFunction 透過對初始累加器元素應用二進位運算將組元素中的每個元素組合到單一值中。其使用方法如下所示：

```
public class FoldFunctionDemo {
    // main()方法——Java應用程式的入口
    public static void main(String[] args) throws Exception {
        // 獲取流處理的執行環境
        final StreamExecutionEnvironment sEnv = StreamExecutionEnvironment.
getExecutionEnvironment();
        // 載入或創建來源資料
        DataStream<Tuple2<String, Long>> input = sEnv.fromElements(
                new Tuple2("BMW", 2L),
                new Tuple2("BMW", 2L),
                new Tuple2("Tesla", 3L),
                new Tuple2("Tesla", 4L)
        );

        DataStream<String> output=input
                // 鍵控流轉換算子
                .keyBy(0)
                // 計數視窗
                .countWindow(2)
                .fold("", new FoldFunction<Tuple2<String, Long>, String>() {
```

```
        @Override
        public String fold(String accumulator, Tuple2<String, Long> value)
throws Exception {
            return accumulator+value.f1;
        }
  });
        // 列印資料到主控台
        output.print();
        // 執行任務操作。因為Flink是惰性載入的，所以必須呼叫execute()方法才會
           執行
        sEnv.execute();
    }
}
```

執行上述應用程式之後，會在主控台中輸出以下資訊：

```
3> 34
7> 22
```

4. ProcessWindowFunction

下面演示的是使用 ProcessWindowFunction 對視窗中的元素進行計數，並將有關視窗的資訊增加到輸出中，如下所示：

```
public class ProcessWindowFunctionDemo {
// main()方法——Java應用程式的入口
    public static void main(String[] args) throws Exception {
    // 獲取流處理的執行環境
        final StreamExecutionEnvironment sEnv = StreamExecutionEnvironment.
getExecutionEnvironment();
        // 設定時間特性
        sEnv.setStreamTimeCharacteristic(TimeCharacteristic.EventTime);
        // 設定平行度為1
        sEnv.setParallelism(1);
        // 載入或創建來源資料
        DataStream<Tuple2<String, Long>> input = sEnv.fromElements(
                new Tuple2("BMW", 1L),
                new Tuple2("BMW", 2L),
```

```
                new Tuple2("Tesla", 3L),
                new Tuple2("BMW", 3L),
                new Tuple2("Tesla", 4L)
        );
        // 轉換資料
        DataStream<String> output = input
                // 為資料流程中的元素分配時間戳記，並生成水位線以表示事件時間
                   進度
                .assignTimestampsAndWatermarks(new AscendingTimestampExtractor
<Tuple2<String, Long>>() {
                    @Override
                    public long extractAscendingTimestamp(Tuple2<String,
Long> element) {
                        return element.f1;
                    }
                })
                // 鍵控流轉換算子
                .keyBy(t -> t.f0)
                // 時間視窗
                .timeWindow(Time.seconds(1))
                // 將指定的ProcessFunction應用於輸入串流，從而創建轉換後的
                   輸出串流
                .process(new MyProcessWindowFunction());
                // 列印資料到主控台
        output.print();
        // 執行任務操作。因為Flink是惰性載入的，所以必須呼叫execute()方法才會
           執行
        sEnv.execute();

    }
}

class MyProcessWindowFunction
        extends ProcessWindowFunction<Tuple2<String, Long>, String, String,
TimeWindow> {

    @Override
```

```
    public void process(String key, Context context, Iterable<Tuple2<String, Long>> input, Collector<String> out) {
        long count = 0;
        for (Tuple2<String, Long> in : input) {
            count++;
        }
        out.collect("視窗資訊: " + context.window() + "元素數量: " + count);
    }
}
```

執行上述應用程式之後，會在主控台中輸出以下資訊：

```
視窗資訊: TimeWindow{start=0, end=1000}元素數量: 3
視窗資訊: TimeWindow{start=0, end=1000}元素數量: 2
```

7.2.10 觸發器

觸發器（Trigger）用於控制視窗何時準備好。每個視窗分配器都帶有一個預設的觸發器。如果預設觸發器不符合需求，則可以用 trigger() 方法自訂觸發器。

觸發器介面具有以下 5 個方法，這 5 個方法允許觸發器對不同事件做出反應。

- onElement() 方法：對於進入視窗中的每個元素，都會呼叫 onElement() 方法。
- onEventTime() 方法：當註冊的事件時間計時器被觸發時，將呼叫 onEventTime() 方法。
- onProcessingTime() 方法：當註冊的處理時間計時器被觸發時，將呼叫 onProcessingTime() 方法。
- onMerge() 方法：在兩個對應視窗合併時合併兩個觸發器的狀態，如在使用階段視窗時。
- clear() 方法：執行刪除視窗後的操作。

onElement() 方法、onEventTime() 方法、onProcessingTime() 方法中的任何一個方法都可以用於註冊處理時間計時器或事件時間計時器，以用於將來的操作。這幾個方法根據返回的觸發器結果來執行動作，動作可以是以下之一。

- 繼續（CONTINUE）：什麼都不做。
- 觸發（FIRE）：觸發計算。
- 清除（PURGE）：清除視窗中的元素。
- 觸發和清除（FIRE_AND_PURGE）：觸發計算並隨後清除視窗中的元素。

1. 觸發和清除

觸發器在確定視窗已準備好進行處理後就會觸發，即返回 FIRE 或 FIRE_AND_PURGE。這是視窗運算元發出當前視窗結果的訊號。

如果指定一個帶有 ProcessWindowFunction 的視窗，則所有元素都將被傳遞給 ProcessWindowFunction（這個過程可能是在將它們傳遞給移除器後）。具有 ReduceFunction()、AggregateFunction() 或 FoldFunction() 的視窗只會列出聚合結果。

在觸發器觸發時，視窗可以觸發或觸發並且清除。在 FIRE 保留視窗內容的同時，FIRE_AND_PURGE 會刪除視窗內容。在預設情況下，預實現的觸發器僅觸發 FIRE，而不會清除視窗狀態。

Tips

清除的僅是視窗中的內容，仍然保留有關該視窗的任何潛在詮譯資訊及所有觸發狀態。

2. 視窗分配器的預設觸發器

視窗分配器的預設觸發器適用於許多使用案例。舉例來說，所有事件時間視窗分配器都有一個預設觸發器 EventTimeTrigger，一旦水位線透過視窗的末端，則此觸發器便觸發。

在預設情況下，全域視窗不觸發觸發器。因此，在使用全域視窗時，必須自訂一個觸發器。

透過使用 trigger() 方法指定的觸發器，將覆蓋視窗分配器的預設觸發器。

3. 內建觸發器

Flink 帶有以下內建觸發器。

- EventTimeTrigger：根據水位線測量的事件時間的進度觸發。
- ProcessingTimeTrigger：根據處理時間觸發。一旦視窗中的元素數量超過指定的限制就會觸發。
- PurgingTrigger：將一個觸發器轉為一個清除觸發器。

如果內建的觸發器不能滿足需求，則可以自訂觸發器。自訂觸發器可以參考觸發器的抽象的 Trigger 類別。

7.2.11 實例 31：自訂觸發器

本實例的程式在 "/DataStream/Trigger" 目錄下。

本實例演示的是自訂觸發器。

1. 自訂無界資料流程處理常式

自訂無界資料流程處理常式，用於處理自訂無界資料流程，如下所示：

```
        // 獲取流處理的執行環境
        StreamExecutionEnvironment env = StreamExecutionEnvironment.
getExecutionEnvironment();
        // 設定平行度為1
```

```
        env.setParallelism(1);
        // 獲取自訂的資料流程
        DataStream<String> input = env.addSource(new MySource());
        // 轉換資料
        DataStream<Tuple2<String, Integer>> output=input
                // FlatMap轉換運算元
                .flatMap(new Splitter())
                // 鍵控流轉換算子
                .keyBy(0)
                // 時間視窗
                .timeWindow(Time.seconds(15)).trigger(new MyTrigger())
                // 求和
                .sum(1);
        // 列印資料到主控台
        output.print("window");
        // 執行任務操作。因為Flink是惰性載入的，所以必須呼叫execute()方法才會
執行
        env.execute("WordCount");
// 以下內容省略
```

2. 自訂一個觸發器

自訂一個觸發器，當元素個數到 10 個時觸發觸發器，如下所示：

```
public class MyTrigger extends Trigger {
    int count =0;
    @Override
    public TriggerResult onElement(Object element, long timestamp, Window
window, TriggerContext ctx) throws Exception {
        if (count>9) {
            count = 0;
            System.out.println("觸發器觸發");
                // 觸發觸發器
                return TriggerResult.FIRE;
        } else {
            count++;
            System.out.println("onElement : " + element+"Count:"+count);
```

```
                // 不觸發觸發器
                return TriggerResult.CONTINUE;
        }
}
// 以下內容省略
```

3. 指定視窗觸發器

在創建好視窗觸發器之後，需要透過使用 trigger() 方法來指定該視窗觸發器，如下所示：

```
// 時間視窗
.timeWindow(Time.seconds(15))
.trigger(new MyTrigger()) // 自訂視窗觸發器
//求和
.sum(1);
```

4. 測試

執行上述應用程式之後，會在主控台中輸出以下資訊：

```
onElement : (world,1)Count:1
onElement : (SQL,1)Count:2
onElement : (SQL,1)Count:3
onElement : (Steam,1)Count:4
onElement : (world,1)Count:5
onElement : (Batch,1)Count:6
onElement : (Flink,1)Count:7
onElement : (Batch,1)Count:8
onElement : (hello,1)Count:9
onElement : (SQL,1)Count:10
觸發器觸發
```

7.2.12 移除器

除了使用 Flink 預設的視窗分配器和視窗觸發器，還可以透過使用 evictor() 方法來指定某個移除器（Evictor）。移除器可以在觸發器觸發後，應用視窗函數之前或之後從視窗中刪除元素。在 Evictor 介面中有以下兩個內建的方法。

- evictBefore() 方法：定義要在視窗函數之前應用的移除邏輯。
- evictAfter() 方法：定義要在視窗函數之後應用的移除邏輯。在應用視窗函數之前移除的元素不會被視窗函數處理。

Flink 預設提供了以下 3 個移除器。

- CountEvictor：從視窗中保留使用者指定數量的元素，並從視窗緩衝區的開頭捨棄其餘的元素。
- DeltaEvictor：採用 DeltaFunction 和閾值，計算視窗緩衝區中最後一個元素與其餘每個元素之間的增量，並刪除增量大於或等於閾值的元素。
- TimeEvictor：採用以毫秒為單位的間隔作為參數。對於指定的視窗，它將在其元素中找到最大時間戳記 max_ts，並刪除所有時間戳記小於 max_ts 的元素。

在預設情況下，所有預先實現的移除程式均在視窗函數應用之前應用其邏輯。

Tips

指定移除器可以防止任何預聚合，因為在應用計算之前必須將視窗中的所有元素傳遞給移除器。

Flink 不保證視窗內元素的排序。移除器從視窗中刪除的元素不一定是最先到達的。

7.2.13 處理遲到資料

在使用「事件時間」視窗時，可能會發生元素遲到的情況，具體的表現是，Flink 用於追蹤「事件時間」進度的水位線已經超過了元素所屬視窗的結束時間戳記。

在預設情況下，當水位線超過視窗末端時將刪除遲到的元素。但是，Flink 允許為視窗運算元指定最大允許延遲——在刪除指定元素之前可以延遲的時間，其預設值為 0。

在使用某些觸發器時，延遲但未掉落的元素可能會導致視窗再次觸發，事件時間觸發器就存在這種情況。

Flink 保持視窗的狀態，直到允許的延遲過期為止。一旦發生這種情況，Flink 將刪除該視窗並刪除其狀態。

在使用全域視窗分配器時，不需要考慮任何資料延遲，因為全域視窗的結束時間戳記是 Long.MAX_VALUE。

可以使用 allowedLateness() 方法指定延遲，其使用方法如下所示：

```
   // 載入或創建來源資料
DataStream<T> input = ...;
   // 轉換資料
    input
        // 鍵控流轉換算子
        .keyBy(<key selector>)
        // 視窗轉換運算元
        .window(<window assigner>)
        // 執行延遲時間
        .allowedLateness(<time>)
        .<windowed transformation>(<window function>);
```

1. 旁路輸出遲到資料

使用 Flink 的旁路輸出功能，可以獲得最近被捨棄的資料流程，具體步驟如下。

（1）使用視窗流上的 sideOutputLateData() 方法指定要獲取的最新資料。

（2）根據視窗化操作的結果獲取側面輸出串流。

標記旁路輸出的使用方法如下所示：

```
// 標記旁路輸出
final OutputTag<T> lateOutputTag = new OutputTag<T>("late-data"){};
// 載入或創建來源資料
DataStream<T> input = ...;
// 轉換資料
SingleOutputStreamOperator<T> result = input
// 鍵控流轉換算子
.keyBy(<key selector>)
// 視窗轉換運算元
.window(<window assigner>)
// 執行延遲時間
.allowedLateness(<time>)
// 將遲到的資料發送到用OutputTag標識的旁路輸出串流中
              .sideOutputLateData(lateOutputTag)
              .<windowed transformation>(<window function>);
// 載入旁路輸出資料
DataStream<T> lateStream = result.getSideOutput(lateOutputTag);
```

2. 計算遲到資料

當指定的允許延遲大於 0 時，在水位線透過視窗尾端後，將保留視窗及其內容。當延遲但未捨棄的元素到達時，可能會使該視窗再一次被觸發。這些觸發被稱為「延遲觸發」，因為它們是由延遲事件觸發的，與視窗的第一次觸發不同。在階段視窗中，後期觸發會進一步導致視窗合併。

後期觸發發出的元素應被視為「先前計算的更新結果」(即資料流程將包含同一計算的多個結果)。因為結果中可能存在重複的資料，所以需要考慮刪除重複資料。

7.2.14 處理視窗結果

視窗操作的結果還是一個 DataStream 流，結果元素中沒有保留任何有關視窗化操作的資訊，如果要保留有關視窗的詮譯資訊，則必須在

ProcessWindowFunction 的結果元素中手動編碼該資訊。在結果元素上設定的唯一相關資訊是元素時間戳記。

由於視窗的結束時間戳記是唯一的，因此需要將其設定為已處理視窗的最大允許時間戳記（即「結束時間戳記 -1」)，「事件時間」視窗和「處理時間」視窗都是如此。

1. 水位線和視窗的相互作用

當水位線到達視窗時，將觸發以下兩點事情。

- 水位線會觸發所有「最大時間戳記（即 '結束時間戳記 -1'）小於新水位線」的所有視窗的計算。
- 水位線被按原樣轉發到下游運算元。

一旦下游運算元接收到水位線後，水位線就會「溢位」所有在下游運算元中被認為是後期視窗的元素。

2. 連續視窗操作

開窗結果的時間戳記的計算方式，以及水位線與視窗的對話模式，允許將連續的開窗操作串聯在一起。在執行兩個連續的視窗化操作時，如果想使用不同的鍵，但仍希望來自同一上游視窗的元素最終位於同一下游視窗中，則此功能將非常有用。具體範例如下：

```
// 載入或創建來源資料
DataStream<Integer> input = ...;
// 轉換資料
DataStream<Integer> results = input
// 鍵控流轉換算子
.keyBy(<key selector>)
// 視窗轉換運算元
.window(TumblingEventTimeWindows.of(Time.seconds(5)))
// Reduce聚合轉換運算元
.reduce(new MySummer());
// 轉換資料
DataStream<Integer> globalResults = results
```

```
            .windowAll(TumblingEventTimeWindows.of(Time.seconds(5)))
// 將指定的ProcessFunction應用於輸入串流，從而創建轉換後的輸出串流
.process(new MyWindowFunction());
```

在此範例中，第 1 個運算元的時間視窗 [0，5）的結果也將在隨後的視窗運算元中的時間視窗 [0，5）中結束。這允許計算鍵的總和，然後在第 2 個操作中計算同一視窗中的元素。

視窗可以定義很長時間，如幾天、幾個星期或幾個月，因此可以累積很長的狀態。在估算「視窗計算的儲存需求」時，需要注意以下幾點。

- Flink 為每個元素所屬的視窗創建一個備份。
- 考慮有用狀態的大小。
- 捲動視窗保留每個元素的備份，一個元素恰好屬於一個視窗，除非它被延遲放置。
- 滑動視窗會為每個元素創建多個視窗。所以，如果設定視窗大小為「1 天」+「滑動時間為 1s」的滑動視窗，則是非常糟糕的。
- ReduceFunction() 方法、AggregateFunction() 方法和 FoldFunction() 方法可以極大地減少儲存需求，因為它們聚合元素且每個視窗僅儲存一個值。
- 如果僅使用 ProcessWindowFunction，則需要累積所有元素。
- 使用移除器可以防止任何預聚合，因為在使用計算之前必須將視窗的所有元素傳遞給移除器。

7.3 認識時間和水位線生成器

7.3.1 認識時間

時間是流處理應用程式的另一個重要概念。

事件總是在特定時間點發生，所以大多數的事件流都擁有事件本身所固有的時間語義。許多常見的流計算都是基於時間語義的，如視窗聚合、

階段計算、模式檢測和基於時間的連接。

Flink 支援以下 3 種時間類型。

- Event time：事件時間。
- Ingestion Time：攝入時間。
- Processing Time：處理時間。

Flink 的事件時間、攝入時間和處理時間的定義如圖 7-5 所示。

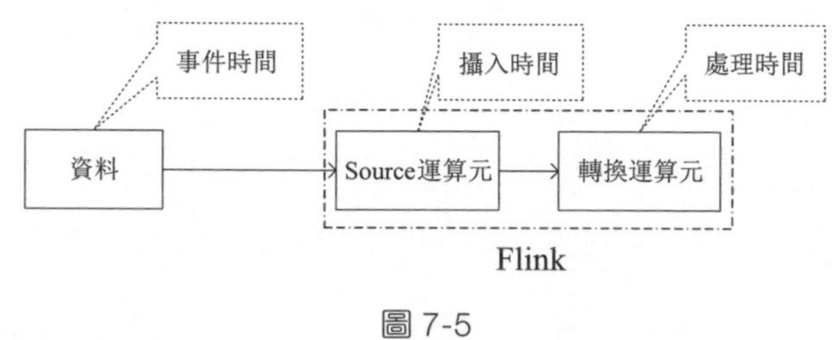

圖 7-5

1. 事件時間

事件時間是指事件發生時的時間（即每個獨立的事件在產生它的裝置上發生的時間），通常由事件中的時間戳記來描述。在事件進入 Flink 之前，事件時間就已經嵌入了事件中，時間順序取決於事件發生的地方，與下游資料處理系統的時間無關。Flink 透過時間戳記分配器（Timestamp Assigner）存取事件時間戳記。

如果使用事件時間，則必須指定水位線（Watermark）的生成方式。

2. 攝入時間

攝入時間是指資料進入 Flink 系統的時間，它取決於資料來源運算元所在主機的系統時鐘。因為攝入時間是在資料連線後生成的，其時間戳記不會再發生變化，和後續處理資料的運算元所在機器的時鐘沒有關係，所以不會出現因為某台機器時鐘不同步或網路延遲而導致計算結果不準確的問題。攝入時間不能處理亂數事件，所以不必生成對應的水位線。

3. 處理時間

處理時間由運算元的本地系統時間決定，與機器相關。Flink 預設的時間屬性就是處理時間。使用處理時間不需要機器之間的協調，但是容易受到多種因素的影響（事件產生的速度、到達 Flink 的速度、在運算元之間的傳送速率等）。

4. 事件時間、攝入時間和處理時間的區別

事件時間、攝入時間和處理時間的區別如表 7-1 所示。

表 7-1

比較項	事件時間	攝入時間	處理時間
性能	低	中	高
延遲	高	中	低
確定性	結果確定（可重現）	結果不確定(無法重現）	結果不確定（無法重現）
複雜度	處理複雜	處理簡單	處理簡單
優勢	對於確定性、亂數、延遲時間或資料重複等情況，都能列出正確的結果	自動生成	最佳的性能和最低的延遲
劣勢	處理無序事件時性能會受到影響，可能會產生延遲	不能處理無序事件和延遲資料	具有不確定性，不能處理無序事件和延遲資料

對於大多數流資料處理應用程式而言，能夠使用處理即時資料的程式重新處理歷史資料，並產生確定並一致的結果是非常有價值的。

在處理流式資料時，通常需要關注事件本身發生的順序，因為根據事件時間能推理出事件是何時發生和結束的。

7.3.2 設定時間特徵

Flink 的 DataStream 程式的第一部分通常用於設定時間特徵。

如下所示的程式用於為事件元素設定時間特徵：

```
// 獲取流處理的執行環境
final StreamExecutionEnvironment env = StreamExecutionEnvironment.
getExecutionEnvironment();
/** ProcessingTime代表設定時間特徵為處理時間
* IngestionTime代表設定時間特徵為攝入時間
* EventTime代表設定時間特徵為事件時間
*/
env.setStreamTimeCharacteristic(TimeCharacteristic.ProcessingTime);
// 載入或創建來源資料
DataStream<MyEvent> stream = env.addSource(new FlinkKafkaConsumer010<MyEvent>
(topic, schema, props));
    stream
    // 鍵控流轉換算子
    .keyBy( (event) -> event.getLog() )
```

為了在事件時間中執行此範例，程式需要直接為元素定義事件時間並指定發出水位線的來源，或程式必須在來源後注入 Timestamp Assigner & Watermark Generator。這些功能描述了如何存取事件時間戳記，以及處理亂數事件。

7.3.3 認識水位線

1. 為什麼需要水位線

事件從發生，到流經 Flink 的資料來源運算元，再到轉換運算元，中間是有一個過程和時間的。另外，網路、分散式等原因會導致亂數的產生。亂數使 Flink 接收到的事件的先後順序不是嚴格按照事件的事件時間的先後順序排列的。

在理想情況下，資料的傳輸順序和發生順序是一樣的，原始資料和接收到的資料中的正常資料，但是也可能存在亂數情況，如圖 7-6 所示。

原始資料

8, 7, 6, 5, 4, 3, 2, 1

接收到的資料

正常 8, 7, 6, 5, 4, 3, 2, 1

亂數 7, 8, 6, 1, 4, 3, 2, 5

亂數 6, 7, 8, 1, 4, 3, 2, 5

圖 7-6

當出現亂數時，如果根據事件時間來決定視窗的執行，則不能明確資料是否全部合格。但又不能無限期等待，所以用對應的機制來保證在一個特定的時間後必須觸發視窗進行計算，這個機制就是水位線。

2. 什麼是水位線

水位線（Watermark）是一種衡量事件時間進展的機制，**用於處理亂數事件和遲到的資料**。從**本質上來說，水位線是一種時間戳記**。要正確地處理亂數事件，通常使用「水位線機制 + 事件時間和視窗」來實現。

水位線可以被了解成一個延遲觸發機制。可以設定水位線的延遲時間時長為 t，系統會先驗證已經到達的資料中最大的事件時間 —— maxEventTime，然後驗證事件時間小於 "maxEventTime – t" 的所有資料是否都已經到達，如果有視窗的停止時間等於 "maxEventTime – t"，則這個視窗被觸發執行。視窗的執行是由水位線觸發的。

在程式平行度大於 1 時，會有多個流產生水位線和視窗，此時 Flink 會選取時間戳記最小的水位線。

如果水位線設定的延遲參數太長，則收到結果的速度會很慢，解決的辦法是在水位線到達之前輸出一個近似的結果。

如果視窗內的最後水位線達到得太早，則可能會收到錯誤的結果，但是 Flink 處理遲到資料的機制可以解決這個問題。

水位線以廣播的形式在運算元之間進行傳播。上游的運算元會把自己當前收到的水位線以廣播的形式傳到下游。

來源在關閉時，會發出帶有時間戳記 "Long.MAX_VALUE" 的最終水位線。如果在程式中收到了一個 Long.MAX_VALUE 數值的水位線，則表示對應的那一筆流的某個視窗內的部分不會再有資料發過來，它相當於一個終止標示。

對於水位線而言，一個原則是，單輸入取水位線的最大值，多輸入取水位線的最小值。

Tips

Watermark 的翻譯有多種，有人理解為浮水印，有人理解為水位線，其實它們是一個概念。因為 Watermark 是從小到大的，所以本書統一使用水位線（Watermark）。

3. 不同流中的水位線

（1）有序流中的水位線。

在某些情況下，基於事件時間的資料流程是有序的。在有序流中，水位線就是一個簡單的週期性標記。

（2）亂數流中的水位線。

在某些情況下，基於事件時間的資料流程是無序的。在無序流中，水位線非常重要，它告訴運算元比水位線更早的事件已經到達，運算元可以觸發視窗計算。

（3）平行流中的水位線。

在大部分的情況下，水位線在來源函數中生成，但也可以在來源函數後的任何階段生成。如果指定多次，則後面的值會覆蓋前面的值。來源函數的每個子任務獨立生成水位線。水位線透過運算元時會推進運算元處的當前事件時間，同時運算元會為下游生成一個新的水位線。**多輸入運算元（如 Union 運算元、KeyBy 運算元）的當前事件時間是其輸入串流事件時間的最小值。**

4. 水位線的特徵

水位線的特徵主要包括以下幾點。

- 水位線是一筆特殊的資料記錄。
- 水位線必須是單調遞增的，以確保任務的事件時間時鐘向前推進，而非向後退。
- 水位線與資料的時間戳記相關。

5. 認識水位線策略

為了使用事件時間，流中的每個元素都需要指定事件時間戳記，通常是透過使用 TimestampAssigner 從元素中的某些欄位來提取時間戳記的。

分配時間戳記與生成水位線齊頭並進，水位線告訴系統事件時間的進展，可以透過指定 WatermarkGenerator 進行設定。

Flink API 需要一個同時包含 TimestampAssigner 和 WatermarkGenerator 的 WatermarkStrategy 介面。作為 WatermarkStrategy 介面上的靜態方法，有許多常見的策略可以直接使用，但使用者也可以在需要時建構自己的策略。

WatermarkStrategy 介面的原始程式如下所示：

```
public interface WatermarkStrategy<T> extends TimestampAssignerSupplier<T>,
WatermarkGeneratorSupplier<T>{
    // 實例化一個TimestampAssigner，以根據此策略分配時間戳記
    @Override
    TimestampAssigner<T> createTimestampAssigner(TimestampAssignerSupplier.
Context context);
    // 實例化一個WatermarkGenerator，該生成器根據此策略生成水位線
    @Override
    WatermarkGenerator<T> createWatermarkGenerator(WatermarkGeneratorSupplier.
Context context);
}
```

通常不需要實現 WatermarkStrategy 介面，而是將 WatermarkStrategy 介面上的靜態輔助方法用於常見的水位線策略，或將自訂的 TimestampAssigner 與 WatermarkGenerator 綁定在一起。舉例來說，可以使用無界水位線和 Lambda 函數作為時間戳記分配器，如下所示：

```
WatermarkStrategy
        .<Tuple2<Long, String>>forBoundedOutOfOrderness(Duration.ofSeconds(30))
        // TimestampAssigner是可選的
        .withTimestampAssigner((event, timestamp) -> event.f0);
```

TimestampAssigner 是可選的，舉例來說，當使用 Kafka 或 Kinesis 時，可以直接從 Kafka 或 Kinesis 記錄中獲得時間戳記。

Tips

時間戳記和水位線都指定為自 1970-01-01T00：00：00Z 的 Java 的毫秒數。

6. 使用水位線策略

Flink 應用程式中有兩個地方可以使用 WatermarkStrategy 介面：直接在原始程式上；在非來源運算元之後。

直接在原始程式上使用水位線策略，允許來源利用水位線邏輯中有關分片、分區、拆分的知識。來源通常可以在更精細的等級上追蹤水位線，並且來源產生的整體水位線將更加準確。直接在原始程式上指定 WatermarkStrategy 介面，通常表示必須使用特定於來源的介面。

只有不能直接在原始程式上設定策略時，才應在任意運算元之後設定 WatermarkStrategy 介面：

```
// 獲取流處理的執行環境
final StreamExecutionEnvironment env = StreamExecutionEnvironment.
getExecutionEnvironment();
// 設定時間特性
```

```
env.setStreamTimeCharacteristic(TimeCharacteristic.EventTime);
// 載入或創建來源資料
DataStream<MyEvent> stream = env.readFile(
            myFormat, myFilePath, FileProcessingMode.PROCESS_CONTINUOUSLY, 100,
            FilePathFilter.createDefaultFilter(), typeInfo);
// 轉換資料
DataStream<MyEvent> withTimestampsAndWatermarks = stream
            .filter( event -> event.severity() == WARNING )
            // 為資料流程中的元素分配時間戳記，並生成水位線以表示事件時間進度
            .assignTimestampsAndWatermarks(<watermark strategy>);
            withTimestampsAndWatermarks
                // 鍵控流轉換算子
                .keyBy( (event) -> event.getGroup() )
                // 時間視窗
                .timeWindow(Time.seconds(10))
                 // Reduce聚合轉換運算元
                .reduce( (a, b) -> a.add(b) )
            .addSink();
```

使用 WatermarkStrategy 方式可以獲取一個流，並產生帶有時間戳記的元素和水位線的新流。如果原始流已經具有時間戳記和 / 或水位線，則時間戳記分配器將覆蓋它們。

7. 閒置來源

在使用純事件時間水位線生成器時，如果沒有需要處理的元素，則水位線將無法進行。這表示在輸入資料存在間隙的情況下，事件時間將不會繼續進行，如不會觸發視窗運算元，因此現有視窗將無法生成任何輸出資料。為了避免這種情況，可以使用週期性的水位線分配器，分配器在一段時間內未觀察到新事件後切換為使用當前處理時間作為時間基礎。

可以使用 SourceFunction.SourceContext#markAsTemporarilyIdle() 方法將來源標記為空閒。

如果輸入的拆分、分區、碎片中的其中一個在一段時間內未攜帶事件，則表示 WatermarkGenerator 不會獲得任何新資訊作為水位線基礎，這種情況稱為空閒輸入或空閒來源。在空閒狀態下，某些分區可能仍然承載事件。此時，水位線將被保留，因為它是在所有不同的平行水位線上計算的最小值。

為了解決這個問題，可以使用 WatermarkStrategy 來檢測空閒狀態，同時將輸入標記為空閒狀態。WatermarkStrategy 為此提供了一個 **withIdleness()** 方法，如下所示：

```
WatermarkStrategy
        .<Tuple2<Long, String>>forBoundedOutOfOrderness(Duration.ofSeconds(30))
        // 空閒檢測
.withIdleness(Duration.ofMinutes(1));
```

8. 水位線策略和 Kafka 連接器

如果將 Kafka 用作 Flink 的資料來源，那麼每個 Kafka 分區可能具有簡單的事件時間模式（時間戳記增加或邊界亂數）。但是，使用來自 Kafka 的流時，通常會平行使用多個分區，從而將來自分區的事件交錯輸入並破壞每個分區的模式。在這種情況下，可以使用 Flink 的可辨識 Kafka 分區的水位線功能。該功能可以在 Kafka 內部針對每個 Kafka 分區生成水位線。這種按分區合併水位線的方式與在（流）隨機播放中合併水位線的方式相同。

舉例來說，如果事件時間戳記嚴格按照每個 Kafka 分區遞增，則使用遞增時間戳記水位線生成器生成按分區的水位線將產生完美的整體水位線。

圖 7-7 顯示了如何使用 Kafka 分區的水位線生成水位線，以及在這種情況下水位線如何透過資料流程傳播。

如下所示：

```
FlinkKafkaConsumer<MyType> kafkaSource = new FlinkKafkaConsumer<>("myTopic",
schema, props);
```

```
KafkaSource
// 為資料流程中的元素分配時間戳記，並生成水位線，以表示事件時間進度
.assignTimestampsAndWatermarks(
        WatermarkStrategy.
                .forBoundedOutOfOrderness(Duration.ofSeconds(20)));
// 載入或創建來源資料
DataStream<MyType> stream = env.addSource(kafkaSource);
```

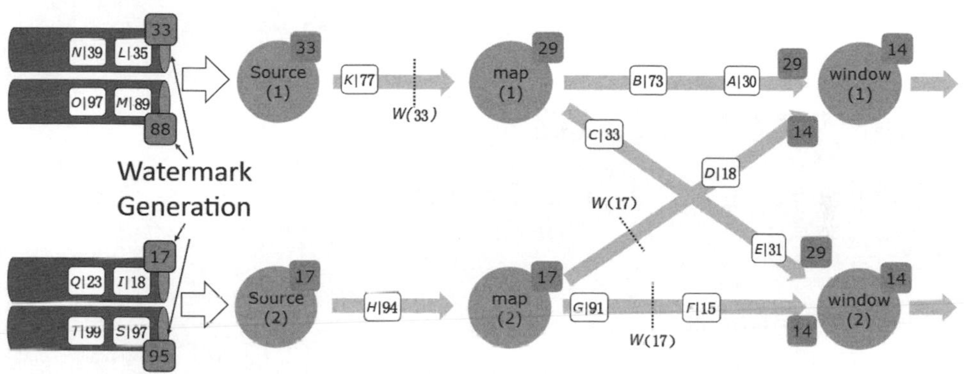

圖 7-7

9. 運算元處理水位線

通常要求運算元在將指定水位線轉發給下游之前處理完指定水位線。舉例來說，視窗運算元將首先評估應觸發的所有視窗，只有在產生了所有由水位線觸發的輸出後，水位線本身才會被發送到下游。也就是說，由於水位線的出現而產生的所有元素將在水位線之前發出。

相同的規則適用於雙輸入串流運算元（TwoInputStreamOperator）。但在這種情況下，運算元的當前水位線被定義為兩個輸入值中較小的那個。

此行為的詳細資訊由 OneInputStreamOperator#processWatermark() 方法、TwoInputStreamOperator#processWatermark1() 方法和 TwoInputStreamOperator#processWatermark2() 方法的實現定義。

10. AssignerWithPeriodicWatermarks 和 AssignerWithPunctuatedWatermarks

目前，Flink 最新的水位線生成介面是 WatermarkStrategy、TimestampAssigner 和 WatermarkGenerator。在此之前，Flink 使用的是 AssignerWithPeriodicWatermarks 和 AssignerWithPeriodicWatermarks，雖然現在仍會在 API 中看到它們，但建議使用新介面，因為新介面提供了更清晰的重點分離，並且還統一了水位線生成的定期和標點樣式。

7.3.4 內建水位線生成器

為了簡化生成水位線的程式設計工作，Flink 預設提供了一些內建水位線生成器。

1. 單調增加時間戳記

週期性生成水位線最簡單的情況是──資料來源的時間戳記以昇冪出現。在這種情況下，當前時間戳記始終可以充當水位線，因為沒有更早的時間戳記會到達。

每個平行資料來源任務的時間戳記都僅遞增。舉例來說，如果在一個特定的設定中，一個平行資料來源實例讀取一個 Kafka 分區，則僅在每個 Kafka 分區內將時間戳記遞增。每當對平行流進行混洗、合併、連接或合併時，Flink 的水位線合併機制將生成正確的水位線。其使用方法如下所示：

```
WatermarkStrategy.forMonotonousTimestamps();
```

2. 固定的延遲量

週期性水位線生成的另一個實例是，水位線在流中的最大（事件時間）時間戳記落後於固定時間量，這種情況涵蓋了事先知道流中可能遇到的最大延遲的場景。舉例來說，在創建包含帶有時間戳記的元素的自訂來源時，該時間戳記會在固定的時間內傳播以進行測試。對於這些情況，

Flink 提供了 BoundedOutOfOrdernessWatermarks 生成器，該生成器將 maxOutOfOrderness 作為參數，即在計算指定視窗的最終結果時，允許元素延遲到被忽略之前的最長時間。延遲對應 t-t_w 的結果，其中 t 是元素的（事件時間）時間戳記，而 t_w 是先前水位線的時間戳記。如果延遲大於 0，則將元素視為延遲，在預設情況下，在為其對應視窗計算作業結果時將忽略該元素。其使用方法如下所示：

```
WatermarkStrategy.forBoundedOutOfOrderness(Duration.ofSeconds(10));
```

7.3.5 編寫水位線生成器

可以透過實現 WatermarkGenerator 介面來實現自己的時間戳記並發出自己的水位線。也可以透過 TimestampAssigner 函數從事件中提取時間欄位來生成簡單的水位線。WatermarkGenerator 介面的程式如下所示：

```
/**
* WatermarkGenerator介面可以基於事件或定期（以固定間隔）生成水位線
*/
@Public
public interface WatermarkGenerator<T> {
    // 呼叫每個事件，使水位線生成器可以檢查並記住事件時間戳記，或根據事件本身
       發出水位線
    void onEvent(T event, long eventTimestamp, WatermarkOutput output);
  // 定期呼叫，該方法可能會發出新的水位線。呼叫此方法和生成水位線的時間間隔取
     決於ExecutionConfig#getAutoWatermarkInterval()方法
    void onPeriodicEmit(WatermarkOutput output);
}
```

WatermarkGenerator 介面有以下兩種不同的水位線生成方式。

- Periodic：週期性的生成。
- Punctuated：標點符號的生成。

週期性生成器通常先透過 onEvent() 方法觀察傳入的事件，然後在框架呼叫 onPeriodicEmit() 方法時發出水位線。被打斷的生成器將查看 onEvent()

方法中的事件，並等待在流中攜帶水位線資訊的特殊標記事件或標點符號。在看到這些事件之一時，水位線生成器將立即發出水位線。一般來說標點符號生成器不會從 onPeriodicEmit() 方法發出水位線。

1. 編寫週期性水位線生成器

週期性生成器觀察流事件，並週期性地生成水位線（可能取決於流元素，或僅基於處理時間）。

可以使用 ExecutionConfig.setAutoWatermarkInterval() 方法定義生成水位線的時間間隔（一般是 *n* 毫秒）。生成器的 onPeriodicEmit() 方法每次都會被呼叫，如果返回的水位線不可為空，並且大於前一個水位線，則將發出新的水位線。

以下程式顯示了兩個使用週期性方式生成水位線的簡單實例。

Flink 附帶了 BoundedOutOfOrdernessWatermarks，這是一個 WatermarkGenerator，其工作原理與下面顯示的 BoundedOutOfOrdernessGenerator 相似：

```
/** 該生成器會在假設元素順序混亂的情況下生成水位線 */
public class BoundedOutOfOrdernessGenerator implements
WatermarkGenerator<MyEvent> {
    private final long maxOutOfOrderness = 3500; // 3.5 s
    private long currentMaxTimestamp;
    @Override
    public void onEvent(MyEvent event, long eventTimestamp, WatermarkOutput
output) {
        currentMaxTimestamp = Math.max(currentMaxTimestamp, eventTimestamp);
    }
    @Override
    public void onPeriodicEmit(WatermarkOutput output) {
        // 發出水位線
        output.emitWatermark(new Watermark(currentMaxTimestamp -
maxOutOfOrderness - 1));
    }
}
```

```
/**
* 此生成器生成的水位線落後於處理時間一定量
* 假設元素在有限的延遲後到達Flink
*/
public class TimeLagWatermarkGenerator implements WatermarkGenerator<MyEvent> {
    private final long maxTimeLag = 5000; // 5s
    @Override
    public void onEvent(MyEvent event, long eventTimestamp, WatermarkOutput 
output) {
        // 不需要做任何事情，因為使用的是處理時間
    }
    @Override
    public void onPeriodicEmit(WatermarkOutput output) {
        output.emitWatermark(new Watermark(System.currentTimeMillis() - 
maxTimeLag));
    }
}
```

2. 編寫標點符號水位線生成器

標點符號水位線生成器將觀察事件流，並在看到帶有水位線資訊的特殊元素時發出水位線。其使用方法如下所示：

```
public class PunctuatedAssigner implements WatermarkGenerator<MyEvent> {
    @Override
    public void onEvent(MyEvent event, long eventTimestamp, WatermarkOutput 
output) {
        if (event.hasWatermarkMarker()) {
            output.emitWatermark(new Watermark(event.getWatermarkTimestamp()));
        }
    }
    @Override
    public void onPeriodicEmit(WatermarkOutput output) {
        // 不需要做任何事情，因為發出了一個反應給上面的事件
    }
}
```

Tips

可以在每個事件上生成水位線。但是，由於每個水位線都會在下游引起一些計算，因此過多的水位線會降低系統的性能。

7.4 狀態

7.4.1 認識狀態

每個具有一定複雜度的流處理應用都是有狀態的，只有在單獨的事件上進行轉換操作的應用才不需要狀態。

儘管資料流程中的許多操作一次僅查看一個事件（如事件解析器），但某些操作會記住多個事件的資訊（如視窗運算元），這些操作被稱為有狀態。

以下操作是有狀態操作的。

- 當應用程式搜索某些事件模式時，狀態將儲存到目前為止遇到的事件序列。
- 在每分鐘 / 每小時 / 每天整理事件時，狀態將保留待處理的整理。
- 在資料流程上訓練機器學習模型時，狀態保持模型參數的當前版本。
- 當需要管理歷史資料時，該狀態允許有效存取過去發生的事件。

Flink 需要知道狀態，以便使用檢查點和保存點來進行容錯。Flink 負責在平行實例之間重新分配狀態。可查詢狀態允許在執行時期從 Flink 外部存取狀態。

任何執行基本業務邏輯的流處理應用，都需要在一定的時間內儲存所接收的**事件或中間結果**，以供後續的某個時間點（如收到下一個事件或經過一段特定的時間）進行存取並進行後續處理。事件流中的狀態如圖 7-8 所示。

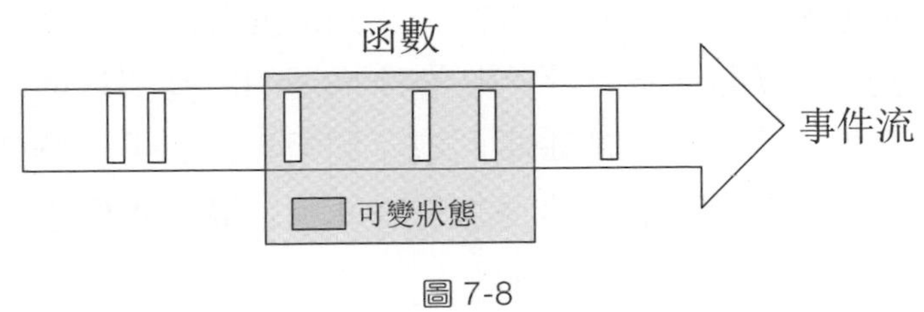

圖 7-8

狀態是 Flink 中最重要的元素之一。Flink 提供了以下幾種與狀態管理相關的特性支援。

- 多種狀態基礎類型：Flink 為多種不同的資料結構提供了相對應的狀態基礎類型，如原子值（Value）、列表（List）及映射（Map）。開發者可以基於 ProcessFunction 為狀態的存取方式選擇最高效或最合適的狀態基礎類型。
- 外掛程式化的狀態後端：狀態後端（State Backend）負責管理應用程式狀態，並在需要時進行檢查點檢查。Flink 支援多種狀態後端——記憶體、RocksDB 等。RocksDB 是一種高效的嵌入式、持久化鍵值儲存引擎。Flink 也支援自訂狀態後端進行狀態儲存。
- 「語義」：Flink 的檢查點和故障恢復演算法保證了在故障發生後應用狀態的一致性。因此，Flink 能夠在應用程式發生故障時，對應用程式透明，不影響正確性。
- 超巨量資料量狀態：Flink 能夠利用其非同步、增量式的檢查點演算法，儲存 TB 等級的應用狀態。
- 可彈性伸縮的應用：Flink 支援有狀態應用程式的分散式的水平伸縮。

Flink 有以下兩種基本類型的狀態。

1. 運算元狀態

運算元狀態（Operator State），也被稱為非鍵控狀態，是綁定到一個平行運算元實例的狀態。它的作用範圍限定為運算元任務，狀態對於同一任務而言是共用的，所以，同一平行任務所處理的所有資料都可以存取到相同的狀態。運算元狀態不能由相同或不同運算元的另一個任務存取。當更改平行性時，運算元狀態介面支援在平行運算元實例之間重新分配狀態。有多種執行此重新分配的方案。

Kafka 連接器是在 Flink 中使用運算元狀態的很好的例子。Kafka 使用的每個平行實例都維護一個主題分區和偏移量的映射作為其運算元狀態。

在典型的有狀態 Flink 應用程式中，不需要運算元狀態。它通常是一種特殊的狀態類型，用於來源接收器實現場景中，在這些情況下，沒有可用於劃分狀態的鍵。

Flink 為運算元狀態提供了 3 種基本資料結構，如表 7-2 所示。

表 7-2

基本資料結構	名稱	說明
List state	清單狀態	將狀態表示為一組資料的列表
Union list state	聯合清單狀態	將狀態表示為資料的清單。它與正常清單狀態的區別在於：在發生故障時（或從保存點啟動應用程式時）如何進行狀態的恢復
Broadcast state	廣播狀態	如果一個運算元有多項任務，而它每項任務的狀態又都相同，則這種特殊情況最適合應用廣播狀態

2. 鍵控狀態

鍵控狀態（Keyed State）被維持在嵌入式鍵值對中。Flink 嚴格將狀態與有狀態運算元讀取的流一起進行分區和分發。因此，僅在鍵控流（Keyed Stream）上，即在鍵控 / 分區資料（keyed/partitioned）交換後才可以便捷鍵 / 值狀態，並且僅限於與當前事件的鍵連結的值。對齊流鍵和狀態鍵可以確保所有狀態更新都是本地操作，確保了一致性而沒有交易負擔。這種對齊方式還允許 Flink 重新分配狀態，並透明地調整流分區。鍵控狀態如圖 7-9 所示。

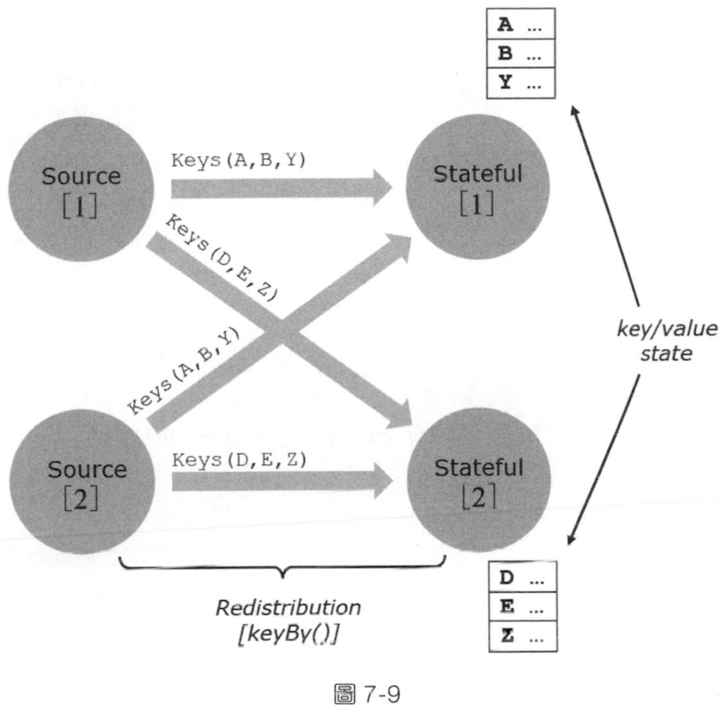

圖 7-9

鍵控狀態被進一步組織成鍵組（Key Group）。鍵組是 Flink 可以重新分配鍵控狀態的原子單位。在作業執行期間，鍵控運算元的每個平行實例都使用一個或多個鍵組的鍵。

Flink 支援的鍵控狀態類型如表 7-3 所示。

表 7-3

鍵控狀態類型	功能	說明
ValueState	保存一個可以更新和檢索的值	保存一個可以更新和檢索的值（每個值都對應著當前的輸入資料的鍵，因此運算元接收到的每個鍵都可能對應一個值），這個值可以透過 update() 方法進行更新，透過 value() 方法進行檢索

鍵控狀態類型	功能	說明
ListState	保存一個元素的清單	保存一個元素的清單，可以在這個列表中追加資料，並在當前的列表中進行檢索。可以透過 add() 方法或 addAll(List<T>) 方法增加元素，可以透過 Iterable<T>get() 方法獲得整個列表，還可以透過 update(List<T>) 方法覆蓋當前的列表
ReducingState	保存一個單值，表示增加到狀態的所有值的聚合	保存一個單值，表示增加到狀態的所有值的聚合。ReducingState 與 ListState 類似，但使用 add() 方法增加元素，使用提供的 ReduceFunction() 方法進行聚合
AggregatingState	保留一個單值，表示增加到狀態的所有值的聚合	保留一個單值，表示增加到狀態的所有值的聚合。和 ReducingState 相反的是，聚合類型可能與增加到狀態的元素的類型不同。AggregatingState 與 ListState 類似，但使用 add() 方法增加的元素會用指定的 AggregateFunction 進行聚合
MapState	維護一個映射列表	維護一個映射列表。既可以增加鍵值對到狀態中，也可以獲得反映當前所有映射的疊代器。使用 put() 方法或 putAll() 方法增加映射，使用 get() 方法檢索特定鍵，使用 entries() 方法、keys() 方法和 values() 方法分別檢索映射、鍵和值的可疊代視圖，還可以使用 isEmpty() 方法來判斷是否包含任何鍵值對

7.4.2 使用運算元狀態

如果使用運算元狀態，則可以用以下幾種介面。

1. CheckpointedFunction 介面

CheckpointedFunction 介面提供了存取運算元狀態的方法，需要實現下面兩個方法。

- snapshotState() 方法：在進行檢查點檢查時會呼叫該方法。
- initializeState() 方法：在使用者自訂函數初始化時會呼叫該方法。初始化包括第一次自訂函數初始化和從之前的檢查點恢復。因此，在

initializeState() 方法中需要定義不同狀態類型的初始化，以及包括狀態恢復的邏輯。initializeState() 方法接收一個 FunctionInitializationContext 參數，用來初始化運算元狀態的「容器」。這些容器是一個 ListState，用於在檢查點中保存運算元狀態物件。同樣，可以在 initializeState() 方法中使用 FunctionInitializationContext 參數初始化鍵控狀態。

當前運算元狀態以清單的形式存在。這些狀態是一個可序列化物件的集合清單，集合中的元素彼此獨立，方便在改變併發後進行狀態的重新排程。也就是說，這些物件是重新分配運算元狀態的最細粒度。根據狀態的不同存取方式，有以下幾種重新分配的模式。

- Even-split redistribution：均分再分配。每個運算元都保存一個清單形式的狀態集合，整個狀態由所有清單拼接而成。在作業恢復或重新分配時，整個狀態會按照運算元的併發度進行均勻分配。舉例來說，運算元 A 的併發為 1，包含兩個元素 element1 和 element2，當併發數增加為 2 時，element1 會被分到併發 0 上，element2 則會被分到併發 1 上。

- Union redistribution：聯合再分配。每個運算元保存一個清單形式的狀態集合。整個狀態由所有清單拼接而成。在作業恢復或重新分配時，每個運算元都將獲得所有的狀態資料。如果清單具有較高的基數，則不需要使用此功能。檢查點中繼資料會為每個列表項目儲存一個偏移量，這可能會導致系統記憶體不足。

與鍵控狀態類似，StateDescriptor 包括狀態名字、狀態類型等相關資訊。

呼叫不同的獲取狀態物件的介面，會使用不同的狀態分配演算法。舉例來說，getUnionListState() 方法會使用聯合再分配演算法，而 getListState() 方法則使用均分再分配演算法。

在初始化好狀態物件之後，可以使用 isRestored() 方法判斷是否從之前的故障中恢復。如果該方法的返回值為 true，則表示接下來會執行恢復邏輯。

在 BufferingSink 中初始化時，恢復的 ListState 的所有元素會被增加到一個區域變數中，供下次 snapshotState() 方法使用。然後清空 ListState，再把當前區域變數中的所有元素寫入檢查點中。

2. ListCheckpointed 介面

ListCheckpointed 介面是 CheckpointedFunction 介面的精簡版，僅支援均分再分配的 List State。ListCheckpointed 介面同樣需要實現兩個方法。

- snapshotState() 方法：返回一個將寫入檢查點的物件列表。
- restoreState() 方法：處理恢復的物件列表。如果狀態不可切分，則可以在 snapshotState() 方法中返回 Collections.singletonList(MY_STATE)。

3. 帶狀態的資料來源函數

帶狀態的資料來源函數比其他的運算元需要注意更多的東西。為了保證更新狀態，以及輸出的原子性（用於支援 Exactly-Once 語義），使用者需要在發送資料之前獲取資料來源的全域鎖。

7.4.3 認識鍵控流

如果要使用鍵控狀態，則需要先在 DataStream 上指定一個鍵，該鍵用於對狀態及流本身中的記錄進行分區。可以先在 DataStream 上使用 keyBy() 方法或鍵選擇器指定鍵，從而產生一個 KeyedDataStream，然後使用鍵控狀態的操作。

鍵選擇器函數將單一記錄作為輸入，並返回該記錄的鍵。鍵可以是任何類型，並且必須從確定性計算中得出。

Flink 的資料模型不是基於「鍵 - 值」對的。因此，無須將資料集類型實際打包到「鍵 - 值」對中。鍵是「虛擬的」：將它們定義為對實際資料的功能，以指導分組運算元。

下面引用一個鍵選擇器函數，該函數僅返回物件的欄位：

```
// Java的POJO
public class WC {
    // 定義類的屬性
    public String word;
    // 定義類的屬性
    public int count;
    // 無參建構方法
public String getWord() { return word; }
}
DataStream<WC> words = // [...]
KeyedStream<WC> keyed = words
// 鍵控流轉換算子
        .keyBy(WC::getWord);
```

Flink 還有兩種定義鍵的替代方法——元組鍵和運算式鍵。

7.4.4 使用鍵控狀態

鍵控狀態都作用於當前輸入資料的鍵下，這些鍵控狀態僅可在 KeyedStream 上使用。Flink 提供了不同類型的鍵控狀態存取介面，可以透過介面中的 stream.keyBy() 方法得到 KeyedStream，使用 clear() 方法可以清除當前鍵下的狀態資料（即當前輸入元素的鍵）。

這些狀態物件僅用於與狀態互動。狀態本身不一定儲存在記憶體中，還可能在磁碟或其他位置。從狀態中獲取的值取決於輸入元素所代表的鍵。因此，在不同鍵上呼叫同一個介面，可能會得到不同的值。

必須創建一個 StateDescriptor，這樣才能得到對應的狀態控制碼。它保存了狀態名稱，可以創建多個狀態，但狀態必須具有唯一的名稱，以便引用。根據狀態類型的不同，可以創建 ValueStateDescriptor、ListStateDescriptor、ReducingStateDescriptor 或 MapStateDescriptor。

狀態透過 RuntimeContext（執行時期上下文）進行存取，因此只能在富函數（RichFunction）中使用狀態。RuntimeContext 提供了以下方法：

```
ValueState<T> getState(ValueStateDescriptor<T>)
ReducingState<T> getReducingState(ReducingStateDescriptor<T>)
ListState<T> getListState(ListStateDescriptor<T>)
AggregatingState<IN, OUT> getAggregatingState(AggregatingStateDescriptor<IN,
ACC, OUT>)
MapState<UK, UV> getMapState(MapStateDescriptor<UK, UV>)
```

1. 狀態有效期

任何類型的鍵控狀態都可以有有效期（TTL）。如果設定了有效期，並且狀態值已過期，則 Flink 會盡最大可能清除對應的值。所有狀態類型都支援單元素的有效期，清單元素和映射元素將獨立到期。

在使用狀態有效期之前，需要先建構一個 StateTtlConfig 設定物件，然後把設定物件傳遞到 State Descriptor 中啟用有效期功能，如下所示：

```
// 建構一個StateTtlConfig設定物件
StateTtlConfig sttlConfig = StateTtlConfig
    .newBuilder(Time.seconds(1))
    // 有效期的更新策略（預設）
    .setUpdateType(StateTtlConfig.UpdateType.OnCreateAndWrite)
    // 資料在過期但還未被清理時的可見性設定（預設），不返回過期資料
    .setStateVisibility(StateTtlConfig.StateVisibility.NeverReturnExpired)
    .build();
ValueStateDescriptor<String> stateDescriptor = new ValueStateDescriptor<>(
"myTextState", String.class);
stateDescriptor.enableTimeToLive(sttlConfig);
```

下面對上述程式進行解釋。

- newBuilder() 方法的第 1 個參數表示資料的有效期，並且是必選項。
- StateTtlConfig.UpdateType.OnCreateAndWrite：有效期的更新策略（預設），僅在創建和寫入時更新。也可以設定為 StateTtlConfig.UpdateType.OnReadAndWrite，代表讀取時也進行更新。

- StateTtlConfig.StateVisibility.NeverReturnExpired：資料在過期但還未被清理時的可見性設定（預設），不返回過期資料。也可以設定為 StateTtlConfig.StateVisibility. ReturnExpiredIfNotCleanedUp，代表會返回過期但未清理的資料。在 NeverReturnExpired 情況下，過期資料就像不存在一樣，不管是否已被物理刪除。這在不能存取過期資料的場景下非常有用，如敏感性資料。ReturnExpiredIfNotCleanedUp 在資料被物理刪除之前都會返回。

狀態上次的修改時間會和資料一起被保存在狀態後端中，因此開啟有效期特性會增加狀態資料的儲存量。堆積記憶體（Heap）狀態後端會額外儲存一個包括使用者狀態及時間戳記的 Java 物件，RocksDB 狀態後端在每個狀態值（List 或 Map 的每個元素）被序列化之後會增加 8Byte。

Flink 暫時只支援基於處理時間的有效期。有效期的設定並不會保存在檢查點或保存點中，僅對當前作業有效。

在嘗試從檢查點或保存點進行恢復時，有效期的狀態（是否開啟）必須和之前保持一致，否則會出現錯誤訊息 "StateMigrationException"。

當前開啟有效期的 Map 狀態，僅在使用者值序列化器支援 Null 的情況下才支援使用者值為 Null。如果使用者值序列化器不支援 Null，則可以用 NullableSerializer 將其包裝一層。

2. 過期資料的清理

在預設情況下，過期資料會在讀取時被刪除，如果狀態後端支援，也可以由後台執行緒定期清理。可以透過 StateTtlConfig 設定關閉後台清理，如下所示：

```
StateTtlConfig sttlConfig = StateTtlConfig
    .newBuilder(Time.seconds(1))
    // 關閉後台，清理過期資料
    .disableCleanupInBackground()
    .build();
```

在 Flink 的當前的預設實現中，「記憶體狀態後端」使用的是「增量資料清理」策略，RocksDB 狀態後端利用壓縮篩檢程式進行後台清理。

3. 在全量快照時進行清理

可以啟用「在全量快照時進行清理」策略，以減少整個快照的大小。在當前實現中不會清理本地的狀態；但從上次快照恢復時，不會恢復那些已經刪除的過期資料。該策略可以透過 StateTtlConfig 進行設定，如下所示：

```
StateTtlConfig ttlConfig = StateTtlConfig
    .newBuilder(Time.seconds(1))
    // 在全量快照時進行清理
    .cleanupFullSnapshot()
    .build();
```

但是該策略在 RocksDB 狀態後端的「增量檢查點」模式下無效。

在全量快照時進行清理可以在任何時候透過 StateTtlConfig 啟用或關閉，如從保存點恢復。

4. 增量資料清理

在存取或處理狀態時，可以進行「增量資料清理」。如果某個狀態開啟了該清理策略，則會在儲存後端保留一個所有狀態的惰性全域疊代器。每次觸發「增量資料清理」時，會從疊代器中選擇已經過期的數進行清理。

該特性可以透過 StateTtlConfig 進行設定，如下所示：

```
StateTtlConfig sttlConfig = StateTtlConfig
    .newBuilder(Time.seconds(1))
    // 增量資料清理
    .cleanupIncrementally(10, true)
    .build();
```

「增量資料清理」策略有以下兩個參數。

第 1 個是每次清理時檢查狀態的項目數，在每個狀態存取時觸發。

第 2 個參數表示是否在處理每筆記錄時觸發清理。「記憶體狀態後端」預設檢查 5 筆狀態，並且關閉在每筆記錄時觸發清理。

如果沒有狀態存取，也沒有處理資料，則不會清理過期資料。「增量資料清理」策略會增加資料處理的耗時。

Flink 當前僅「記憶體狀態後端」支援「增量資料清除」策略，在 RocksDB 狀態後端上啟用該策略無效。

如果「記憶體狀態後端」使用同步快照方式，則會保存一份所有鍵的複製檔案，以應對併發修改問題，因此會增加記憶體的使用，但非同步快照沒有這個問題。對於已有的作業，這種清理方式可以在任何時候透過 StateTtlConfig 啟用或禁用，如可以從保存點重新啟動後啟用或禁用。

5. 在 RocksDB 壓縮時清理

如果使用 RocksDB 狀態後端，則會啟用 Flink 為 RocksDB 訂製的壓縮篩檢程式。RocksDB 不僅會週期性地對資料進行合併壓縮，還會過濾掉已經過期的狀態資料，從而減少儲存空間。

該特性可以透過 StateTtlConfig 進行設定，如下所示：

```
StateTtlConfig sttlConfig = StateTtlConfig
    .newBuilder(Time.seconds(1))
    // 在RocksDB壓縮時清理
    .cleanupInRocksdbCompactFilter(5000)
    .build();
```

Flink 在處理一定筆數的狀態資料之後，會使用當前時間戳記來檢測 RocksDB 中的狀態是否已經過期，可以使用 cleanupInRocksdbCompactFilter() 方法指定處理狀態的筆數。時間戳記更新越頻繁，狀態清理越及時。RocksDB 的壓縮會呼叫 JNI（Java Native Interface），因此會影響整體的壓縮性能。RocksDB 狀態後端的預設清理策略是後台清理策略，在該策略下，每處理 1000 筆資料就會進行一次壓縮。

還可以設定開啟 RocksDB 篩檢程式的 debug 日誌，如下所示：

```
log4j.logger.org.rocksdb.FlinkCompactionFilter=DEBUG
```

在壓縮時呼叫有效期篩檢程式會降低速度。有效期篩檢程式需要解析上次存取的時間戳記，並對每個將參與壓縮的狀態進行是否過期檢查。有效期篩檢程式會對集合型狀態類型（如 List 和 Map）集合中的每個元素進行檢查。

對於元素序列化之後長度不固定的清單狀態，有效期篩檢程式需要在每次 JNI 呼叫過程中額外呼叫 Flink 的 Java 序列化器，從而確定下一個未過期資料的位置。

對於已有的作業，這種清理方式可以在任何時候（如從保存點重新啟動後）透過 StateTtlConfig 啟用或禁用。

7.5 狀態持久化

Flink 使用「**流重放**」和「**檢查點**」來實現容錯，即恢復運算元的狀態並從檢查點重放記錄，可以使資料流程從檢查點恢復，同時保持「精確一次」（Exactly-Once）語義。

在應用程式失敗的情況下（由於機器、網路或軟體故障），Flink 實現容錯的具體流程如下。

（1）Flink 停止分散式資料流程。
（2）Flink 重新啟動運算元，並將運算元重置為最新成功的檢查點。
（3）輸入串流被重置到「狀態快照」的位置。

「重新開機的平行資料流程」處理任何記錄都不會影響以前的檢查點狀態。在預設情況下，檢查點是禁用的。

容錯機制連續繪製分散式資料流程的快照（Snapshot）。對於狀態較小的流應用程式，這些快照是羽量級的，可以經常繪製，不會對性能造成太大的影響。

如果容錯機制要實現「精確一次」計算的語義，則資料流程來源需要支援「將流倒回到已定義的最近點」功能，如 Kafka 支援該功能。

因為 Flink 的檢查點是透過分散式快照實現的，所以**快照**和**檢查點**這兩個詞**可以互換**使用。通常還可以使用「快照」（Snapshot）來表示檢查點（Checkpoint）或保存點（Savepoint）。

7.5.1 檢查點

Flink 中的每個**方法**或**運算元**都可以是**有狀態**的。狀態化的方法在處理單一元素 / 事件時儲存資料，讓狀態成為使各個類型的運算元更加精細的重要部分。為了讓狀態容錯，Flink 需要為狀態增加檢查點。檢查點標記每個輸入串流中的特定點，以及每個運算元的對應狀態。檢查點的間隔設定為多少，是在執行期間的容錯消耗與恢復時間（需要重放的記錄數量）之間進行權衡的一種結果。

Flink 能夠使用檢查點恢復狀態到流中的某個位置，從而向應用程式提供與無故障執行時一樣的語義。

Flink 的檢查點機制會和持久化儲存進行互動，讀／寫「流」與「狀態」，一般需要滿足以下幾點要求。

- 一個能夠重播一段時間內資料的持久化資料來源，如持久化訊息佇列（Kafka、RabbitMQ、Kinesis 和 PubSub 等）。
- 存放狀態的持久化儲存，通常為分散式檔案系統（如 HDFS、S3、GFS、NFS 和 Ceph 等）。

1. 開啟與設定檢查點

在預設情況下，檢查點是禁用的。透過呼叫 StreamExecutionEnvironment

的 enableCheckpointing() 方法來啟用檢查點，該方法可以透過設定參數來確定進行檢查的間隔，單位是 ms。

檢查點屬性如表 7-4 所示。

表 7-4

檢查點屬性	說　明
精確一次（Exactly-Once）和至少一次（At-Least-Once）	可以透過向 enableCheckpointing() 方法中傳入一個模式來選擇使用兩種保證等級中的哪一種。對大多數應用來說，「精確一次」是比較好的選擇，「至少一次」可能與某些延遲超低的應用的連結較大
檢查點逾時	如果檢查點執行的時間超過了該設定的閾值，則還在進行中的檢查點操作就會被拋棄
檢查點之間的最小時間	該屬性定義在檢查點之間需要多久的時間，以確保流應用在檢查點之間有足夠的進展。如果將值設定為 5000，則無論檢查點持續時間與間隔是多久，在前一個檢查點完成時的至少 5s 後才開始下一個檢查點。使用「檢查點之間的最小時間」來設定應用比檢查點間隔容易很多，因為「檢查點之間的最小時間」在檢查點的執行時間超過平均值時不會受到影響（如目標的儲存系統忽然變得很慢）。需要注意的是，這個值也表示併發檢查點的數為 1
併發檢查點的數	在預設情況下，如果上一個檢查點未完成（失敗或成功），則系統不會觸發另一個檢查點。這樣可以確保拓撲不會在檢查點上花費太多時間，從而不影響正常的處理流程。但允許多個檢查點平行進行，對有確定的處理延遲（如某方法呼叫的比較耗時的外部服務），但是仍然想進行頻繁的檢查點去最小化故障後重跑的管道來說，是有意義的。該選項不能和「檢查點之間的最小時間」同時使用
外部化檢查點	可以將週期儲存檢查點設定到外部系統中。將它們的中繼資料寫到持久化儲存上，並且在作業失敗時不會被自動刪除。在這種方式下，如果作業失敗，則會有一個現有的檢查點去恢復
在檢查點出錯時使任務失敗或繼續進行任務	該選擇決定了在任務的檢查點檢查的過程中發生錯誤時，是否使任務也失敗，預設會使任務失敗。也可以禁用該選項，這個任務會簡單地把檢查點錯誤訊息報告給檢查點協調員並繼續運行
優先從檢查點恢復	該屬性確定作業是否在最新的檢查點回復，即使有更近的保存點可用，也可以潛在地減少恢復時間（檢查點恢復比保存恢復更快）

開啟與設定檢查點的使用方法如下所示：

```
// 獲取流處理的執行環境
StreamExecutionEnvironment env = StreamExecutionEnvironment.
getExecutionEnvironment();
// 每1000ms開始一次檢查點
env.enableCheckpointing(1000);
// 將模式設定為"精確一次"(預設值)
env.getCheckpointConfig().setCheckpointingMode(CheckpointingMode.EXACTLY_ONCE);
// 確認檢查點之間的時間會進行500 ms
env.getCheckpointConfig().setMinPauseBetweenCheckpoints(500);
// 檢查點必須在1min內完成，否則就會被拋棄
env.getCheckpointConfig().setCheckpointTimeout(60000);
// 同一時間只允許1個檢查點進行
env.getCheckpointConfig().setMaxConcurrentCheckpoints(1);
// 開啟在作業中止後仍然保留的外部檢查點
env.getCheckpointConfig().enableExternalizedCheckpoints(
ExternalizedCheckpointCleanup.RETAIN_ON_CANCELLATION);
// 允許在有更近保存點時回復到檢查點
env.getCheckpointConfig().setPreferCheckpointForRecovery(true);
```

更多的屬性與預設值可以在 conf/flink-conf.yaml 中設定。

2. 選擇狀態後端

Flink 的檢查點機制會將計時器和有狀態的運算元進行快照，然後儲存下來，包括連接器、視窗，以及任何使用者自訂的狀態。檢查點儲存在哪裡，取決於所設定的狀態後端（如 JobManager 的記憶體、檔案系統、資料庫）。

在預設情況下，**狀態保持在工作管理員的記憶體中，檢查點保存在作業管理器的記憶體中**。Flink 支援用各種各樣的途徑將檢查點狀態儲存到其他的狀態後端上。可以使用 setStateBackend() 方法來設定所選的狀態後端。

3. 疊代作業中的狀態和檢查點

Flink 為沒有疊代的作業提供「精確一次」的保證。在疊代作業上開啟檢查點會導致異常。為了在疊代程式中強制實現檢查點，使用者需要在開啟檢查點時設定一個特殊的標示，如下所示：

```
env.enableCheckpointing(interval, CheckpointingMode.EXACTLY_ONCE, force = true)
```

4. 重新啟動策略

Flink 支持不同的重新啟動策略，用來控制發生作業故障後應該如何重新啟動。

7.5.2 狀態快照

1. 什麼是「狀態快照」

「狀態快照」用於獲取並儲存分散式管道（Pipeline）中整體的狀態，將資料來源中消費資料的偏移量記錄下來，並將整個作業圖中運算元獲取到該資料（記錄的偏移量對應的資料）時的狀態記錄並儲存下來。

在發生故障時，Flink 作業會恢復上次儲存的狀態，重置資料來源從「狀態中記錄的上次消費的偏移量」開始重新進行消費處理。另外，「狀態快照」在執行時會非同步獲取狀態並儲存，並且不會阻塞正在進行的資料處理邏輯。

透過將「狀態快照」和「流重放」這兩種方式進行組合，Flink 能夠提供可容錯的「精確一次」語義，即透過「狀態快照」實現容錯處理。

2.「狀態快照」執行原理

Flink 使用「非同步欄柵快照」來實現「狀態快照」。「非同步欄柵快照」是 Chandy-Lamport 演算法的一種變形。

當作業管理器的檢查點協調器（Checkpoint Coordinator）指示工作管理員開始檢查時，工作管理員會讓所有資料來源運算元記錄它們的偏移量，並將編號的檢查點欄柵（Checkpoint Barrier）插入流中。這些欄柵流經作業圖時標注每個檢查點前後的流部分，如圖 7-10 所示。

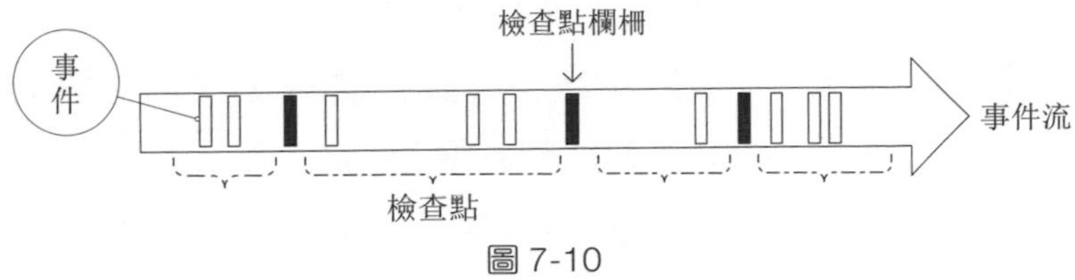

圖 7-10

檢查點包含每個運算元的狀態。作業圖中的每個運算元在接收到檢查點欄柵時會記錄其狀態。擁有兩個輸入串流的運算元（如 CoProcessFunction）會執行「欄柵對齊」（Barrier Alignment），以便當前快照能夠包含消費在兩個輸入串流檢查點欄柵之前（但不超過）的所有事件而產生的狀態。「欄柵對齊」的工作流程如圖 7-11 所示。

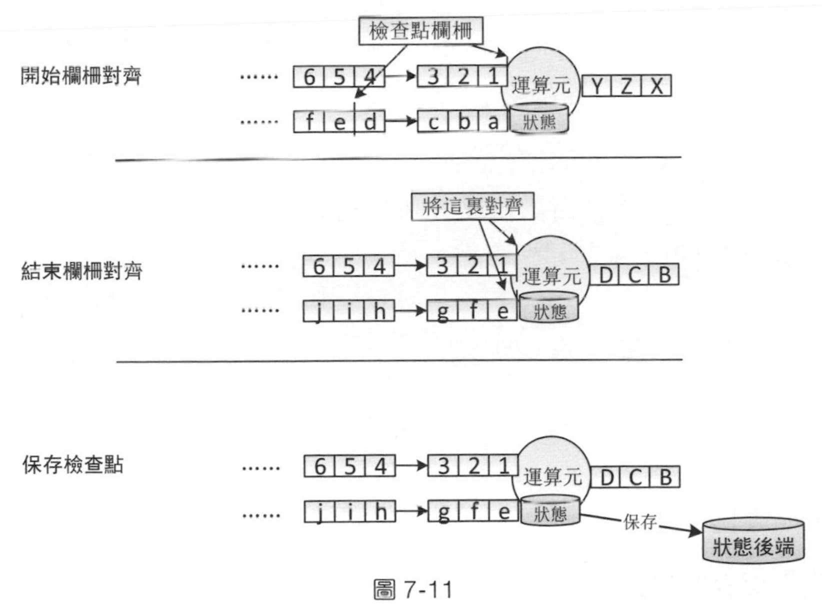

圖 7-11

由圖 7-11 可知，「欄柵對齊」的工作流程如下：開始欄柵對齊；結束欄柵對齊；保存檢查點。

Flink 的「狀態後端利用寫入時複製」機制允許在非同步生成舊版本的「狀態快照」時，不受影響地繼續進行流處理。只有當快照被持久保存後，這些舊版本的狀態才會被當作垃圾回收。

欄柵只有在需要提供「精確一次」語義保證時，才需要進行「欄柵對齊」(Barrier Alignment)。如果不需要這種語義，則可以透過設定 CheckpointingMode.AT_LEAST_ONCE 關閉「欄柵對齊」來提高性能。

7.5.3 保存點

使用 Data Stream API 編寫的程式，可以從保存點繼續執行。保存點允許在不遺失任何狀態的情況下升級程式和 Flink 叢集。

保存點是手動觸發檢查點的，它依靠正常的檢查點機制獲取程式的快照，並將其寫入狀態後端。在執行期間，程式會定期在工作節點（工作管理員）上創建快照，並生成檢查點。對於恢復，Flink 僅需要最後完成的檢查點，而一旦完成新的檢查點，舊的檢查點就可以被捨棄。

保存點類似於這些定期的檢查點，除了它們是由使用者觸發的，並且在新的檢查點完成後不會自動過期。可以透過命令列，或在取消一個作業時透過 REST API，來創建保存點。

7.5.4 狀態後端

「鍵 - 值」對索引儲存的資料結構取決於狀態後端的選擇。一類狀態後端將資料儲存在記憶體的雜湊映射中，另一類狀態後端使用 RocksDB 作為「鍵 - 值」對儲存。

除了定義保存狀態的資料結構，狀態後端還實現了獲取「鍵 - 值」對狀態的時間點快照的邏輯，並將該快照儲存為狀態後端的一部分。觸發檢查點和「狀態快照」的預存程序如圖 7-12 所示。

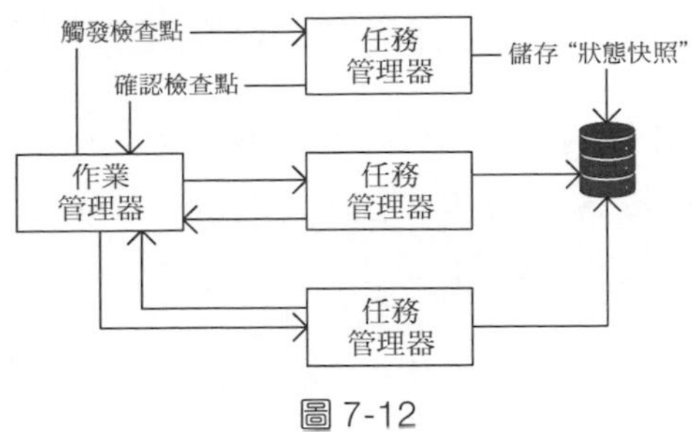

圖 7-12

Flink 支援多種狀態後端，以便指定狀態的儲存方式和位置。

狀態可以位於 Java 的堆積或堆積外記憶體。Flink 也可以自己管理應用程式的狀態（取決於狀態後端）。為了讓應用程式可以維護非常大的狀態，Flink 可以自己管理記憶體（如果有必要，可以溢寫到磁碟）。在預設情況下，所有 Flink 作業會使用在設定檔 flink-conf.yaml 中指定的狀態後端。但是，在設定檔中指定的預設狀態後端會被作業中指定的狀態後端覆蓋。可以在程式中設定狀態後端，如下所示：

```
// 獲取流處理的執行環境
StreamExecutionEnvironment env = StreamExecutionEnvironment.
getExecutionEnvironment();
env.setStateBackend(...);
```

由 Flink 管理的鍵控狀態是一種分片的「鍵 - 值」對儲存，每個鍵控狀態的工作備份都保存在負責該鍵的工作管理員本地中。另外，運算元狀態也保存在機器節點本地。Flink 定期獲取所有狀態的快照，並將這些快照複製到持久化位置，如分散式檔案系統。如果發生故障，則 Flink 可以恢復應用程式的完整狀態並繼續處理，就如同沒有出現過異常。

1. 狀態後端的實現

Flink 管理的狀態被儲存在狀態後端中，預設有兩種狀態的後端實現。

- 基於 RocksDB：基於 RocksDB 資料的內嵌「鍵 - 值」對儲存，將狀態保存在磁碟上。

- 基於堆積的狀態後端：將狀態保存在 Java 的堆積記憶體中。

基於堆積的狀態後端有兩種類型：一是 FsStateBackend，將其「狀態快照」持久化到分散式檔案系統中。二是 MemoryStateBackend，它使用作業管理器的堆積保存「狀態快照」。

在使用「基於堆積的狀態後端」保存狀態時，存取和更新僅涉及「在堆積上讀／寫物件」，所以只有比較小的負擔。但對保存在 RocksDBStateBackend 中的物件，存取和更新涉及序列化與反序列化，所以會有比較大的負擔。RocksDB 的狀態量會受到本地磁碟容量的限制。只有 RocksDBStateBackend 能夠進行增量快照，這對於具有大量變化緩慢狀態的應用程式來說是大有裨益的。

所有這些狀態後端都支援非同步執行快照，這表示它們可以在不妨礙正在進行的流處理的情況下執行快照。

2. 比較 3 種狀態後端

3 種狀態後端的區別如表 7-5 所示。

表 7-5

狀態後端	工作狀態	狀態備份	快照	吞吐	備註
RocksDBStateBackend	本地磁碟（tmp dir）	分散式檔案系統	全量 / 增量	低	支援大於記憶體大小的狀態。該狀態後端的速度大約只有基於堆積的狀態後端的十分之一。超大狀態、超長視窗、大型 K-V 結構
FsStateBackend	JVM Heap	分散式檔案系統	全量	高	快速，需要大的堆積記憶體，受限於 Java 的垃圾回收器。普通狀態、視窗、K-V 結構

狀態後端	工作狀態	狀態備份	快照	吞吐	備註
MemoryStateBackend	JVM Heap	JobManager JVM Heap	全量	高	適用於小狀態（本地）的測試和實驗。偵錯、無狀態或對資料遺失或重複無要求

7.5.5 比較快照、檢查點、保存點和狀態後端

1. 快照

快照（Snapshot）是一個通用術語，是指 Flink 工作狀態的全域一致映像檔。快照包括指向每個資料來源的指標（如到檔案或 Kafka 分區的偏移量），以及每個作業的有狀態運算元的狀態備份，這些狀態是由向上處理到資料來源 Source 中一些位置的所有事件產生的。

在 Flink 中，通常使用**快照**來表示**檢查點**或**保存點**。

2. 檢查點

Flink 自動進行快照，以便能夠從故障中恢復。檢查點可以是增量的，並為快速恢復進行了最佳化。

一般來說檢查點不會被使用者操作。Flink 只保留作業執行時期的最近的 *n* 個檢查點（*n* 可設定），並在作業取消時刪除它們，可以將它們設定為保留，在這種情況下，可以手動從中恢復。

3. 保存點

保存點是由使用者（或 API 呼叫）手動觸發的快照，用於有狀態的重新部署、升級、重新縮放等操作。保存點始終完整，並且針對操作靈活性進行了最佳化。保存點與定期的檢查點類似。

4. 狀態後端

狀態後端是用來保存狀態資訊的後端，如記憶體、RocksDB 資料等。

7.6 旁路輸出

7.6.1 認識旁路輸出

如果運算元需要多次處理的樣本和設定的主流（原資料流程）一樣，則需要對原資料流程進行多次複製，但這樣會造成不必要的性能浪費。這時可以使用旁路輸出，旁路輸出可以產生任意數量的附加輸出結果流。結果流中的資料類型不必與主流中的資料類型匹配，並且不同旁路輸出的類型也可以不同。可以簡單地將旁路輸出了解為同一資料來源的重複使用，如圖 7-13 所示。

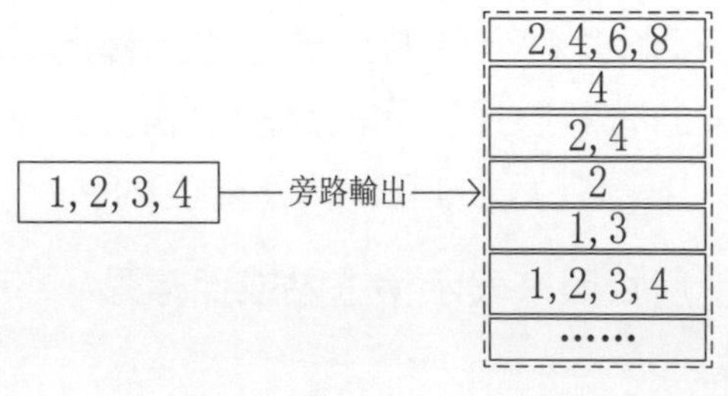

圖 7-13

旁路輸出的作用包括以下幾點。

- 對資料流程進行分割，而不對流進行複製的一種分流機制。
- 對延遲時間遲到的資料進行處理，這樣就可以不必捨棄遲到的資料。
- 能有效地解決 Spilt 運算元不能進行連續分流的問題。

在使用旁路輸出時，需要先定義一個 OutputTag，它將用於標識旁路輸出串流，使用方法如下所示：

```
OutputTag<String> outputTag = new OutputTag<String>("sideOutput") {};
```

根據旁路輸出包含的元素類型來輸入 OutputTag。可以透過以下函數將資料發送到旁路輸出：ProcessFunction、KeyedProcessFunction、CoProcessFunction、KeyedCoProcessFunction、ProcessWindowFunction 和 ProcessAllWindowFunction。

可以使用在上述函數中向使用者公開的 Context 參數，將資料發送到由 OutputTag 標識的旁路輸出串流。ProcessFunction 發出旁路輸出串流的範例如下所示：

```
// 載入或創建來源資料
DataStream<Integer> input = ...;
// 定義一個OutputTag，用於標識旁路輸出串流
final OutputTag<String> outputTag = new OutputTag<String>("sideOutput"){};
// 處理資料
SingleOutputStreamOperator<Integer> mainDataStream = input
        // 將指定的ProcessFunction應用於輸入串流，從而創建轉換後的輸出串流
        .process(new ProcessFunction<Integer, Integer>() {
@Override
      // 將指定值寫入運算元狀態，每個記錄都會呼叫此方法
      public void processElement(
          Integer value,
          Context ctx,
          Collector<Integer> out) throws Exception {
        // 發出資料到正常輸出
        out.collect(value);
        // 發出資料到旁路輸出
        ctx.output(outputTag, "sideout-" + String.valueOf(value));
      }
    });
```

使用 getSideOutput() 方法來檢索旁路輸出串流。

獲取旁路輸出串流，如下所示：

```
// 定義一個OutputTag，用於標識旁路輸出串流
final OutputTag<String> outputTag = new OutputTag<String>("sideOutput"){};
SingleOutputStreamOperator<Integer> mainDataStream = ...;
// 獲取旁路輸出串流
DataStream<String> sideOutputStream = mainDataStream.getSideOutput(outputTag);
```

7.6.2 實例 32：輸出多條旁路資料流程

本實例的程式在 "/DataStream/Side Output" 目錄下。

本實例演示的是輸出多條旁路資料流程，如下所示：

```
public class SideOutputDemo {
    // main()方法——Java應用程式的入口
    public static void main(String[] args) throws Exception {
        // 定義一個OutputTag，用於標識旁路輸出串流
        final OutputTag<String> outputTag = new OutputTag<String>("side-
output"){};
        // 定義一個OutputTag，用於標識旁路輸出串流
        final OutputTag<String> outputTag2 = new OutputTag<String>("side-
output2"){};
        // 獲取流處理的執行環境
        final StreamExecutionEnvironment env = StreamExecutionEnvironment.
getExecutionEnvironment();
        // 載入或創建來源資料
        DataStream<Integer> input =env.fromElements(1,2,3,4);
        SingleOutputStreamOperator<Integer> mainDataStream = input
                // 將指定的ProcessFunction應用於輸入串流，從而創建轉換後的
                   輸出串流
                .process(new ProcessFunction<Integer, Integer>() {
                    @Override
                    // 將指定值寫入運算元狀態，每個記錄都會呼叫此方法
                    public void processElement(
                            Integer value,
                            Context ctx,
                            Collector<Integer> out) throws Exception {
                        // 發出資料到正常輸出
                        out.collect(value);
                        // 發出資料到旁路輸出
                        ctx.output(outputTag, "sideout-" + String.valueOf
                                (value));
                        ctx.output(outputTag2, "sideout2-" + String.valueOf
                                (value*3));
```

```
                }
            });
        // 載入或創建來源資料
        DataStream<String> sideOutputStream = mainDataStream.getSideOutput
(outputTag);
        // 載入或創建來源資料
        DataStream<String> sideOutputStream2 = mainDataStream.getSideOutput
(outputTag2);
        sideOutputStream.print("sideOutputStream");
        sideOutputStream2.print("sideOutputStream2");
        // 執行任務操作。因為Flink是惰性載入的，所以必須呼叫execute()方法才會
           執行
        env.execute();
    }
}
```

執行上述應用程式之後，會在主控台中輸出以下資訊：

```
sideOutputStream:8> sideout-2
sideOutputStream2:8> sideout2-6
sideOutputStream:9> sideout-3
sideOutputStream2:9> sideout2-9
sideOutputStream:10> sideout-4
sideOutputStream2:10> sideout2-12
sideOutputStream:7> sideout-1
sideOutputStream2:7> sideout2-3
```

7.7 資料處理語義

7.7.1 認識資料處理語義

流處理引擎通常提供以下幾種資料處理語義。

1. 最多一次

「最多一次」（At-Most-Once）指的是使用者的資料只會被處理一次，不管成功還是失敗，不會重試也不會重發。

2. 至少一次

「至少一次」(At-Least-Once) 指的是流應用程式的所有運算元都應保證事件被至少處理一次，如果發生遺失或錯誤，則透過重放或重新傳輸遺失或錯誤的資料。重放和重新傳輸可能會導致事件被處理多次，但可以達到「至少一次」的要求。

3. 精確一次

「精確一次」(Exactly-Once) 通常也被稱作「恰好一次」，或「完全一次」。流應用程式的所有運算元都應保證事件被「精確一次」地處理，即使是在有故障的情況下。

實現「精確一次」的保證機制包括以下幾種：分散式快照 / 狀態檢查點；至少一次事件傳遞，以及去除重複處理。

「精確一次」是 Flink 等流處理系統的核心特性之一，這種語義會保證每筆訊息只被流處理系統處理一次。另外，Flink 支持點對點的「精確一次」語義。

4. 點對點的「精確一次」

點對點的「精確一次」是指，Flink 應用從 Source 端開始到 Sink 端結束，資料必須經過起始點和結束點。Flink 自身是無法保證外部系統「精確一次」語義的，所以，如果要實現點對點的「精確一次」，則外部系統必須支援「精確一次」語義，然後借助 Flink 提供的「分散式快照」和「兩階段提交」來實現。

為了實現點對點的「精確一次」，以便資料來源中的每個事件都僅「精確一次」地輸出，必須滿足以下條件：資料來源必須是可重放的；輸出必須是交易性（或冪等）的。

7.7.2 兩階段提交

「兩階段提交」（Two Phase Commit）是為了使分散式系統中的所有節點在進行交易處理的過程中，能夠實現 ACID 特性而設計的一種協定。「兩階段提交」常用於關聯式資料庫的交易系統。

「兩階段提交」協定把交易分為以下兩個階段。

1. 提交交易階段

在提交交易階段，交易管理器要求每個涉及交易的資源管理器進行預提交操作，資源管理器返回是否可以提交的資訊。提交交易階段的工作流程如圖 7-14 所示。

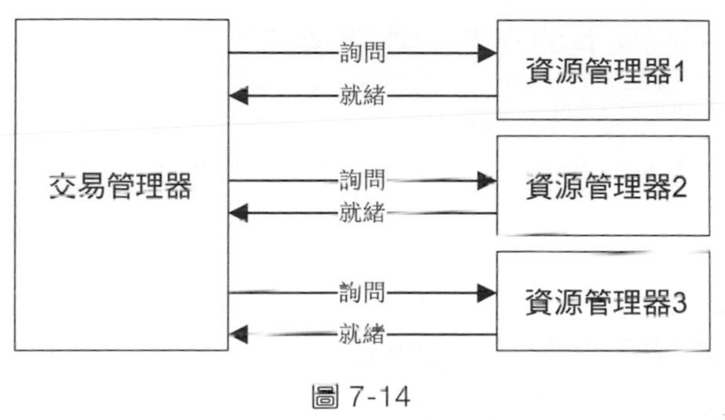

圖 7-14

由圖 7-14 可知，提交交易階段的工作流程如下。

（1）發送詢問：交易管理器詢問所有的資源管理器是否可以執行提交操作。

（2）執行交易：各個資源管理器執行交易操作，如資源上鎖、將 Undo 和 Redo 資訊記入交易日誌中。

（3）資源管理器回應交易管理器：如果資源管理器成功執行了交易操作，則回饋資訊給交易管理器。

2. 執行交易提交階段

在執行交易提交階段，交易管理器要求每個資源管理器提交或回覆資料，該階段的工作流程如圖 7-15 所示。

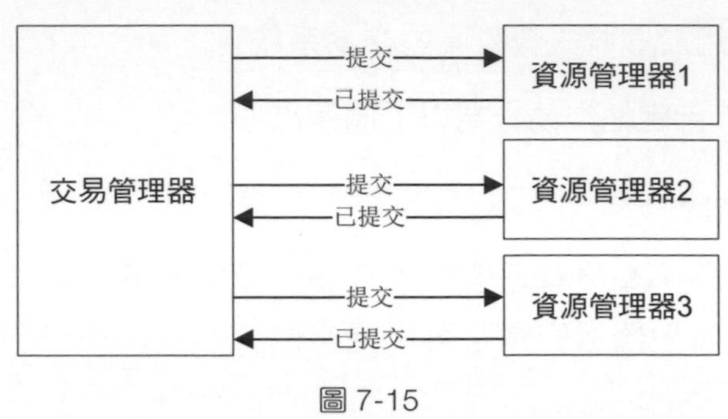

圖 7-15

如果交易管理器從所有的資源管理器獲得的回饋都是就緒的回應，則執行交易提交，具體流程如下。

（1）提交請求：交易管理器向資源管理器發送交易提交（Commit）請求。

（2）交易提交：資源管理器接收到提交請求後，正式執行交易提交操作，並且在完成提交之後釋放交易資源。

（3）回饋交易提交結果：資源管理器在完成交易提交之後，向交易管理器發送已提交（Ack）訊息。

（4）完成交易：交易管理器接收到所有資源管理器回饋的已提交訊息後完成交易。

假如某個資源管理器向交易管理器回饋了「未提交」回應，或在等待逾時之後交易管理器尚未接收到所有資源管理器的回饋資訊，則會中斷交易。其流程如下。

（1）發送回覆請求：交易管理器向資源管理器發送 Rollback 請求。

（2）交易復原：資源管理器利用 Undo 資訊來執行交易復原，以釋放交易資源。

（3）回饋交易復原結果：資源管理器在完成交易復原之後向協調者發送 Ack 訊息。

（4）中斷交易：交易管理器在接收到所有參與者回饋的 Ack 訊息之後中斷交易。

2PC 協定存在以下幾個問題。

- 單點問題：一旦交易管理器出現問題，則整個第二階段的提交將無法運轉；如果交易管理器在執行交易提交階段出現問題，則其他資源管理器會一直處於鎖定交易資源的狀態，無法繼續完成操作。

- 阻塞問題：在執行交易提交階段執行了提交動作後，交易管理器需要等待資源管理器中節點的回應。如果沒有接收到其中任何節點的回應，則交易管理器進入等候狀態，此時其他正常發送回應的資源管理器將進入阻塞狀態，無法進行其他任何操作，只有等待逾時中斷交易，這極大地限制了系統的性能。

7.7.3 Flink「兩階段提交」的交易性寫入

點對點的「精確一次」語義的實現需要輸入、處理、輸出協作作用。Flink 內部依靠檢查點機制和羽量級分散式快照演算法（ABS）保證「精確一次」。實現「精確一次」的輸出邏輯，需要實現冪等性寫入和交易性寫入。

Flink 提供了基於「兩階段提交」的 TwoPhaseCommitSinkFunction 類別，需要保證「精確一次」的 Sink 邏輯都繼承該抽象類別，該抽象類別定義了以下 4 個抽象方法。

- beginTransaction() 方法：開始一個交易，返回交易資訊的控制碼。
- preCommit() 方法：預提交（即提交請求）階段的邏輯。
- commit() 方法：正式提交階段的邏輯。
- abort() 方法：取消交易。

可以透過查閱 FlinkKafkaProducer011 類別來了解 Flink「兩階段提交」的交易性寫入的具體實現。Flink 支持的「精確一次」Source 列表如表 7-6 所示。

表 7-6

資料來源	語義保證	備註
Apache Kafka	精確一次	需要對應的 kafka 版本
AWS Kinesis Streams	精確一次	—
RabbitMQ	至少一次 (v 0.10)/ 精確一次 (v 1.0)	—
Twitter Streaming	最多一次	—
Collections	精確一次	—
Files	精確一次	—
Sockets	最多一次	—

點對點的「精確一次」語義需要 Sink 的配合，目前 Flink 支持的列表如表 7-7 所示。

表 7-7

寫入目標	語義保證	備註
HDFS rolling sink	精確一次	依賴 Hadoop 版本
Elasticsearch	至少一次	—
kafka producer	至少一次 / 精確一次	需要 Kafka 0.11 及以上
Cassandra sink	至少一次 / 精確一次	冪等更新
AWS Kinesis Streams	至少一次	—
Flie sinks	至少一次	—
Sockets sinks	至少一次	—
Standard output	至少一次	—
Redis sink	至少一次	—

7.8 實例 33：自訂事件時間和水位線

本實例的程式在 "/DataStream/EventTime/" 目錄下。

本實例演示的是自訂事件時間和水位線的實現，如下所示：

```
public class WindowAndWatermarkDemo {
    // main()方法——Java應用程式的入口
    public static void main(String[] args) throws Exception {
        // 獲取流處理的執行環境
        StreamExecutionEnvironment sEnv = StreamExecutionEnvironment.
getExecutionEnvironment();
        // 設定時間特性。使用EventTime，預設使用processtime
        sEnv.setStreamTimeCharacteristic(TimeCharacteristic.EventTime);
        // 設定平行度為1，預設平行度是當前電腦的CPU數量
        sEnv.setParallelism(1);
        /* 訊息格式：String,time。舉例來說，訊息1,1599456459000 */
        DataStream<String> input = sEnv.addSource(new MySource());
        // 解析輸入的資料
        DataStream<Tuple2<String, Long>> inputMap = input.map(new MapFunction
<String, Tuple2<String, Long>>() {
            @Override
            public Tuple2<String, Long> map(String value) throws Exception {
                String[] arr = value.split(",");
                return new Tuple2<>(arr[0], Long.parseLong(arr[1]));
            }
        });
        // 取出時間戳記，生成水位線
        DataStream<Tuple2<String, Long>> waterMarkStream = inputMap
            // 為資料流程中的元素分配時間戳記並生成水位線，以表示事件時間進度
                    .assignTimestampsAndWatermarks(new WatermarkStrategy
<Tuple2<String, Long>>() {
            @Override
            public WatermarkGenerator<Tuple2<String, Long>>
createWatermarkGenerator(WatermarkGeneratorSupplier.Context context) {
                return new WatermarkGenerator<Tuple2<String, Long>>() {
                    private long maxTimestamp;
```

```
                    private long delay = 3000;
                    @Override
                    public void onEvent(Tuple2<String, Long> event, long
eventTimestamp, WatermarkOutput output) {
                        maxTimestamp = Math.max(maxTimestamp, event.f1);
                    }
                    @Override
                    public void onPeriodicEmit(WatermarkOutput output) {
                        output.emitWatermark(new Watermark(maxTimestamp -
                        delay));
                    }
                };
            }
        });
        /* 獲取水位線資訊 */
        waterMarkStream
           // 將指定的ProcessFunction應用於輸入串流，從而創建轉換後的輸出串流
             .process(new ProcessFunction<Tuple2<String, Long>, Object>() {
             SimpleDateFormat sdf = new SimpleDateFormat("yyyy-MM-dd HH:mm:ss.
             SSS");
            @Override
           // 將指定值寫入運算元狀態，每個記錄都會呼叫此方法
        public void processElement(Tuple2<String, Long> value, Context ctx,
Collector<Object> out) throws Exception {
                long w = ctx.timerService().currentWatermark();
                System.out.println("水位線 ：" + w + "水位線時間" +
sdf.format(w) + "訊息的事件時間" +
                        sdf.format(value.f1));
            }
        });
        // 列印資料到主控台
        waterMarkStream.print();
        // 執行任務操作。因為Flink是惰性載入的，所以必須呼叫execute()方法才會
           執行
        sEnv.execute();
    }
}
```

執行上述應用程式之後，會在主控台中輸出以下資訊：

```
水位線 ：-9223372036854775808水位線時間292269055-12-03 00:47:04.192訊息的事件
時間2020-09-07 15:20:08.354
(訊息1,1599463208354)
 水位線 ：1599463205354水位線時間2020-09-07 15:20:05.354訊息的事件時間
2020-09-07 15:20:09.369
(訊息2,1599463209369)
 水位線 ：1599463206369水位線時間2020-09-07 15:20:06.369訊息的事件時間
2020-09-07 15:20:10.384
(訊息3,1599463210384)
 水位線 ：1599463207384水位線時間2020-09-07 15:20:07.384訊息的事件時間
2020-09-07 15:20:11.400
(訊息4,1599463211400)
```

Chapter

08

使用狀態處理器 API——State Processor API

本章首先介紹狀態處理器 API，然後介紹如何使用狀態處理器 API 讀取狀態，最後介紹如何使用狀態處理器 API 編寫和修改保存點。

8.1 認識狀態處理器 API

狀態處理器 API（State Processor API）是 DataSet API 的擴充，用於讀取、寫入和修改 Flink 的保存點與檢查點中的狀態。也可以使用 Table API 或 SQL 查詢來分析和處理狀態資料。狀態處理器 API 主要有以下幾種使用場景。

- 驗證該應用程式的行為是否正確：獲取正在執行的流處理應用程式的保存點，並使用 DataSet API 分析和驗證。
- 啟動流應用程式的狀態：從任何儲存中讀取一批資料，前置處理，然後將結果寫入保存點。
- 修復不一致的狀態項目。
- 在 Flink 應用程式啟動後，可以在不遺失所有狀態的情況下任意修改狀態的資料類型，調整運算元的最大平行度，拆分或合併運算元狀態，重新分配運算元 UID 等。

如果要使用狀態處理器 API，則需要在應用程式中增加如下所示的依賴：

```
<!-- 狀態處理器API的依賴 -->
<dependency>
        <groupId>org.apache.flink</groupId>
        <artifactId>flink-state-processor-api_2.11</artifactId>
        <version>1.11.0</version>
        <!-- provided表示在打包時不將該依賴打包進去，可選的值還有compile、
runtime、system、test -->
        <scope>provided</scope>
</dependency>
```

8.2 將應用程式狀態映射到 DataSet

狀態處理器 API 將流應用程式的狀態映射到一個或多個可以單獨處理的 DataSet。

在設計此功能時，Flink 社區評估了 DataStream API 和 Table API，它們都不能提供對應的支援。因此，Flink 社區最終在 DataSet API 上建構了該功能，但該功能對 DataSet API 的依賴性非常低。如果將來調整——將狀態處理器 API 遷移到 DataStream API 或 Table API、SQL，則很容易。

一般來說 Flink 作業由以下運算元組成。

- 一個或多個資料來源運算元。
- 一個或多個處理運算元。
- 一個或多個輸出運算元（接收器）。

每個運算元在一個或多個任務中平行執行，並且可以使用不同類型的狀態。運算元可以具有 0 個、1 個或多個狀態，這些狀態被組織為「以運算元任務為範圍的列表」。如果將運算元應用於鍵控流，則它還可以具有 0 個、1 個或多個鍵控狀態，它們的作用域範圍是已處理記錄中提取的鍵。可以將鍵控狀態視為分散式「鍵 - 值」對映射。

8.3 讀取狀態

讀取狀態需要指定有效保存點或檢查點的路徑，以及應用於還原資料的狀態後端。可以按照以下方式指定（載入）保存點：

```
// 獲取執行環境
ExecutionEnvironment env = ExecutionEnvironment.getExecutionEnvironment();
// 指定（載入）保存點
ExistingSavepoint savepoint = Savepoint.load(env, "hdfs://path/",
new MemoryStateBackend());
```

8.3.1 讀取運算元狀態

運算元狀態包括在應用程式中對檢查點函數（CheckpointedFunction）或廣播狀態（BroadcastState）的使用資料。在讀取運算元狀態時，使用者需要指定運算元狀態的 UID、名稱和類型資訊。運算元狀態有以下幾種類型。

1. 清單運算元狀態

儲存在檢查點函數（CheckpointedFunction）中的清單運算元狀態，可以使用 readListState() 方法讀取。狀態名稱和類型資訊應與「定義在 DataStream 應用程式中的 ListStateDescriptor 所使用的資訊」相匹配。其使用方法如下所示：

```
DataSet<Integer> listState  = savepoint.readListState<>(
// 運算元狀態UID
"my-uid",
// 運算元狀態名稱
"list-state",
// 運算元狀態類型資訊
Types.INT);
```

2. 聯合清單運算元狀態

儲存在檢查點函數中的聯合清單運算元狀態可以使用 readUnionState() 方法讀取。

狀態名稱和類型資訊應與「定義在 DataStream 應用程式中的資訊」相匹配，框架將返回狀態的單一備份，同等於「用平行機制 1 還原 DataStream」。其使用方法如下所示：

```
DataSet<Integer> listState  = savepoint.readUnionState<>(
// 運算元狀態UID
"my-uid",
// 運算元狀態名稱
"union-state",
// 運算元狀態類型資訊
Types.INT);
```

3. 廣播狀態

廣播狀態可以使用 readBroadcastState() 方法讀取。

狀態名稱和類型資訊應與「應用程式中宣告此狀態的 MapStateDescriptor 所使用的資訊」相匹配，框架將返回狀態的單一備份，同等於「用平行機制 1 還原 DataStream」。其使用方法如下所示：

```
DataSet<Tuple2<Integer, Integer>> broadcastState = savepoint.readBroadcastState<>(
// 運算元狀態UID
"my-uid",
// 運算元狀態名稱
"broadcast-state",
// 運算元狀態類型資訊
Types.INT,
Types.INT);
```

4. 使用自訂序列化器

如果使用的是自訂狀態的 State Descriptor，則每個運算元狀態讀取器都支援使用自訂 TypeSerializer。其使用方法如下所示：

```
DataSet<Integer> listState = savepoint.readListState<>(
// 運算元狀態UID
"my-uid",
// 運算元狀態名稱
"list-state",
```

```
// 運算元狀態類型資訊
Types.INT,
new MyCustomIntSerializer());
```

8.3.2 讀取鍵控狀態

鍵控狀態是相對於鍵進行分區的任何狀態。

在讀取鍵控狀態時，使用者需要指定運算元的 UID 和 KeyedStateReaderFunction。KeyedStateReaderFunction 允許使用者讀取任意複雜的狀態類型，如 ListState、MapState 和 AggregatingState。如果一個運算元包含一個有狀態的 ProcessFunction，如下所示：

```
public class StatefulFunctionWithTime extends KeyedProcessFunction<Integer,
Integer, Void> {
    ValueState<Integer> state;
    ListState<Long> updateTimes;
   @Override
   public void open(Configuration parameters) {
       ValueStateDescriptor<Integer> stateDescriptor = new
ValueStateDescriptor<>("state", Types.INT);
       state = getRuntimeContext().getState(stateDescriptor);
       ListStateDescriptor<Long> updateDescriptor = new ListStateDescriptor<>
("times", Types.LONG);
       updateTimes = getRuntimeContext().getListState(updateDescriptor);
   }
   @Override
   // 將指定值寫入運算元狀態，每個記錄都會呼叫此方法。
    public void processElement(Integer value, Context ctx, Collector<Void>
out) throws Exception {
       state.update(value + 1);
       updateTimes.add(System.currentTimeMillis());
   }
}
```

則可以透過定義輸出類型和對應的 KeyedStateReaderFunction 進行讀取，如下所示：

```
DataSet<KeyedState> keyedState = savepoint.readKeyedState("my-uid", new
ReaderFunction());
public class KeyedState {
  public int key;
  public int value;
  public List<Long> times;
}

public class ReaderFunction extends KeyedStateReaderFunction<Integer,
KeyedState> {
  ValueState<Integer> state;
   ListState<Long> updateTimes;
  @Override
  public void open(Configuration parameters) {
    ValueStateDescriptor<Integer> stateDescriptor = new ValueStateDescriptor<>
("state", Types.INT);
    state = getRuntimeContext().getState(stateDescriptor);
    ListStateDescriptor<Long> updateDescriptor = new ListStateDescriptor<>
("times", Types.LONG);
    updateTimes = getRuntimeContext().getListState(updateDescriptor);
  }
   @Override
  public void readKey(
    Integer key,
    Context ctx,
    Collector<KeyedState> out) throws Exception {
    KeyedState data = new KeyedState();
    data.key    = key;
    data.value  = state.value();
    data.times  = StreamSupport
      .stream(updateTimes.get().spliterator(), false)
      .collect(Collectors.toList());
    out.collect(data);
  }
}
```

除了讀取註冊狀態值，每個鍵還可以讀取帶有中繼資料（Metadata）的上下文，如註冊事件時間計時器和處理時間計時器。

在使用 KeyedStateReaderFunction 時，所有狀態描述符號（State Descriptor）必須在 open() 方法中註冊。只要嘗試呼叫 RuntimeContext#get * State 就會導致執行時期異常（RuntimeException）。

8.4 編寫新的保存點

狀態處理器 API 可以編寫新的保存點，每個保存點由一個或多個啟動轉換（BootstrapTransformation）組成，每個啟動轉換定義了單一運算元的狀態。其使用方法如下所示：

```
int maxParallelism = 128;
Savepoint
        // 創建一個新的保存點
        .create(new MemoryStateBackend(), maxParallelism)
        // 在保存點增加新的運算元。uid1：運算元的UID；transformation1：要包含
           的轉換
        .withOperator("uid1", transformation1)
        // 在保存點增加新的運算元。uid2：運算元的UID；transformation2：要包含
           的轉換
        .withOperator("uid2", transformation2)
        // 存入新的或更新的保存點
        .write(savepointPath);
```

與運算元連結的 UID 必須與在 DataStream 應用程式中分配給該運算元的 UID 匹配，以便 Flink 知道如何將狀態映射到運算元。

1. 運算元狀態

可以使用 StateBootstrapFunction 創建使用 CheckpointedFunction 的簡單運算元狀態。其使用方法如下所示：

```
// 繼承StateBootstrapFunction（用於將元素寫入運算元狀態的介面）
public class SimpleBootstrapFunction extends StateBootstrapFunction<Integer> {
    private ListState<Integer> state;
    @Override
    // 將指定值寫入運算元狀態，每個記錄都會呼叫此方法
```

```
    public void processElement(Integer value, Context ctx) throws Exception {
        state.add(value);
    }
    @Override
    // 當請求檢查點快照時呼叫此方法
    public void snapshotState(FunctionSnapshotContext context) throws
Exception {
    }
    @Override
    // 在分散式執行期間創建平行函數實例時，將呼叫此方法
    public void initializeState(FunctionInitializationContext context)
throws Exception {
        state = context. getKeyedStateStore ().getListState(new
ListStateDescriptor<>("state", Types.INT));
    }
}
// 獲取執行環境
ExecutionEnvironment env = ExecutionEnvironment.getExecutionEnvironment();
// 載入或創建來源資料
DataSet<Integer> data = env.fromElements(1, 2, 3);
// 將新的運算元狀態寫入保存點
BootstrapTransformation transformation = OperatorTransformation
        .bootstrapWith(data)
        .transform(new SimpleBootstrapFunction());
```

2. 廣播狀態

可以使用 BroadcastStateBootstrapFunction 編寫廣播狀態。其使用方法如下所示：

```
public class CurrencyRate {
        // 定義類別的屬性
        public String currency;
        // 定義類別的屬性
        public Double rate;
}
// 繼承BroadcastStateBootstrapFunction（用於將元素寫入廣播狀態的介面）
public class CurrencyBootstrapFunction extends BroadcastStateBootstrapFunction
```

```
<CurrencyRate> {
    public static final MapStateDescriptor<String, Double> descriptor =
        new MapStateDescriptor<>("currency-rates", Types.STRING, Types.DOUBLE);
        @Override
        // 將指定值寫入運算元狀態，每個記錄都會呼叫此方法
        public void processElement(CurrencyRate value, Context ctx) throws
Exception {
        ctx.getBroadcastState(descriptor).put(value.currency, value.rate);
    }
}
// 載入或創建來源資料
DataSet<CurrencyRate> currencyDataSet = bEnv.fromCollection(
new CurrencyRate("USD", 1.0), new CurrencyRate("EUR", 1.3));
// 將新的運算元狀態寫入保存點
BootstrapTransformation<CurrencyRate> broadcastTransformation =
OperatorTransformation
        .bootstrapWith(currencyDataSet)
        .transform(new CurrencyBootstrapFunction());
```

3. 鍵控狀態

可以使用 KeyedStateBootstrapFunction 編寫 ProcessFunction 和其他 RichFunction 類型的鍵控狀態。其使用方法如下所示：

```
public class Account {
    public int id;
    public double amount;
    public long timestamp;
}
public class AccountBootstrapper extends KeyedStateBootstrapFunction<Integer,
Account> {
    ValueState<Double> state;
    @Override
    public void open(Configuration parameters) {
        ValueStateDescriptor<Double> descriptor = new ValueStateDescriptor<>
("total",Types.DOUBLE);
        state = getRuntimeContext().getState(descriptor);
    }
        @Override
```

```
        // 將指定值寫入運算元狀態，每個記錄都會呼叫此方法
        public void processElement(Account value, Context ctx) throws Exception {
        state.update(value.amount);
    }
}
// 獲取執行環境
ExecutionEnvironment bEnv = ExecutionEnvironment.getExecutionEnvironment();
DataSet<Account> accountDataSet = bEnv.fromCollection(accounts);
        // 將新的運算元狀態寫入保存點
        BootstrapTransformation<Account> transformation = OperatorTransformation
        .bootstrapWith(accountDataSet)
        // 鍵控流轉換算子
        .keyBy(acc -> acc.id)
        .transform(new AccountBootstrapper());
```

KeyedStateBootstrapFunction 支援設定事件時間計時器和處理時間計時器。計時器將不會在 BootstrapFunction 內觸發，只有在 DataStream 應用程式中還原後才會被啟動。如果設定了處理時間計時器，那麼計時器將在啟動後立即觸發。

如果 BootstrapFunction 創建了計時器，則只能使用其 ProcessTypeFunctions 來恢復狀態。

8.5 修改保存點

可以對現有的保存點進行修改，如在為現有作業啟動單一新運算元時。其使用方法如下所示：

```
Savepoint
     // 載入保存點
    .load(bEnv, new MemoryStateBackend(), oldPath)
    // uid1：運算元的UID；transformation：要包含的轉換
    .withOperator("uid", transformation)
    // 存入新的或更新的保存點
    .write(newPath);
```

當基於現有狀態創建新的保存點時，狀態處理器 API 將指向現有運算元的指標進行淺表複製。此時，兩個保存點共用狀態，並且一個保存點不能在不破壞另一個保存點的情況下被刪除。

8.6 實例 34：使用狀態處理器 API 寫入和讀取保存點

本實例的程式在 "/State Processor API" 目錄下。

本實例演示的是使用狀態處理器 API 寫入和讀取保存點。

1. 實現狀態的寫入

每個保存點由一個或多個 BootstrapTransformation 組成，每個 Bootstrap Transformation 定義了單一運算元的狀態。

編寫保存點，如下所示：

```
public class StateProcessorWriteDemo {
    // main()方法——Java應用程式的入口
    public static void main(String[] args) throws Exception { // 獲取執行環境
        ExecutionEnvironment env = ExecutionEnvironment.
getExecutionEnvironment();
        // 載入或創建來源資料
        DataSet<Integer> input = env.fromElements(1, 2, 3, 4, 5, 6);
        // 將新的轉換狀態寫入保存點
        BootstrapTransformation transformation = OperatorTransformation
                .bootstrapWith(input)
                .transform(new MySimpleBootstrapFunction());
        int maxParallelism = 128;
        Savepoint
                // 創建一個新的保存點
                .create(new MemoryStateBackend(), maxParallelism)
                // 在保存點增加新的運算元。uid1：運算元的UID；transformation：
                   要包含的轉換
```

```
                .withOperator("uid1", transformation)
                // 存入新的或更新的保存點
                .write("F:/savepoint/savepoint-1");
                // 執行任務操作。因為Flink是惰性載入的，所以必須呼叫execute()
                   方法才會執行
                env.execute();
    }

    private static class MySimpleBootstrapFunction extends StateBootstrapFunction
<Integer>  {
        private ListState<Integer> state;
        @Override
        // 將指定值寫入運算元狀態，每個記錄都會呼叫此方法
        public void processElement(Integer value, Context ctx) throws Exception {
            state.add(value);
        }
        @Override
        // 當請求檢查點快照時呼叫此方法
        public void snapshotState(FunctionSnapshotContext context) throws
Exception {
        }

        @Override
        // 在分散式執行期間創建平行函數實例時，將呼叫此方法
        public void initializeState(FunctionInitializationContext context)
throws Exception {
            state = context.getOperatorStateStore().getListState(new
ListStateDescriptor<>("state1", Types.INT));
        }
    }
    }
```

執行上述應用程式之後，就會在 "savepoint-1" 目錄下創建一個保存點，創建完成後即可讀取該保存點。

2. 讀取保存點

可以使用 Savepoint.load() 方法來讀取保存點，如下所示：

```
public class StateProcessorReadDemo {
    // main()方法——Java應用程式的入口
    public static void main(String[] args) throws Exception {
        // 獲取執行環境
        ExecutionEnvironment env = ExecutionEnvironment.getExecutionEnvironment();
        // 指定(載入)保存點
        ExistingSavepoint savepoint = Savepoint.load(env, "F:/savepoint/
savepoint-1", new MemoryStateBackend());
        /**
         * 從保存點讀取運算元
         * @param  uid1：狀態的UID
         * @param  state1：狀態的唯一名稱
         * @param  Types.INT：狀態的類型資訊
         */
        DataSet<Integer> listState = savepoint.readListState("uid1","state1",
Types.INT);
        // 列印資料到主控台
        listState.print();
    }
}
```

執行上述應用程式之後，會在主控台中輸出以下資訊：

```
3
2
4
6
5
1
```

Chapter

09

複雜事件處理函數庫

本章首先介紹複雜事件處理函數庫，然後透過實現 CEP 應用程式來了解複雜事件處理函數庫的概念和開發過程，最後介紹模式 API 和檢測模式、複雜事件處理函數庫中的時間。

9.1 認識複雜事件處理函數庫

1. 複雜事件處理函數庫是什麼

複雜事件處理函數庫（Complex Event Processing，CEP）可以在無限事件流中檢測出特定的事件模型。

複雜事件處理函數庫支援在流上進行模式匹配，模式條件有連續和不連續兩種；模式的條件允許有時間的限制，當在條件範圍內沒有滿足條件時，就會導致模式匹配逾時。

模式匹配如圖 9-1 所示。

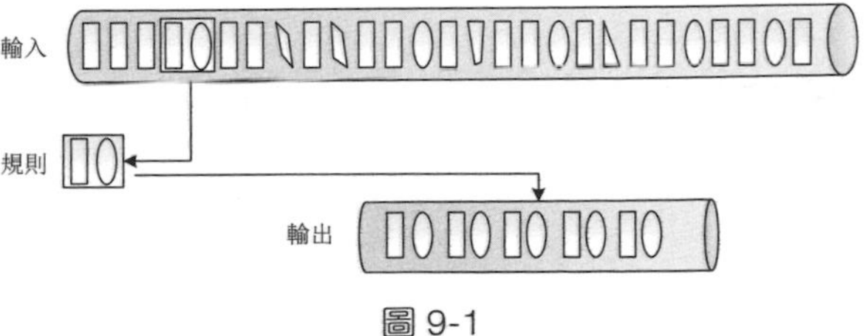

圖 9-1

由圖 9-1 可以看出，Flink 根據模式規則找出符合規則的事件，然後輸出。

DataStream 中的事件如果需要進行模式匹配，則必須實現合適的 equals() 方法和 hashCode() 方法，因為複雜事件處理函數庫使用它們來比較和匹配事件。

如果要使用複雜事件處理函數庫，就需要增加以下依賴：

```
<!-- Flink的複雜事件處理函數庫依賴 -->
<dependency>
        <groupId>org.apache.flink</groupId>
        <artifactId>flink-cep_2.11</artifactId>
        <version>1.11.0</version>
</dependency>
```

2. 複雜事件處理函數庫的使用流程

（1）增加依賴函數庫。

（2）獲取流。

（3）定義模式。

（4）執行模式。

（5）獲取符合條件的流（透過 Select 或 FlatSelect）。

9.2 實例 35：實現 3 種模式的 CEP 應用程式

本實例的程式在 "/CEP/Pattern" 目錄下。

下面分別演示實現單一模式、迴圈模式和組合模式的 CEP 應用程式，以便讀者了解如何開發 CEP 應用程式。

9.2.1 實現單一模式的 CEP 應用程式

下面實現一個單一模式的 CEP 應用程式，其功能是處理以 "a" 開始的字串，如下所示：

```
public class CEPIndividualPatternDemo{
    // main()方法——Java應用程式的入口
    public static void main(String[] args) throws Exception {
        // 獲取流處理的執行環境
        final StreamExecutionEnvironment env = StreamExecutionEnvironment.
getExecutionEnvironment();
        // 載入或創建來源資料
        DataStream<String> input = env.fromElements("a1", "c","b4" ,"a2",
"b2", "a3");
        // 定義匹配模式(Pattern)
        Pattern<String, ?> pattern = Pattern.<String>begin("start")
                // 組合條件
                .where(new SimpleCondition<String>() {
                @Override
                public boolean filter(String value) throws Exception {
                return value.startsWith("a");
            }
        });

        // 執行Pattern
        PatternStream<String> patternStream = CEP.pattern(input, pattern);
        // 從Pattern Stream中檢出匹配事件序列
        DataStream<String> result = patternStream
                // 將指定的ProcessFunction應用於輸入串流，從而創建轉換後的
                   輸出串流
                .process(
                new PatternProcessFunction<String, String>() {
                    @Override
                    public void processMatch(Map<String, List<String>> match,
Context ctx, Collector<String> out) throws Exception {
                        System.out.println(match);
                        // out.collect(new String("匹配"));
                    }
                });
        // 列印資料到主控台
        result.print();
        // 執行任務操作。因為Flink是惰性載入的，所以必須呼叫execute()方法才會
           執行
        env.execute();
```

```
    }
}
```

執行上述程式之後，會在主控台中輸出以下資訊：

```
{start=[a1]}
{start=[a2]}
{start=[a3]}
```

由此可以看出，該 CEP 應用程式成功處理了以 "a" 開始的資料流程。

9.2.2 實現迴圈模式的 CEP 應用程式

下面用量詞把單一模式轉換成迴圈模式。

增加以下程式：

```
pattern.times(2);
```

再次執行該應用程式之後，會在主控台中輸出以下資訊：

```
{start=[a1, a2]}
{start=[a2, a3]}
```

由此可以看出，該迴圈模式生效，成功處理了連續兩次以 "a" 開始的資料流程。

9.2.3 實現組合模式的 CEP 應用程式

下面在模式序列中增加更多的模式，並指定它們之間所需的連續條件，以實現一個完整的模式序列。

本書使用 next() 方法來增加一個嚴格延續策略，如下所示：

```
public class CEPCombiningPatternDemo {
    // 此部分程式省略
    // 實現組合模式
                .next("end")
// 組合條件
```

```
.where(new SimpleCondition<String>() {
            @Override
            public boolean filter(String value) throws Exception {
                return value.startsWith("b");
            }
        });
    // 此部分程式省略
    }
}
```

執行上述應用程式之後，會在主控台中輸出以下資訊：

```
{start=[a2], end=[b2]}
```

9.3 認識模式 API

利用模式 API 可以定義從輸入串流中取出的複雜模式序列。每個複雜模式序列包括多個簡單的模式。

每個模式必須有一個獨一無二的名字，以便在後面用它來標記匹配到的事件。模式的名字不能包含字元 ":"。

9.3.1 單一模式

單一模式可以是一個單例或迴圈模式。單一模式只接收一個事件，迴圈模式可以接收多個事件。

在預設情況下，模式都是單例的，可以透過量詞把它們轉換成迴圈模式。每個模式可以用一個或多個條件來決定它接收哪些事件。

1. 量詞

在 Flink 的複雜事件處理函數庫中，可以透過以下方法指定迴圈模式。

- pattern.oneOrMore() 方法：指定期望一個指定事件出現一次或多次的模式。

- pattern.times(#ofTimes) 方法：指定期望一個指定事件出現特定次數的模式，如出現 4 次 "a"。
- pattern.times(#fromTimes,#toTimes) 方法：指定期望一個指定事件出現的次數（在一個最小值和最大值中間的模式），如出現 2 ～ 4 次 "a"。
- pattern.greedy() 方法：讓迴圈模式變成貪心（Greedy）的，但目前不支援模式組貪心。
- pattern.optional() 方法：讓所有的模式變成可選的，不管是否是迴圈模式。

對於一個自訂名為 "pattern" 的模式，以下量詞是有效的：

```
// 期望出現3次
pattern.times(3);
// 期望出現0次或3次
pattern.times(3).optional();
// 期望出現2次、3次或4次
pattern.times(2, 4);
// 期望出現2次、3次或4次，並且盡可能多地重複
pattern.times(2, 4).greedy();
// 期望出現0次、2次、3次或4次
pattern.times(2, 4).optional();
// 期望出現0次、2次、3次或4次，並且盡可能多地重複
pattern.times(2, 4).optional().greedy();
// 期望出現1次到多次
pattern.oneOrMore();
// 期望出現1次到多次，並且盡可能多地重複
pattern.oneOrMore().greedy();
// 期望出現0次到多次
pattern.oneOrMore().optional();
// 期望出現0次到多次，並且盡可能多地重複
pattern.oneOrMore().optional().greedy();
// 期望出現2次到多次
pattern.timesOrMore(2);
// 期望出現2次到多次，並且盡可能多地重複
pattern.timesOrMore(2).greedy();
```

```
// 期望出現0次、2次或多次
pattern.timesOrMore(2).optional();
// 期望出現0次、2次或多次，並且盡可能多地重複
pattern.timesOrMore(2).optional().greedy();
```

2. 條件

每個模式可以指定一個條件，以便進行模式匹配，舉例來說，value 欄位應該大於 5，或大於前面接收的事件的平均值。判斷事件屬性的條件可以透過 pattern.where() 方法、pattern.or() 方法或 pattern.until() 方法來指定，條件可以是 IterativeCondition 或 SimpleCondition。條件如表 9-1 所示。

表 9-1

條件	說明
where() 方法	模式的條件，如 pattern.where(_.userId=8)
or() 方法	模式的或條件，如 pattern.where(_.userId=8).or(_.userId=88)，模式條件為 userId=8 或 88
util() 方法	模式發生直到某條件滿足為止，如 pattern.oneOrMore().util(condition)，模式發生一次或多次，直到條件滿足為止

（1）疊代條件。

疊代條件是最普遍的條件類型，它可以指定一個基於前面已經被接收的事件的屬性（或它們的子集的統計資料）來決定是否接收時間序列的條件。

疊代條件如下所示：

```
//"middle"模式
middle.oneOrMore()
.subtype(SubEvent.class)
// 組合條件
.where(new IterativeCondition<SubEvent>() {
        @Override
        public boolean filter(SubEvent value, Context<SubEvent> ctx) throws
Exception {
            if (!value.getName().startsWith("foo")) {
                return false;
```

```
            }
            double sum = value.getPrice();
            for (Event event : ctx.getEventsForPattern("middle")) {
                sum += event.getPrice();
            }
            return Double.compare(sum, 5.0) < 0;
        }
    });
```

呼叫 ctx.getEventsForPattern() 方法可以獲得可能匹配的事件。呼叫這個操作的代價可能很小，也可能很大，所以在實現條件時儘量少使用它。

（2）簡單筆件。

簡單筆件擴充了 IterativeCondition 類別，它是否接收一個事件只取決於事件自身的屬性，如下所示：

```
pattern
// 組合條件
.where(new SimpleCondition<Event>() {
        @Override
        public boolean filter(Event value) {
        return value.getName().startsWith("foo");
    }
});
```

還可以透過使用 pattern.subtype() 方法限制接收的事件類型是初始事件的子類型，如下所示：

```
pattern.subtype(SubEvent.class)
// 組合條件
.where(new SimpleCondition<SubEvent>() {
       @Override
        public boolean filter(SubEvent value) {
        return ... // 一些判斷條件
    }
});
```

(3) 組合條件。

可以透過依次呼叫 where() 方法來組合條件，最終的結果是需要滿足每個單一條件（每個條件的邏輯 AND）。如果想使用「或」來組合條件，則可以使用 or() 方法，如下所示：

```
Pattern
// 組合條件
.where(new SimpleCondition<Event>() {
        @Override
        public boolean filter(Event value) {
        return ... // 一些判斷條件
    }
})
// 組合條件
.or(new SimpleCondition<Event>() {
        @Override
       public boolean filter(Event value) {
        return ... // 一些判斷條件
    }
});
```

(4) 停止條件。

如果使用迴圈模式（oneOrMore() 方法和 oneOrMore().optional() 方法），則可以指定一個停止條件。

如果指定的模式為 (a+ until b)（一個或更多的 "a" 直到 "b"），到來的事件序列是 "a1"、"c"、"a2"、"b"、"a3"，則輸出結果是 {a1 a2} {a1} {a2} {a3}。

但是，{a1 a2 a3} 和 {a2 a3} 由於停止條件沒有被輸出。

綜上所述，單一模式的條件 API 和量詞 API 如表 9-2 所示。

表 9-2

<table>
<tr><th>類型</th><th>模式操作</th><th>描述</th></tr>
<tr><td rowspan="3">條件 API</td><td>where(condition)</td><td>

為當前模式定義一個條件。為了匹配這個模式，一個事件必須滿足某些條件。多個連續的 where() 敘述組成判斷條件：

```
pattern.where(new IterativeCondition<Event>() {
    @Override
    public boolean filter(Event value,
Context ctx) throws Exception {
        return ... // 一些判斷條件
    }
});
```

</td></tr>
<tr><td>or(condition)</td><td>

增加一個新的判斷，和當前的判斷取「或」。一個事件只要滿足至少一個判斷條件就匹配到模式：

```
pattern.where(new IterativeCondition<Event>() {
    @Override
    public boolean filter(Event value, Context ctx)
throws Exception {
        return ... // 一些判斷條件
    }
}).or(new IterativeCondition<Event>() {
    @Override
    public boolean filter(Event value, Context
ctx) throws Exception {
        return ... // 替代條件
    }
});
```

</td></tr>
<tr><td>until(condition)</td><td>

為迴圈模式指定一個停止條件，也就是說，在滿足了指定的條件的事件出現後，就不會再有事件被接收進入模式了。這只適用於和 oneOrMore() 方法同時使用。在基於事件的條件中，它可用於清理對應模式的狀態：

```
pattern.oneOrMore().until(new IterativeCondition
<Event>() {
    @Override
    public boolean filter(Event value, Context ctx)
throws Exception {
        return ... // 替代條件
    }
});
```

</td></tr>
</table>

類型	模式操作	描述
量詞 API	subtype(subClass)	為當前模式定義一個子類型條件。一個事件只有是這個子類型時才能匹配到模式： `pattern.subtype(SubEvent.class);`
	oneOrMore()	指定模式期望匹配到的事件至少出現一次，預設使用鬆散的內部連續性，推薦使用 until() 方法或 within() 方法來清理狀態： `pattern.oneOrMore();`
	timesOrMore (#times)	指定模式期望匹配到的事件至少出現 #times 次，預設使用鬆散的內部連續性： `pattern.timesOrMore(2);`
	times(#ofTimes)	指定模式期望匹配到的事件正好出現的次數，預設使用鬆散的內部連續性： `pattern.times(2);`
	times(#fromTimes, #toTimes)	指定模式期望匹配到的事件出現次數在 #fromTimes 和 #toTimes 之間，預設使用鬆散的內部連續性： `pattern.times(2, 4);`
	optional()	指定這個模式是可選的，即它可能根本不出現，它對所有之前提到的量詞都適用： `pattern.oneOrMore().optional();`
	greedy()	指定這個模式是貪心的，即它會重複盡可能多的次數。它只對量詞適用，現在還不支援模式組： `pattern.oneOrMore().greedy();`

9.3.2 組合模式

將多個單一模式連接起來可以組成一個完整的模式序列。模式序列由一個初始模式作為開頭，如下所示：

```
Pattern<Event, ?> start = Pattern.<Event>begin("start");
```

可以在模式序列中增加更多的模式，並指定它們之間所需的連續條件。複雜事件處理函數庫支持的事件之間有以下形式的連續策略。

- 嚴格連續：期望所有匹配的事件嚴格地一個接一個出現，中間沒有任何不匹配的事件。
- 鬆散連續：忽略匹配的事件之間的不匹配的事件。
- 不確定的鬆散連續：更進一步的鬆散連續，允許忽略一些匹配事件的附加匹配。

可以使用下面的方法來指定模式之間的連續策略。

- next() 方法：指定「嚴格連續」。
- followedBy() 方法：指定「鬆散連續」。
- followedByAny() 方法：指定「不確定的鬆散連續」。
- notNext() 方法：如果不想後面直接連著一個特定事件，則使用該方法。
- notFollowedBy() 方法：如果不想一個特定事件發生在兩個事件之間的任何地方，則使用該方法。

模式序列不能以 notFollowedBy() 方法結尾。在一個 not*() 方法前不能是可選的模式。

組合模式的使用方法如下所示：

```
// 嚴格連續
Pattern<Event, ?> strict = pattern.next("middle").where(...);
// 鬆散連續
Pattern<Event, ?> relaxed = pattern.followedBy("middle").where(...);
// 不確定的鬆散連續
Pattern<Event, ?> nonDetermin = pattern.followedByAny("middle").where(...);
// 嚴格連續的NOT模式
Pattern<Event, ?> strictNot = pattern.notNext("not").where(...);
// 鬆散連續的NOT模式
Pattern<Event, ?> relaxedNot = pattern.notFollowedBy("not").where(...);
```

「鬆散連續」表示，在接下來的事件中只有第 1 個可匹配的事件會被匹配上。而在「不確定的鬆散連接」情況下，具有同樣起始的多個匹配會被輸出。舉例來說，模式 "a b"，指定事件序列 "a"、"c"、"b1"、"b2"，會產生以下結果。

- "a" 和 "b" 之間「嚴格連續」：沒有匹配。
- "a" 和 "b" 之間「鬆散連續」：{a b1}，「鬆散連續」會跳過不匹配的事件直到匹配上的事件。
- "a" 和 "b" 之間「不確定的鬆散連續」：{a b1}, {a b2}，這是最常見的情況。

也可以為模式定義一個有效時間約束。舉例來說，可以使用 pattern.within() 方法指定一個模式應該在 10s 內發生，這種時間模式可以是處理時間和事件時間。定義一個有效時間約束的方法如下所示：

```
next.within(Time.seconds(10));
```

Tips

一個模式序列只能有一個時間限制。如果限制了多個時間在不同的單一模式上，則會使用最小的那個時間限制。

9.3.3 迴圈模式中的連續性

可以在迴圈模式中使用連續性。連續性會被運用在被接收進入模式的事件之間。

舉例來說，一個模式序列 "a b+ c"（"a" 後面跟著一個或多個不確定連續的 "b"，然後跟著一個 "c"）的輸入為 "a"、"b1"、"d1"、"b2"、"d2"、"b3"、"c"，輸出結果如下。

- 嚴格連續：{a b3 c}。"b1" 後的 "d1" 導致 "b1" 被捨棄，同樣 "b2" 因為 "d2" 被捨棄。

- 鬆散連續：{a b1 c}，{a b1 b2 c}，{a b1 b2 b3 c}，{a b2 c}，{a b2 b3 c}，{a b3 c}。"d" 都被忽略了。
- 不確定的鬆散連續：{a b1 c}，{a b1 b2 c}，{a b1 b3 c}，{a b1 b2 b3 c}，{a b2 c}，{a b2 b3 c}，{a b3 c}。輸出結果中有 {a b1 b3 c} 是因為 "b" 之間是「不確定的鬆散連續」產生的。

對於迴圈模式（如 oneOrMore() 方法和 times() 方法），預設是「鬆散連續」。如果想使用「嚴格連續」，則需要使用 consecutive() 方法明確指定；如果想使用「不確定的鬆散連續」，則需要使用 allowCombinations() 方法指定，如表 9-3 所示。

表 9-3

<table>
<tr><th>模式操作</th><th>描述</th></tr>
<tr><td>consecutive() 方法</td><td>與 oneOrMore() 方法和 times() 方法一起使用，在匹配的事件之間使用「嚴格連續」，即任何不匹配的事件都會終止匹配（和 next() 方法一樣）。如果不使用它，則是「鬆散連續」（和 followedBy() 方法一樣）。例如：<pre><code>Pattern.<Event>begin("start")
// 組合條件
.where(new SimpleCondition<Event>() {
  @Override
  public boolean filter(Event value) throws Exception {
    return value.getName().equals("c");
  }
})
.followedBy("middle")
// 組合條件
.where(new SimpleCondition<Event>() {
  @Override
  public boolean filter(Event value) throws Exception {
    return value.getName().equals("a");
  }
}).oneOrMore().consecutive()
.followedBy("end1")
// 組合條件
.where(new SimpleCondition<Event>() {</code></pre></td></tr>
</table>

<table>
<tr><th>模式操作</th><th>描述</th></tr>
<tr><td></td><td>

```
    @Override
    public boolean filter(Event value) throws Exception {
      return value.getName().equals("b");
    }
  });
```

如果輸入的是 C D A1 A2 A3 D A4 B，則會產生下面的輸出。

- 如果使用「嚴格連續」，則輸出 {C A1 B}，{C A1 A2 B}，{C A1 A2 A3 B}。
- 如果不使用「嚴格連續」，則輸出 {C A1 B}，{C A1 A2 B}，{C A1 A2 A3 B}，{C A1 A2 A3 A4 B}

</td></tr>
<tr><td>allowCombinations() 方法</td><td>

與 oneOrMore() 方法和 times() 方法一起使用，在匹配的事件之間使用「不確定的鬆散連續」(和 followedByAny() 方法一樣)。如果不使用，則是「鬆散連續」(和 followedBy() 方法一樣)。例如：

```
Pattern.<Event>begin("start")
// 組合條件
.where(new SimpleCondition<Event>() {
  @Override
  public boolean filter(Event value) throws Exception {
    return value.getName().equals("c");
  }
})
.followedBy("middle")
// 組合條件
.where(new SimpleCondition<Event>() {
  @Override
  public boolean filter(Event value) throws Exception {
    return value.getName().equals("a");
  }
}).oneOrMore().allowCombinations()
.followedBy("end1")
// 組合條件
.where(new SimpleCondition<Event>() {
  @Override
  public boolean filter(Event value) throws Exception {
    return value.getName().equals("b");
  }
});
```

</td></tr>
</table>

模式操作	描述
	如果輸入的是 C D A1 A2 A3 D A4 B，則會產生以下輸出。 • 如果使用「不確定的鬆散連續」，則輸出 {C A1 B}，{C A1 A2 B}，{C A1 A3 B}，{C A1 A4 B}，{C A1 A2 A3 B}，{C A1 A2 A4 B}，{C A1 A3 A4 B}，{C A1 A2 A3 A4 B}。 • 如果不使用「不確定的鬆散連續」，則輸出 {C A1 B}，{C A1 A2 B}，{C A1 A2 A3 B}，{C A1 A2 A3 A4 B}

9.3.4 模式組

可以定義一個模式序列作為 begin、followedBy、followedByAny 和 next 的條件。這個模式序列在邏輯上會被當作匹配的條件，並且返回一個 GroupPattern。在 GroupPattern 上使用 oneOrMore()、times()、optional()、consecutive()、allowCombinations() 等方法模式組的使用方法如下所示：

```
Pattern<Event, ?> start = Pattern.begin(
    Pattern.<Event>begin("start").where(...).followedBy("start_middle").
where(...)
);

// 嚴格連續
Pattern<Event, ?> strict = pattern.next(
    Pattern.<Event>begin("next_start").where(...).followedBy("next_middle").
where(...)
).times(3);

// 鬆散連續
Pattern<Event, ?> relaxed = pattern.followedBy(
    Pattern.<Event>begin("followedby_start").where(...).followedBy(
"followedby_middle").where(...)
).oneOrMore();

// 不確定的鬆散連續
Pattern<Event, ?> nonDetermin = pattern.followedByAny(
    Pattern.<Event>begin("followedbyany_start").where(...).followedBy
("followedbyany_middle").where(...)
).optional();
```

模式組的模式操作如表 9-4 所示。

表 9-4

模式操作	描述
begin(#name)	定義一個開始的模式： `Pattern<Event, ?> start = Pattern.<Event>begin("start");`

begin
(#pattern_sequence)
	定義一個開始的模式：
	`Pattern<Event, ?> start = Pattern.<Event>begin(`
	`    Pattern.<Event>begin("start").where(...).`
	`followedBy("middle").where(...)`
	`);`

next(#name)	增加一個新的模式。匹配的事件必須直接跟在前面匹配到的事件後面（嚴格連續）： `Pattern<Event, ?> next = pattern.next("middle");`

next
(#pattern_sequence)
	增加一個新的模式。匹配的事件序列必須直接跟在前面匹配到的事件後面（嚴格連續）：
	`Pattern<Event, ?> next = pattern.next(`
	`    Pattern.<Event>begin("start").where(...).`
	`followedBy("middle").where(...)`
	`);`

followedBy(#name)	增加一個新的模式。可以有其他事件出現在「匹配的事件」和「之前匹配到的事件」的中間（鬆散連續）：
	`Pattern<Event, ?> followedBy = pattern.followedBy`
	`("middle");`

followedBy
(#pattern_sequence)
	增加一個新的模式。可以有其他事件出現在「匹配的事件序列」和「之前匹配到的事件」的中間（鬆散連續）：
	`Pattern<Event, ?> followedBy = pattern.followedBy(`
	`    Pattern.<Event>begin("start").where(...).`
	`followedBy("middle").where(...)`
	`);`

<table>
<tr><th>模式操作</th><th>描述</th></tr>
<tr><td>followedByAny
(#name)</td><td>增加一個新的模式。可以有其他事件出現在「匹配的事件」和「之前匹配到的事件」的中間，每個可選的匹配事件都會作為可選的匹配結果輸出（不確定的鬆散連續）：<pre><code>Pattern<Event, ?> followedByAny = pattern.followedByAny
("middle");</code></pre></td></tr>
<tr><td>followedByAny
(#pattern_sequence)</td><td>增加一個新的模式。可以有其他事件出現在「匹配的事件序列」和「之前匹配到的事件」的中間，每個可選的匹配事件序列都會作為可選的匹配結果輸出（不確定的鬆散連續）：<pre><code>Pattern<Event, ?> followedByAny = pattern.followedByAny(
    Pattern.<Event>begin("start").where(...).
followedBy("middle").where(...)
);</code></pre></td></tr>
<tr><td>notNext()</td><td>增加一個新的否定模式。匹配的否定事件必須直接跟在「前面匹配到的事件」之後（嚴格連續）：<pre><code>Pattern<Event, ?> notNext = pattern.notNext("not");</code></pre></td></tr>
<tr><td>notFollowedBy()</td><td>增加一個新的否定模式。即使有其他事件在「匹配的否定事件」和「之前匹配的事件」的之間發生，部分匹配的事件序列也會被捨棄（鬆散連續）：<pre><code>Pattern<Event, ?> notFollowedBy = pattern.
notFollowedBy("not");</code></pre></td></tr>
<tr><td>within(time)</td><td>定義匹配模式的事件序列出現的最大時間間隔。如果未完成的事件序列超過了這個事件，則會被捨棄：<pre><code>pattern.within(Time.seconds(10));</code></pre></td></tr>
</table>

9.3.5 跳過策略

對於一個指定的模式，同一個事件可能會被匹配到多個條件上。為了控制一個事件被分配到多個條件上，需要指定跳過策略。Flink 提供了以下 5 種跳過策略。

- NO_SKIP 策略：每個成功的匹配都會被輸出。

- SKIP_TO_NEXT 策略：捨棄以相同事件開始的所有部分匹配。
- SKIP_PAST_LAST_EVENT 策略：捨棄起始在這個匹配的開始點和結束點之間的所有部分匹配。
- SKIP_TO_FIRST 策略：捨棄在這個匹配的開始點和「第一個出現的名稱為 PatternName 事件」點之間的所有部分匹配。
- SKIP_TO_LAST 策略：捨棄在這個匹配的開始點和「最後一個出現的名稱為 PatternName 事件」點之間的所有部分匹配。

在使用 SKIP_TO_FIRST 策略和 SKIP_TO_LAST 策略時，需要指定一個合法的 PatternName。

舉例來說，指定一個模式 b+c 和一個資料流程 b1 b2 b3 c，不同跳過策略之間的不同結果如表 9-5 所示。

表 9-5

跳過策略	結果	描述
NO_SKIP	b1 b2 b3 c b2 b3 c b3 c	在找到匹配 b1 b2 b3 c 之後，不會捨棄任何結果
SKIP_TO_NEXT	b1 b2 b3 c b2 b3 c b3 c	在找到匹配 b1 b2 b3 c 之後，不會捨棄任何結果，因為沒有以 b1 開始的其他匹配
SKIP_PAST_LAST_EVENT	b1 b2 b3 c	在找到匹配 b1 b2 b3 c 之後，會捨棄其他所有的部分匹配
SKIP_TO_FIRST[b]	b1 b2 b3 c b2 b3 c b3 c	在找到匹配 b1 b2 b3 c 之後，會嘗試捨棄所有在 b1 之前開始的部分匹配
SKIP_TO_LAST[b]	b1 b2 b3 c b3 c	在找到匹配 b1 b2 b3 c 後，會嘗試捨棄所有在 b3 之前開始的部分匹配，有一個這樣的 b2 b3 c 被捨棄

下面舉例説明 NO_SKIP 策略和 SKIP_TO_FIRST 策略之間的差別。模式為 (a | b | c) (b | c) c+.greedy d，輸入為 a b c1 c2 c3 d，結果如表 9-6 所示。

表 9-6

跳過策略	結　果	描　述
NO_SKIP	a b c1 c2 c3 d b c1 c2 c3 d c1 c2 c3 d	在找到匹配 a b c1 c2 c3 d 之後，不會捨棄任何結果
SKIP_TO_FIRST[c*]	a b c1 c2 c3 d c1 c2 c3 d	在找到匹配 a b c1 c2 c3 d 之後，會捨棄所有在 c1 之前開始的部分匹配，有一個這樣的 b c1 c2 c3 d 被捨棄

為了讓讀者更進一步地了解 NO_SKIP 策略和 SKIP_TO_NEXT 策略之間的差別，下面舉例説明。模式為 a b+，輸入為 a b1 b2 b3，結果如表 9-7 所示。

表 9-7

跳過策略	結　果	描　述
NO_SKIP	a b1 a b1 b2 a b1 b2 b3	在找到匹配 a b1 之後，不會捨棄任何結果
SKIP_TO_NEXT	a b1	在找到匹配 a b1 之後，會捨棄所有以 a 開始的部分匹配，這表示不會再產生 a b1 b2 和 a b1 b2 b3

如果想指定要使用的跳過策略，則只需要呼叫表 9-8 中的方法創建跳過策略。

表 9-8

方　法	描　述
AfterMatchSkipStrategy.noSkip()	創建 NO_SKIP 策略
AfterMatchSkipStrategy.skipToNext()	創建 SKIP_TO_NEXT 策略
AfterMatchSkipStrategy.skipPastLastEvent()	創建 SKIP_PAST_LAST_EVENT 策略
AfterMatchSkipStrategy.skipToFirst (patternName)	創建引用模式名稱為 patternName 的 SKIP_TO_FIRST 策略
AfterMatchSkipStrategy.skipToLast (patternName)	創建引用模式名稱為 patternName 的 SKIP_TO_LAST 策略

可以透過呼叫下面的方法將跳過策略應用到模式上：

```
AfterMatchSkipStrategy skipStrategy = ...
Pattern.begin("patternName", skipStrategy);
```

在使用 SKIP_TO_FIRST 策略和 SKIP_TO_LAST 策略時，有兩個選項可以用來處理沒有事件可以映射到對應的變數名稱上的情況：一個選項是 NO_SKIP（預設項），另一個選項是拋出異常。設定拋出異常如下所示：

```
AfterMatchSkipStrategy.skipToFirst(patternName).throwExceptionOnMiss()
```

9.4 檢測模式

在指定了要尋找的模式之後，可以透過把模式應用到輸入串流上來發現可能的匹配。在事件流上執行的模式，需要創建一個 PatternStream。如果指定了一個輸入串流 input、一個模式 pattern 和一個比較器 comparator（可選，用來對使用事件時間時有同樣時間戳記或同時到達的事件進行排序），則可以透過呼叫以下方法來創建 PatternStream：

```
DataStream<Event> input = ...
Pattern<Event, ?> pattern = ...
EventComparator<Event> comparator = ... // 可選
PatternStream<Event> patternStream = CEP.pattern(input, pattern, comparator);
```

根據使用場景，輸入流可以是 keyed 或 non-keyed。在 non-keyed 流上使用模式，會使作業併發度被設置為 1。

在獲得一個 PatternStream 之後，可以使用各種轉換來發現事件序列，推薦使用 PatternProcessFunction。

在每找到一個匹配的事件序列時，PatternProcessFunction 的 processMatc() 方法都會被呼叫。PatternProcessFunction 按照 Map<String, List<IN>> 的

格式接收一個匹配，映射的鍵是模式序列中的每個模式的名稱，值是被接收的事件列表（IN 是輸入事件的類型）。模式的輸入事件按照時間戳記進行排序。在使用 oneToMany() 和 times() 等迴圈模式時，會為每個模式返回一個接收的事件清單，每個模式會有不止一個事件被接收。檢測模式的使用方法如下所示：

```
class MyPatternProcessFunction<IN, OUT> extends PatternProcessFunction<IN, OUT> {
    @Override
    public void processMatch(Map<String, List<IN>> match, Context ctx,
Collector<OUT> out) throws Exception;
        IN startEvent = match.get("start").get(0);
        IN endEvent = match.get("end").get(0);
        out.collect(OUT(startEvent, endEvent));
    }
}
```

PatternProcessFunction 可以存取 Context 物件和時間屬性，如 currentProcessingTime 或當前匹配的 timestamp（最新分配到匹配上的事件的時間戳記）。

1. 處理逾時的部分匹配

在一個模式上透過 within 加上視窗長度後，部分匹配的事件序列可能會因為超過視窗長度而被捨棄。可以使用 TimedOutPartialMatchHandler 介面來處理逾時的部分匹配，這個介面可以和其他的介面混合使用。

可以在自己的 PatternProcessFunction 中另外實現這個介面。TimedOutPartialMatchHandler 介面提供了另外的 processTimedOutMatch() 方法，該方法會對每個逾時的匹配進行處理。逾時匹配處理方法如下所示：

```
class MyPatternProcessFunction<IN, OUT> extends PatternProcessFunction<IN,
OUT> implements
TimedOutPartialMatchHandler<IN> {
    @Override
    public void processMatch(Map<String, List<IN>> match, Context ctx,
```

```
Collector<OUT> out) throws Exception;
        ...
    }
    @Override
    public void processTimedOutMatch(Map<String, List<IN>> match, Context ctx)
throws Exception;
        IN startEvent = match.get("start").get(0);
        ctx.output(outputTag, T(startEvent));
    }
}
```

Tips

processTimedOutMatch() 方法不能存取「主輸出」，但可以透過 Context 物件把結果輸出到「旁路輸出」。

2. 便捷的 API

前面提到的 PatternProcessFunction 是從 Flink 1.8 版本開始引入的，推薦使用 PatternProcessFunction 來處理匹配到的結果。使用者仍可以使用 select/flatSelect 這種舊格式的 API，它們會在內部被轉為 PatternProcessFunction。PatternProcessFunction 的使用方法如下所示：

```
PatternStream<Event> patternStream = CEP.pattern(input, pattern);
// 定義一個OutputTag，用於標識旁路輸出串流
OutputTag<String> outputTag = new OutputTag<String>("side-output"){};
SingleOutputStreamOperator<ComplexEvent> flatResult = patternStream.flatSelect(
    outputTag,
    new PatternFlatTimeoutFunction<Event, TimeoutEvent>() {
        public void timeout(
                Map<String, List<Event>> pattern,
                long timeoutTimestamp,
                Collector<TimeoutEvent> out) throws Exception {
            out.collect(new TimeoutEvent());
        }
    },
    new PatternFlatSelectFunction<Event, ComplexEvent>() {
```

```
        public void flatSelect(Map<String, List<IN>> pattern, Collector<OUT> 
out) throws Exception {
                out.collect(new ComplexEvent());
            }
        }
);
DataStream<TimeoutEvent> timeoutFlatResult = flatResult.getSideOutput(outputTag);
```

9.5 複雜事件處理函數庫中的時間

9.5.1 按照「事件時間」處理遲到事件

在複雜事件處理中，事件的處理順序很重要。在使用「事件時間」時，為了保證事件按照正確的順序被處理，一個事件到達後會先被放到一個緩衝區中。在緩衝區中，事件按照時間戳記從小到大排序。當水位線到達後，緩衝區中所有小於水位線的事件被處理，這表示水位線與水位線之間的資料都按照時間戳記被連續處理。

為了保證超過水位線的事件按照「事件時間」來處理，複雜事件處理函數庫假設水位線一定是正確的，並且把時間戳記小於最新水位線的事件看作是晚到的，晚到的事件不會被處理。也可以指定一個旁路輸出串流來收集比最新水位線晚到的事件，如下所示：

```
PatternStream<Event> patternStream = CEP.pattern(input, pattern);
// 定義一個OutputTag，用於標識旁路輸出串流
OutputTag<String> lateDataOutputTag = new OutputTag<String>("late-data"){};
SingleOutputStreamOperator<ComplexEvent> result = patternStream
// 將遲到的資料發送到用OutputTag標識的旁路輸出串流中
.sideOutputLateData(lateDataOutputTag)
        .select(
        new PatternSelectFunction<Event, ComplexEvent>() {...}
    );

DataStream<String> lateData = result.getSideOutput(lateDataOutputTag);
```

9.5.2 時間上下文

在 PatternProcessFunction() 函數中，使用者可以像在 IterativeCondition() 中那樣按照下面的方法實現 TimeContext 的上下文：

```
/**
 * 支援獲取事件屬性，如"當前處理事件"或"當前正處理的事件的時間"
 * 用在PatternProcessFunction和org.apache.flink.cep.pattern.conditions.
IterativeCondition中
 */
@PublicEvolving
public interface TimeContext {
   /** 當前正處理的事件的時間戳記。如果是ProcessingTime，則該值會被設定為
   "事件進入CEP運算元的時間"*/
   long timestamp();
   /** 返回當前的"處理時間"*/
   long currentProcessingTime();
}
```

這個上下文讓使用者可以獲取「處理時間」屬性。呼叫 currentProccssingTime() 方法會返回當前的「處理時間」。建議儘量使用 currentProcessingTime() 方法，而非 System.currentTimeMillis() 方法等。

在使用「事件時間」時，timestamp() 方法返回的值等於分配的時間戳記。在使用「處理時間」時，這個值等於事件進入 CEP 運算元的時間點（在 PatternProcessFunction() 函數中產生的是「處理時間」）。所以，多次呼叫「事件時間」得到的值是一致的。

Chapter

10

使用 Table API 實現流 / 批統一處理

本章首先介紹 Table API 和 SQL 的概念、程式的結構、計畫器，然後介紹 Table API 和 SQL 的流的概念，最後介紹 Catalog，以及 Table API&SQL 如何與 DataStream 和 DataSet API 結合使用。

10.1 Table API 和 SQL

10.1.1 認識 Table API 和 SQL

Flink 提供了 Table API 和 SQL 這兩個進階的關聯式 API 來統一處理無界資料流程和有界資料流程。Table API 和 SQL 具有同樣的中繼資料，它們的執行過程如圖 10-1 所示。

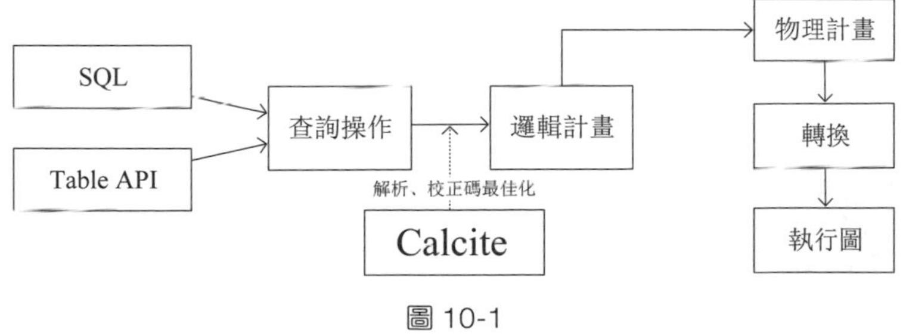

圖 10-1

由圖 10-1 可知，Table API 和 SQL 重複使用一套最佳化與執行引擎，一套引擎可以讓開發者專注於單一技術堆疊，這樣可以降低使用者使用即時計算門檻。

Flink 提供了處理集無界資料流程和有界資料流程於一體的 ANSI-SQL 語法，並且即時和離線的表結構與層次可以設計成一樣的，以便共用。

10.1.2 Table API 和 SQL 程式的結構

所有用於批次處理與流處理的 Table API 和 SQL 程式都遵循相同的模式。Table API 和 SQL 程式的通用結構如下所示：

```
// 為流/批次處理創建TableEnvironment環境
TableEnvironment tableEnv = ...;
// 創建表
tableEnv.connect(...).createTemporaryTable("table1");
// 註冊1個輸出表
tableEnv.connect(...).createTemporaryTable("outputTable");
// 創建1個Table物件，從Table API 查詢
Table tapiResult = tableEnv.from("table1").select(...);
// 從SQL查詢，創建一個Table物件
Table sqlResult  = tableEnv.sqlQuery("SELECT ... FROM table1 ... ");
// 將Table API或SQL結果表發送到TableSink
TableResult tableResult = tapiResult.executeInsert("outputTable");
tableResult...
// 執行任務操作。因為Flink是惰性載入的，所以必須呼叫execute()方法才會執行
tableEnv.execute();
```

10.1.3 認識 Table API 和 SQL 的環境

表環境（TableEnvironment）是 Table API 和 SQL 程式的入口，用來創建 Table API 和 SQL 程式的上下文執行環境，它的職責包括以下幾點。

- 在內部的 Catalog 中註冊 Table。
- 註冊外部的 Catalog。

- 載入可抽換模組。
- 執行 SQL 查詢。
- 註冊自訂函數。
- 將 DataStream 或 DataSet 轉換成 Table。
- 對 ExecutionEnvironment 或 StreamExecutionEnvironment 的引用。

Table API 和 SQL 總是與特定的表環境綁定。不能在同一筆查詢中使用不同表環境中的表，即不能對不同表環境中的表進行 Join 或 Union 操作。

表環境可以透過 create() 方法，在 StreamExecutionEnvironment 或 ExecutionEnvironment 中創建。表設定（TableConfig）可用於設定表環境或訂製查詢最佳化和轉換過程，它是可選項。

TableEnvironment 有以下 3 種表環境：
TableEnvironment、StreamTableEnvironment、BatchTableEnvironment，它們的區別如表 10-1 所示。

表 10-1

項目	TableEnvironment	StreamTableEnvironment	BatchTableEnvironment
Stream 作業	支持	支持	不支持
Batch 作業	支持（BlinkPlanner）	不支持	支持（OldPlanner）
對接 DataStream API	不支持	支持	不支持
對接 DataSet API	不支持	不支持	支持
UDTF/UDAF	不支持	支持	支持

10.1.4 認識計畫器——OldPlanner 和 BlinkPlanner

在使用 Table API 和 SQL 開發 Flink 應用程式時，需要根據執行環境來選擇特定的計畫器，因為不同的表環境支持的計畫器類型不同。

1. 使用 OldPlanner 和 BlinkPlanner

如果兩個計畫器的 JAR 套件都在類別路徑中，則應該明確地設定要在當前程式中使用的計畫器。

(1) 使用 OldPlanner。

如果執行流處理，則使用如下所示的設定：

```
// 定義所有初始化表環境的參數
EnvironmentSettings fsSettings =
EnvironmentSettings.newInstance()
        .useOldPlanner()
        .inStreamingMode() // 設定元件應在流模式下工作。預設啟用
        .build();
        // 獲取流處理的執行環境
StreamExecutionEnvironment fsEnv = StreamExecutionEnvironment.
getExecutionEnvironment();
// 創建Table API和SQL程式的執行環境
StreamTableEnvironment fsTableEnv = StreamTableEnvironment.create(fsEnv,
fsSettings);
// 或TableEnvironment fsTableEnv = TableEnvironment.create(fsSettings);
```

如果執行批次查詢，則使用如下所示的設定：

```
// 獲取執行環境
ExecutionEnvironment fbEnv = ExecutionEnvironment.getExecutionEnvironment();
// 創建Table API和SQL程式的執行環境
BatchTableEnvironment fbTableEnv = BatchTableEnvironment.create(fbEnv);
```

(2) 使用 BlinkPlanner。

如果執行流查詢，則使用如下所示的設定：

```
// 獲取流處理的執行環境
StreamExecutionEnvironment bsEnv = StreamExecutionEnvironment.
getExecutionEnvironment();
// 定義所有初始化表環境的參數
EnvironmentSettings bsSettings = EnvironmentSettings.newInstance()
        .useBlinkPlanner() // 將BlinkPlanner設定為必需的模組
        .inStreamingMode() // 設定元件應在流模式下工作。預設啟用
        .build();
```

```
// 創建Table API和SQL程式的執行環境
StreamTableEnvironment bsTableEnv = StreamTableEnvironment.create(bsEnv, bsSettings);
// 或TableEnvironment bsTableEnv = TableEnvironment.create(bsSettings);
```

如果執行批次查詢，則使用如下所示的設定：

```
// 定義所有初始化表環境的參數
EnvironmentSettings bbSettings =
EnvironmentSettings.newInstance()
        .useBlinkPlanner() // 將BlinkPlanner設定為必需的模組
        .inBatchMode()
        .build();
// 創建Table API和SQL程式的執行環境
TableEnvironment bbTableEnv = TableEnvironment.create(bbSettings);
```

如果 "/lib" 目錄中只有一種計畫器的 JAR 套件，則可以使用 useAnyPlanner() 方法創建 EnvironmentSettings。

2. 翻譯與執行查詢

兩個計畫器翻譯和執行查詢的方式是不同的。

（1）OldPlanner。

如果使用 OldPlanner，則 Table API 和 SQL 查詢會被翻譯成 DataStream 程式或 DataSet 程式。這取決於它們的輸入資料來源是流式的還是批式的。查詢在內部表示為邏輯查詢計畫，並且被翻譯成兩個階段：最佳化邏輯執行計畫；翻譯成 DataStream 程式或 DataSet 程式。

Table API 和 SQL 查詢在以下情況下會被翻譯。

- 當 TableEnvironment.executeSql() 方法被呼叫時。該方法用來執行一筆 SQL 敘述，一旦該方法被呼叫，則 SQL 敘述立即被翻譯。
- 當 Table.executeInsert() 方法被呼叫時。該方法用來將一個表的內容插入目標表中，一旦該方法被呼叫，則 Table API 程式立即被翻譯。
- 當 Table.execute() 方法被呼叫時。該方法用來將一個表的內容收集到本地，一旦該方法被呼叫，則 Table API 程式立即被翻譯。

- 當 StatementSet.execute() 方法被呼叫時。Table（透過 StatementSet.addInsert() 方法輸出給某個 Sink）和 INSERT 敘述（透過呼叫 StatementSet.addInsertSql() 方法）會先被快取到 StatementSet 中，在 StatementSet.execute() 方法被呼叫時，所有的 Sink 會被最佳化成一張有向無環圖（DAG）。
- 當 Table 被轉換成 DataStream 時。觸發轉發，在轉換完成後，成為一個普通的 DataStream 程式，並且會在呼叫 execute() 方法時執行。
- 當 Table 被轉換成 DataSet 時。觸發翻譯，轉換完成後，成為一個普通的 DataSet 程式，並且會在呼叫 execute() 方法時執行。

（2）BlinkPlanner。

不論輸入的資料來源是流式的還是批式的，Table API 和 SQL 查詢都會被轉換成 DataStream 程式。Blink 將批次處理作業視作流處理的一種特例。

嚴格來說，Table 和 DataSet 之間不支持相互轉換，並且批次處理作業也不會轉換成 DataSet 程式，而是轉換成 DataStream 程式，流處理作業也一樣。查詢在內部表示為邏輯查詢計畫，並且被翻譯成兩個階段：最佳化邏輯執行計畫；翻譯成 DataStream 程式。

Table API 和 SQL 查詢在以下情況下會被翻譯。

- 當 TableEnvironment.executeSql() 方法被呼叫時。該方法用來執行一筆 SQL 敘述，一旦該方法被呼叫，則 SQL 敘述立即被翻譯。
- 當 Table.executeInsert() 方法被呼叫時。該方法用來將一個表的內容插入目標表中，一旦該方法被呼叫，則 Table API 程式立即被翻譯。
- 當 Table.execute() 方法被呼叫時。該方法用來將一個表的內容收集到本地，一旦該方法被呼叫，則 Table API 程式立即被翻譯。
- 當 StatementSet.execute() 方法被呼叫時。Table（透過 StatementSet.addInsert() 方法輸出給某個 Sink）和 INSERT 敘述（透過呼叫 StatementSet.addInsertSql() 方法）會先被快取到 StatementSet 中，StatementSet.

execute() 方法被呼叫時，所有的 Sink 會被最佳化成一張有向無環圖（DAG）。

- 當 Table 被轉換成 DataStream 時。在轉換完成後，成為一個普通的 DataStream 程式，並且會在呼叫 execute() 方法時被執行。

Tips

從 Flink 1.11 版本開始，sqlUpdate() 方法和 insertInto() 方法被廢棄，透過這兩個方法建構的 Table API 程式必須使用 StreamTableEnvironment.execute() 方法執行，而不能使用 StreamExecutionEnvironment.execute() 方法來執行。

3. 查詢最佳化

（1）OldPlanner。

Flink 利用 Apache 軟體基金會的 Calcite 來最佳化和翻譯查詢。當前執行的最佳化包括投影、篩檢程式下推、子查詢消除、其他類型的查詢重新定義。

原版計畫程式尚未最佳化 Join 的順序，而是按照查詢中定義的循序執行它們（FROM 子句中的表順序和 / 或 WHERE 子句中的 Join 述詞順序）。

透過提供一個 CalciteConfig 物件，可以調整在不同階段應用的最佳化規則集合。這個物件可以透過呼叫建構元 CalciteConfig.createBuilder() 方法來創建，並且透過呼叫 tableEnv.getConfig.setPlannerConfig(calciteConfig) 方法提供給 TableEnvironment。

（2）BlinkPlanner。

Flink 透過使用並擴充 Calcite 來執行複雜的查詢最佳化，包括一系列基於規則和成本的最佳化，具體如下。

- 基於 Calcite 的子查詢。
- 投影剪裁。

- 分區剪裁。
- 篩檢程式下推。
- 子計畫消除重複資料，以避免重複計算。
- 特殊子查詢重新定義：將 IN 和 EXISTS 轉為 left semi-joins，將 NOT IN 和 NOT EXISTS 轉為 left anti-join。
- 可選 Join 重新排序：透過 table.optimizer.join-reorder-enabled 啟用。

最佳化器不僅基於計畫，還基於可以從資料來源獲得的豐富的統計資訊，以及每個運算元（如 IO、CPU、網路和記憶體）的細粒度成本來做出明智的決策。

可以使用 CalciteConfig 物件提供自訂最佳化，透過呼叫 TableEnvironment#getConfig#setPlannerConfig() 方法將其提供給 TableEnvironment。

Tips

當前僅在子查詢重寫的結合條件下支持 IN/EXISTS/NOT IN/NOT EXISTS。

4. 比較 OldPlanner 和 BlinkPlanner

除此之外，OldPlanner 和 BlinkPlanner 還有其他的不同之處，如表 10-2 所示。

表 10-2

比較項目	OldPlanner	BlinkPlanner
Sink 的最佳化	將每個 Sink 都最佳化成一個新的有向無環圖，並且所有圖相互獨立	將多個 Sink 最佳化成一張有向無環圖（DAG），TableEnvironment 和 StreamTableEnvironment 都支援該特性
Catalog 統計資料	不支持	支持
FilterableTableSource 的實現	將 PlannerExpression 下推至 FilterableTableSource	將 Expression 下推

比較項目	OldPlanner	BlinkPlanner
基於字串的鍵值設定選項	支持	不支持
BatchTableSource	支持	不支援，使用 StreamTableSource 來替代
相容性	Flink 1.9 之前引入的 OldPlanner 主要支援類型資訊，它只對資料類型提供有限的支援，可以宣告能夠轉為類型資訊的資料類型，以便 OldPlanner 能夠了解它們	新的 BlinkPlanner 支援 OldPlanner 的全部類型，尤其包括列出的 Java 運算式字串和類型資訊

10.1.5 查詢和輸出表

1. Table API 查詢

Table API 是關於 Scala 和 Java 的整合語言式查詢 API。與 SQL 不同，Table API 的查詢不是由字串指定的，而是在主機語言中逐步建構的。

Table API 是基於 Table 類別的，該類別表示一個表（流處理或批次處理），並提供使用關係操作的方法。這些方法返回一個新的 Table 物件，該物件表示對輸入 Table 進行關係操作的結果。一些關係操作由多個方法呼叫組成，如 table.groupBy().select()，其中 groupBy() 方法指定 Table 的分組，而 select() 方法是在 Table 分組上的投影。

下面展示一個簡單的 Table API 匯總查詢：

```
// 創建Table API和SQL程式的執行環境
TableEnvironment tableEnv = ...;
// 掃描註冊的Orders表
Table orders = tableEnv.from("Orders");
// 計算來自法國的所有客戶的收入
Table revenue = orders
  .filter($("cCountry").isEqual("FRANCE"))
// 分組轉換運算元
  .groupBy($("cID"), $("cName")
  .select($("cID"), $("cName"), $("revenue").sum().as("revSum"));
```

```
// 發出或轉換表
// 執行查詢
```

2. SQL 查詢

Flink SQL 基於實現了 SQL 標準的 Apache 軟體基金會的 Calcite。SQL 查詢由正常字串指定。

下面演示如何指定查詢並將結果作為 Table 物件返回：

```
// 創建Table API和SQL程式的執行環境
TableEnvironment tableEnv = ...;
// 註冊Orders表，計算來自法國的所有客戶的收入
Table revenue = tableEnv.sqlQuery(
    "SELECT cID, cName, SUM(revenue) AS revSum " +
    "FROM Orders " +
    "WHERE cCountry = 'FRANCE' " +
    "GROUP BY cID, cName"
  );
// 發出或轉換表
// 執行查詢
```

下面展示如何指定一個更新查詢，並將查詢的結果插入已註冊的表中：

```
// 創建Table API和SQL程式的執行環境
TableEnvironment tableEnv = ...;
// 註冊Orders表，註冊RevenueFrance輸出表，計算來自法國的所有客戶的收入並發出到
RevenueFrance表
tableEnv.executeSql(
    "INSERT INTO RevenueFrance " +
    "SELECT cID, cName, SUM(revenue) AS revSum " +
    "FROM Orders " +
    "WHERE cCountry = 'FRANCE' " +
    "GROUP BY cID, cName"
  );
```

3. 混用 Table API 和 SQL 查詢

由於 Table API 和 SQL 都返回 Table 物件，因此它們可以混用。可以在 SQL 查詢返回的 Table 物件上定義 Table API 查詢。

在表環境中註冊的結果表可以在 SQL 查詢的 FROM 子句中引用，透過這個方法就可以在 Table API 查詢的結果上定義 SQL 查詢。

4. 輸出表

Table 透過寫入 TableSink 輸出。TableSink 是一個通用介面，支援以下幾種檔案格式。

- CSV、Apache Parquet、Apache Avro。
- 儲存系統（如 JDBC、Apache HBase、Apache Cassandra、Elasticsearch）。
- 訊息佇列系統（如 Apache Kafka、RabbitMQ）。

批次處理 Table 只能寫入 BatchTableSink，而流處理 Table 需要指定寫入 AppendStreamTableSink、RetractStreamTableSink 或 UpsertStreamTableSink。

Table.executeInsert() 方法將 Table 發送至已註冊的 TableSink，該方法透過名稱在 Catalog 中尋找 TableSink，並確認 Table Schema 和 TableSink Schema 一致。

下面演示輸出 Table：

```
// 創建Table API和SQL程式的執行環境
TableEnvironment tableEnv = ...;
// 創建輸出表
final Schema schema = new Schema()
    .field("a", DataTypes.INT())
    .field("b", DataTypes.STRING())
    .field("c", DataTypes.LONG());
tableEnv.connect(new FileSystem("/path/to/file"))
    .withFormat(new Csv().fieldDelimiter('|').deriveSchema())
    .withSchema(schema)
    .createTemporaryTable("CsvSinkTable");
// 使用Table API或SQL查詢來計算結果表
Table result = ...
    // 將結果表發送到註冊的TableSink
    result.executeInsert("CsvSinkTable");
```

10.2 Table API 和 SQL 的「流」的概念

10.2.1 認識動態表

1. 在 DataStream 上的關係查詢

Flink 的 Table API 和 SQL 是流 / 批統一的 API。這表示，Table API 和 SQL 在無論是有界的批式輸入還是無界的流式輸入下，都具有相同的語義。為了便於了解，下面比較傳統的關聯代數 /SQL 與流處理，它們的差異如表 10-3 所示。

表 10-3

項　目	關聯代數 / SQL	流 處 理
輸入資料	關係 (或表) 是有界 (多) 元組集合	流是一個無限元組序列
執行	對批資料 (如關聯式資料庫中的表) 執行的查詢可以存取完整的輸入資料	流式查詢在啟動時不能存取所有資料，必須「等待」資料流入
輸出結果	批次處理查詢在產生固定大小的結果後終止	流式查詢不斷地根據接收到的記錄更新其結果，並且始終不會結束

由表 10-3 可以看出，傳統的關聯代數 /SQL 與流處理存在很大的差異，但是使用關係查詢和 SQL 處理流並不是不可能的。進階關聯式資料庫系統提供了物化視圖（Materialized Views）的特性。物化視圖被定義為一筆 SQL 查詢，並快取查詢的結果，因此在存取視圖時不需要對查詢進行計算。這很像正常的虛擬視圖。快取的常見難題是防止快取為過期的結果提供服務。當其定義查詢的基底資料表被修改時，物化視圖將過期。

即時視圖維護（Eager View Maintenance）是一種一旦更新了物化視圖的基底資料表就立即更新視圖的技術。

如果考慮以下問題，則即時視圖維護和流上的 SQL 查詢之間的關聯就會變得顯而易見。

- 資料庫表是 INSERT、UPDATE 和 DELETE DML 敘述的 Stream 的結果，通常稱為 Changelog Stream。

- 物化視圖被定義為一筆 SQL 查詢。為了更新視圖，查詢不斷地處理視圖的基本關係的 Changelog Stream。
- 物化視圖是流式 SQL 查詢的結果。

2. 動態表和連續查詢

動態表（Dynamic Tables) 是 Flink 支援流資料的 Table API 和 SQL 的核心概念。與表示批次處理資料的靜態表不同，動態表是隨時間變化的，可以像查詢靜態批次處理表一樣查詢它們。查詢動態表將生成一個連續查詢。一個連續查詢永遠也不會終止，結果會生成一個動態表。查詢不斷更新其（動態）結果表，以反映其（動態）輸入表上的更改。

從本質上來說，動態表上的連續查詢與定義物化視圖的查詢類似。連續查詢的結果在語義上總是相等於以批次處理模式在輸入表快照上執行的相同查詢的結果。

資料流程、動態表和連續查詢之間的關係如圖 10-2 所示。

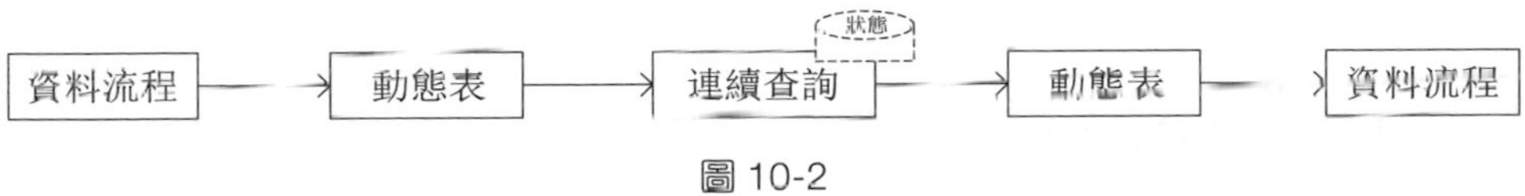

圖 10-2

由圖 10-2 可以看出，動態查詢的步驟如下。

（1）將流轉為動態表。

（2）在動態表上計算一個連續查詢，生成一個新的動態表。

（3）生成的動態表被轉換回流。

Tips

動態表是一個邏輯概念。在查詢執行期間不一定（完全）物化動態表。

3. 在流上定義表

為了使用關係查詢處理流，必須將其轉換成表。流的每筆記錄都被解釋為對結果表的 INSERT 操作。從本質上來說，是從一個 INSERT-only 的 Changelog 流建構表。

圖 10-3 顯示了點擊事件流（左側）如何轉為表（右側）。當插入更多的點擊事件流記錄時，結果表將不斷增長。

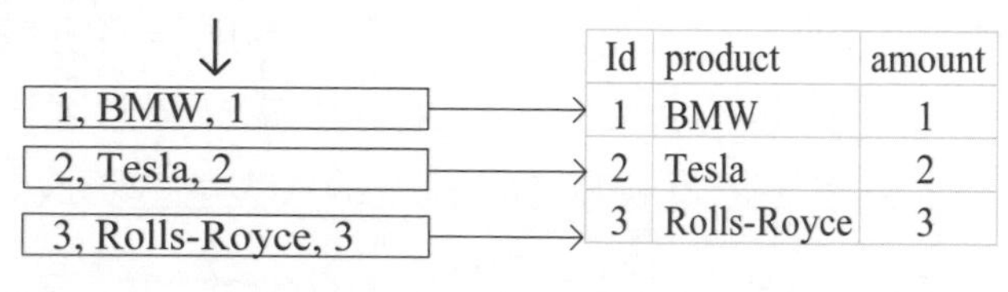

圖 10-3

在流上定義的表在內部沒有物化。

（1）連續查詢。

與批次處理查詢不同，連續查詢從不終止，並且根據其輸入表上的更新來更新其結果表。在任何時候，連續查詢的結果在語義上與以批次處理模式在輸入表快照上執行的相同查詢的結果相同。

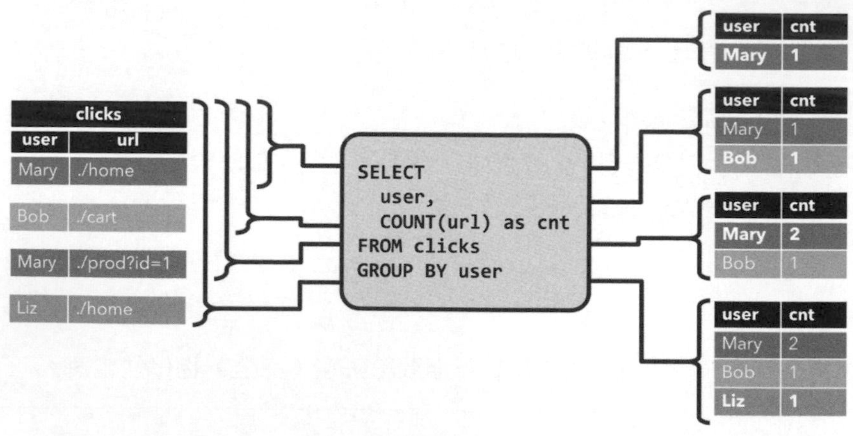

圖 10-4

圖 10-4 顯示了連續查詢。第一個查詢是一個簡單的 GROUP-BY COUNT 匯總查詢，它基於 user 欄位對 clicks 表進行分組，並統計存取的 URL 的數量。

當查詢開始時，clicks 表（左側）是空的。當第 1 行資料被插入 clicks 表時，查詢開始計算結果表。第 1 行資料 [Mary,./home] 插入後，結果表（右側，上部）由一行 [Mary, 1] 組成。

當第 2 行資料 [Bob, ./cart] 插入 clicks 表時，查詢會更新結果表並插入一行新資料 [Bob, 1]。

第 3 行資料 [Mary, ./prod?id=1] 將產生已計算的結果行的更新，[Mary, 1] 更新成 [Mary, 2]。最後，當第 4 行資料插入 clicks 表時，查詢將第 3 行的 [Liz, 1] 插入結果表中。

圖 10-4 所示的查詢和圖 10-5 類似，但是除了使用者屬性，還將 clicks 分組至每小時捲動視窗中，然後計算 "url" 數量（基於時間的計算，如基於特定時間屬性的視窗）。同樣，該圖顯示了不同時間點的輸入和輸出，以視覺化動態表的變化特性。

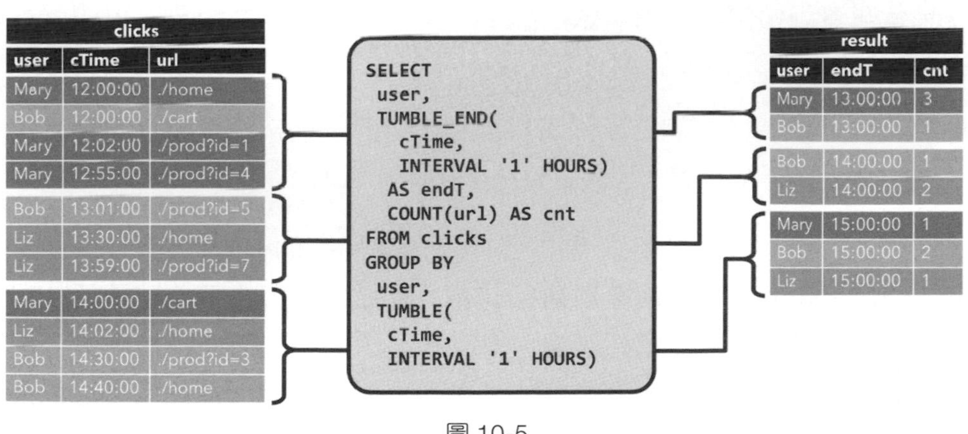

圖 10-5

與前面一樣，圖 10-5 左邊顯示了輸入表 clicks，查詢每小時持續計算結果並更新結果表。clicks 表包含 4 行帶有時間戳記（cTime）的資料，時間戳記在 12:00:00 和 12:59:59 之間。查詢從這個輸入計算出兩個結果行（每個 user 一個），並將它們附加到結果表中。對於 13:00:00 和 13:59:59 之間的下一個視窗，clicks 表包含 3 行，將會導致另外兩行被追加到結果表。隨著時間的演進，更多的行被增加到 clicks 表中，結果表將被更新。

（2）更新和新增查詢。

雖然這兩個範例查詢看起來非常相似（都計算分組計數聚合），但它們在一個重要方面存在不同之處。

- 第 1 個查詢更新先前輸出的結果，即定義結果表的 Changelog 流包含 INSERT 和 UPDATE 操作。
- 第 2 個查詢只附加到結果表，即結果表的 Changelog 流只包含 INSERT 操作。

一個查詢是產生一個只追加的表還是一個更新的表有一些含義：產生更新更改的查詢通常必須維護更多的狀態。

（3）查詢限制。

許多（但不是全部）語義上有效的查詢可以作為流上的連續查詢進行評估。有些查詢代價太高而無法計算，這可能是由於它們需要維護的狀態的大小，也可能是由於計算更新代價太高。

- 狀態大小：連續查詢在無界資料流程上計算，通常應該執行數周或數月。因此，連續查詢處理的資料總量可能非常大。

舉例來說，第一個查詢範例需要儲存每個使用者的 URL 計數，以便能夠增加該計數並在輸入表接收新行時發送新結果。如果只追蹤註冊使用者，則要維護的計數量可能不會太高。但是，如果為註冊的使用者分配了一個唯一的用戶名，則要維護的計數量將隨著時間增長，並且可能最終導致查詢失敗。

- 計算更新：有些查詢需要重新計算和更新大量已輸出的結果行，即使只增加或更新一筆輸入記錄。顯然，這樣的查詢不適合作為連續查詢執行。

下面的查詢就是一個例子，它根據最後一次點擊的時間為每個使用者計算一個排名。一旦 clicks 表接收到一個新行，使用者的 lastAction 就會更新，並且必須計算一個新的排名。然而，由於兩行不能具有相同的排名，因此所有較低排名的行也需要更新。

```
SELECT user, RANK() OVER (ORDER BY lastLogin)
FROM (
  SELECT user, MAX(cTime) AS lastAction FROM clicks GROUP BY user
);
```

可以控制連續查詢執行的參數，以便在維持狀態的大小和獲得結果的準確性之間做出取捨。

4. 表到流的轉換

動態表可以像普通資料庫表一樣透過 INSERT、UPDATE 和 DELETE 來不斷修改。它可能是一個只有一行、不斷更新的表，也可能是一個 Insert-only 的表，沒有 UPDATE 和 DELETE 修改，或介於兩者之間的其他表。

在將動態表轉為流或將其寫入外部系統時，需要對這些更改進行編碼。Flink 的 Table API 和 SQL 支援 3 種方式來編碼一個動態表的變化。

（1）Append-only 流。

僅透過 INSERT 操作修改的動態表可以透過輸出插入的行轉為流。

（2）Retract 流。

Retract 流包含兩種類型的 message：add message 和 retract message。在 Retract 流中，將相關操作編碼為以下 3 種形式。

- 將 INSERT 操作編碼為 add message。
- 將 DELETE 操作編碼為 retract message。
- 將 UPDATE 操作編碼為更新（先前）行的 retract message + 更新（新）行的 add message，將動態表轉為 Retract 流。

圖 10-6 顯示了將動態表轉為 Retract 流的過程。

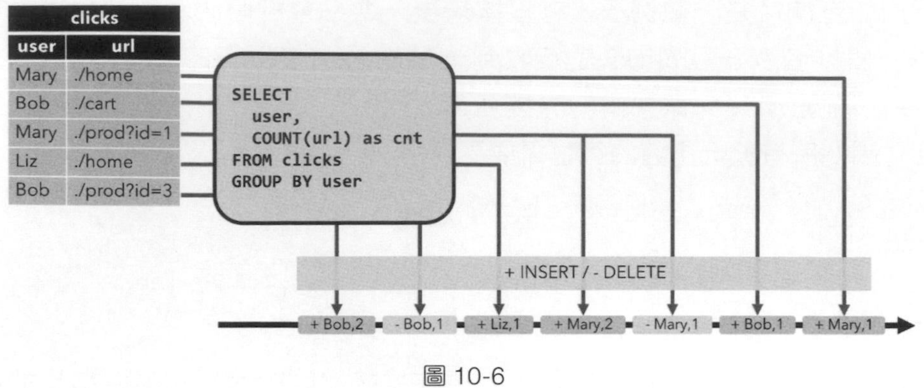

圖 10-6

（3）Upsert 流。

Upsert 流包含兩種類型的 message：upsert message 和 delete message。轉為 Upsert 流的動態表需要（可能是組合的）唯一鍵。在 Upsert 流中，將相關操作編碼為以下形式。

- 將 INSERT 和 UPDATE 操作編碼為 upsert message。
- 將 DELETE 操作編碼為 delete message。

將具有唯一鍵的動態表轉為流。消費流的運算元需要知道唯一鍵的屬性，以便正確地應用 message。Upsert 流與 Retract 流的主要區別在於 UPDATE 操作是用單一 message 編碼的，因此效率更高。圖 10-7 顯示了將動態表轉為 Upsert 流的過程。

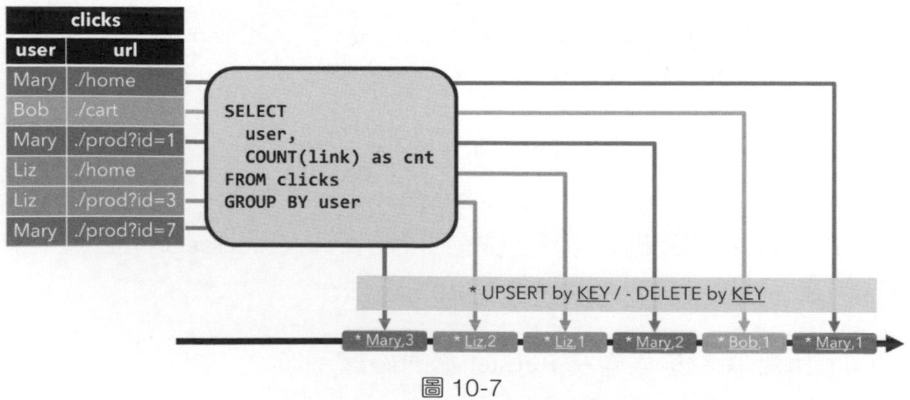

圖 10-7

在將動態表轉為 DataStream 時，只支援 append 流和 retract 流。

10.2.2 在 Table API 和 SQL 中定義時間屬性

1. 時間屬性介紹

如果執行基於時間的視窗操作，則需要 Table API 中的表提供邏輯時間屬性來表示時間，以及支持時間相關的操作。

每種類型的表都可以有時間屬性，可以在創建表時指定，也可以在 DataStream 中指定，還可以在定義 TableSource 時指定。一旦將時間屬性定義好，它就可以像普通列一樣使用，也可以在與時間相關的操作中使用。

只要時間屬性沒有被修改，而是簡單地從一個表傳遞到另一個表，它就仍然是一個有效的時間屬性。時間屬性可以像普通的時間戳記的列一樣被使用和計算。一旦時間屬性被用在計算中，它就會被物化，進而變成一個普通的時間戳記。普通的時間戳記是無法與 Flink 的時間及水位線等一起使用的，所以普通的時間戳記無法用在與時間相關的操作中。

Table API 程式需要在 StreamExecutionEnvironment 中指定時間屬性和方法，如下所示：

```
// 獲取流處理的執行環境
final StreamExecutionEnvironment env = StreamExecutionEnvironment.
getExecutionEnvironment();
// 設定時間特性
env.setStreamTimeCharacteristic(TimeCharacteristic.ProcessingTime); // 預設
// 或env.setStreamTimeCharacteristic(TimeCharacteristic.IngestionTime);
// 或env.setStreamTimeCharacteristic(TimeCharacteristic.EventTime);
```

2. 處理時間

「處理時間」是基於電腦的本地時間來處理資料的。它是最簡單的一種時間概念，但是不能提供確定性。「處理時間」既不需要從資料中獲取時間，也不需要生成水位線。可以使用以下 3 個方法定義「處理時間」。

（1）在創建表的 DDL 中定義。

「處理時間」屬性可以在創建表的 DDL 中用計算列的方式定義。使用 PROCTIME() 方法就可以定義「處理時間」，如下所示：

```
CREATE TABLE user_actions (
  user_name STRING,
  data STRING,
  user_action_time AS PROCTIME() -- 宣告一個額外的列作為"處理時間"屬性
) WITH (
  ...
);
SELECT TUMBLE_START(user_action_time, INTERVAL '10' MINUTE), COUNT(DISTINCT
user_name)
FROM user_actions
GROUP BY TUMBLE(user_action_time, INTERVAL '10' MINUTE);
```

（2）在 DataStream 到 Table 轉換時定義。

「處理時間」屬性可以在 Schema 定義時用 .proctime() 方法來定義。時間屬性不能定義在一個已有欄位上，所以它只能定義在 Schema 的最後。其使用方法如下所示：

```
DataStream<Tuple2<String, String>> stream = ...;
// 宣告一個額外的欄位作為時間屬性欄位
Table table = tEnv.fromDataStream(stream, $("user_name"), $("data"), $("user_
action_time").proctime());
WindowedTable windowedTable = table
                // 視窗轉換運算元
                .window(Tumble
                .over(lit(10).minutes())
                .on($("user_action_time"))
                .as("userActionWindow"));
```

（3）使用 TableSource 定義。

「處理時間」屬性可以在實現了 DefinedProctimeAttribute 的 TableSource 中定義。邏輯的時間屬性會放在 TableSource 已有物理欄位的最後。其使用方法如下所示：

```
// 定義一個"處理時間"屬性的TableSource
public class UserActionSource implements StreamTableSource<Row>,
DefinedProctimeAttribute {
    @Override
    public TypeInformation<Row> getReturnType() {
        String[] names = new String[] {"user_name" , "data"};
        TypeInformation[] types = new TypeInformation[] {Types.STRING(),
Types.STRING()};
        return Types.ROW(names, types);
    }
    @Override
    public DataStream<Row> getDataStream(StreamExecutionEnvironment execEnv) {
        // 創建流
        DataStream<Row> stream = ...;
        return stream;
    }
    @Override
    public String getProctimeAttribute() {
        // 這個名字的列會被追加到最後，作為第3列
        return "user_action_time";
    }
}
// 註冊TableSource
tEnv.registerTableSource("user_actions", new UserActionSource());
WindowedTable windowedTable = tEnv
        .from("user_actions")
        // 視窗轉換運算元
        .window(Tumble
        .over(lit(10).minutes())
        .on($("user_action_time"))
        .as("userActionWindow"));
```

3. 事件時間

「事件時間」允許程式按照資料中包含的時間來處理，這樣就可以在有亂數或晚到的資料的情況下產生一致的處理結果。它可以保證從外部儲存讀取資料後產生可以複現的結果。

除此之外，「事件時間」可以讓程式在流式作業和批式作業中使用同樣的語法。在流式程式中的「事件時間」屬性在批式程式中就是一個正常的時間欄位。

為了能夠處理亂數的事件，並且區分正常到達和晚到的事件，Flink 需要從事件中獲取「事件時間」並且產生水位線。

「事件時間」屬性也有類似於「處理時間」的 3 種定義方式：在 DDL 中定義、在 DataStream 到 Table 轉換時定義、使用 TableSource 定義。

（1）在 DDL 中定義。

「事件時間」屬性可以用 WATERMARK 敘述在 CREATE TABLE DDL 中進行定義。WATERMARK 敘述在一個已有欄位上定義一個水位線生成運算式，同時將這個已有欄位標記為時間屬性欄位。其使用方法如下所示：

```
CREATE TABLE user_actions (
  user_name STRING,
  data STRING,
  user_action_time TIMESTAMP(3),
  -- 宣告user_action_time是"事件時間"屬性，並且用延遲5s的策略來生成水位線
  WATERMARK FOR user_action_time AS user_action_time - INTERVAL '5' SECOND
) WITH (
  ...
);

SELECT TUMBLE_START(user_action_time, INTERVAL '10' MINUTE), COUNT(DISTINCT
user_name)
FROM user_actions
GROUP BY TUMBLE(user_action_time, INTERVAL '10' MINUTE);
```

（2）在 DataStream 到 Table 轉換時定義。

「事件時間」屬性可以使用 .rowtime() 方法在定義 DataStream Schema 時來定義。時間戳記和水位線在這之前一定是在 DataStream 上已經定義好了。

在從 DataStream 到 Table 轉換時定義「事件時間」屬性有兩種方式。

- 在 Schema 的結尾追加一個新的欄位。

■ 替換一個已經存在的欄位。

不管在哪種情況下，「事件時間」欄位都表示 DataStream 中定義的事件的時間戳記。其使用方法如下所示：

```
// 選項1
DataStream<Tuple2<String, String>> stream = inputStream
// 為資料流程中的元素分配時間戳記，並生成水位線以表示事件時間進度
.assignTimestampsAndWatermarks(...);
// 宣告一個額外的邏輯欄位作為"事件時間"屬性
Table table = tEnv.fromDataStream(stream, $("user_name"), $("data"), $("user_
action_time").rowtime()");
// 選項2
// 從第1個欄位獲取"事件時間"，並且產生水位線
DataStream<Tuple3<Long, String, String>> stream = inputStream
.assignTimestampsAndWatermarks(...);
// 第1個欄位已經用作"事件時間"取出，不用再用一個新欄位來表示"事件時間"
Table table = tEnv.fromDataStream(stream, $("user_action_time").rowtime(),
$("user_name"), $("data"));
// 用法
WindowedTable windowedTable = table
        // 視窗轉換運算元
        .window(Tumble
        .over(lit(10).minutes())
        .on($("user_action_time"))
        .as("userActionWindow"));
```

（3）使用 TableSource 定義。

「事件時間」屬性可以在實現了 DefinedRowTimeAttributes 的 TableSource 中定義。getRowtimeAttributeDescriptors() 方法返回 RowtimeAttribute Descriptor 的列表，包含了描述「事件時間」屬性的欄位名字、如何計算「事件時間」，以及水位線生成策略等資訊。

同時，需要確保 getDataStream 返回的 DataStream 已經定義好了時間屬性。只有在定義了 StreamRecordTimestamp 時間戳記分配器後，才認為 DataStream 是有時間戳記資訊的。只有定義了 PreserveWatermarks 水位

線生成策略的 DataStream 的水位線才會被保留；反之，則只有時間欄位的值是生效的。其使用方法如下所示：

```
// 定義一個有"事件時間"屬性的Tablesource
public class UserActionSource implements StreamTableSource<Row>,
DefinedRowtimeAttributes {
    @Override
    public TypeInformation<Row> getReturnType() {
        String[] names = new String[] {"user_name", "data", "user_action_time"};
        TypeInformation[] types =
        new TypeInformation[] {Types.STRING(), Types.STRING(), Types.LONG()};
        return Types.ROW(names, types);
    }
    @Override
    public DataStream<Row> getDataStream(StreamExecutionEnvironment execEnv) {
        // 構造DataStream
        DataStream<Row> stream = inputStream
                // 基於"user_action_time"定義水位線
                .assignTimestampsAndWatermarks(...);
        return stream;
    }

    @Override
    public List<RowtimeAttributeDescriptor> getRowtimeAttributeDescriptors() {
     // 標記 "user_action_time" 欄位是"事件時間"欄位
     // 為 "user_action_time" 構造一個時間屬性描述符號
     RowtimeAttributeDescriptor rowtimeAttrDescr = new
RowtimeAttributeDescriptor(
        "user_action_time",
        new ExistingField("user_action_time"),
        new AscendingTimestamps());
     List<RowtimeAttributeDescriptor> listRowtimeAttrDescr = Collections.
singletonList(rowtimeAttrDescr);
     return listRowtimeAttrDescr;
   }
}

// 註冊Tablesource
tEnv.registerTableSource("user_actions", new UserActionSource());
WindowedTable windowedTable = tEnv
```

```
    .from("user_actions")
    // 視窗轉換運算元
    .window(Tumble.over(lit(10).minutes()).on($("user_action_time")).
as("userActionWindow"));
```

10.2.3 流上的連接

1. 正常連接

正常連接（Join）是最通用的類型，在該連接中，任何新記錄或對連接輸入兩側的任何更改都是可見的，並且會影響整個連接結果。舉例來說，如果左側有一個新記錄，則它將與右側的所有以前和將來的記錄合併在一起。其使用方法如下所示：

```
SELECT * FROM Orders
INNER JOIN Product
ON Orders.productId = Product.id
```

這些語義允許進行任何類型的更新（插入、更新、刪除）輸入表，這些語義需要將連接輸入的兩端始終保持在 Flink 的狀態。因此，如果一個或兩個輸入表持續增長，則資源使用也將無限期增長。

2. 間隔連接

間隔連接由連接述詞定義，該連接述詞檢查輸入記錄的時間屬性是否在某些時間限制（即時間視窗）內。其使用方法如下所示：

```
SELECT *
FROM
  Orders o,
  Shipments s
WHERE o.id = s.orderId AND
      o.ordertime BETWEEN s.shiptime - INTERVAL '4' HOUR AND s.shiptime
```

與正常 Join 操作相比，間隔連接僅支援具有時間屬性的附加表。由於時間屬性是準單調增加的，因此 Flink 可以從其狀態中刪除舊值，而不會影響結果的正確性。

3. 與臨時表函數連接

臨時表函數的連接將附加表（左側輸入 / 探針側）與臨時表（右側輸入 / 建構側）連接，即隨時間變化並追蹤其變化的表。

10.2.4 認識時態表

時態表（Temporal Table）代表基於表的（參數化）視圖概念，該表記錄變更歷史，該視圖返回表在某個特定時間點的內容。

變更表既可以是追蹤變化的歷史記錄表（如資料庫變更日誌），也可以是有具體更改的表（如資料庫表）。

- 對於追蹤變化的歷史記錄表，Flink 將追蹤這些變化，並且允許查詢這張表在某個特定時間點的內容。在 Flink 中，這類表由時態表函數（Temporal Table Function）表示。
- 對於有具體更改的表，Flink 允許查詢這張表在處理時的內容，在 Flink 中，此類表由時態表（Temporal Table）表示。

1. 時態表函數

為了存取時態表中的資料，必須傳遞一個時間屬性，該屬性確定將要返回的表的版本。Flink 使用表函數的 SQL 語法提供一種表達它的方法。

定義後，時態表函數將使用單一時間參數 timeAttribute 並返回一個行集合，該集合包含相對於指定時間屬性的所有現有主鍵的行的最新版本。

Tips

目前 Flink 不支援使用常數時間屬性參數直接查詢時態表函數。目前，時態表函數只能在 Join 操作中使用。上面的範例用於為 Rates(timeAttribute) 的返回內容提供直觀資訊。

2. 時態表

僅 BlinkPlanner 支援時態表功能。

為了存取時態表中的資料，當前必須使用 LookupableTableSource 定義一個 TableSource。Flink 使用 SQL:2011 中提出的 FOR SYSTEM_TIME AS OF 的 SQL 語法查詢時態表。

10.3 Catalog

10.3.1 認識 Catalog

1. 什麼是 Catalog

Catalog 提供了中繼資料資訊，如資料庫、表、分區、視圖，以及資料庫或其他外部系統中儲存的函數和資訊。

資料處理最關鍵的方面之一是管理中繼資料。中繼資料可以是臨時的，如臨時表或透過 TableEnvironment 註冊的 UDF；中繼資料也可以是持久化的，如 Hive Metastore 中的中繼資料。Catalog 提供了一個統一的 API，用於管理中繼資料，並使其可以從 Table API 和 SQL 查詢敘述中來存取。

TableEnvironment 維護的是一個由識別符號（Identifier）創建的表 Catalog 的映射。識別符號由以下 3 個部分組成。

- Catalog 名稱。
- 資料庫名稱。
- 物件名稱。

如果 Catalog 或資料庫沒有指明，則使用當前預設值。

2. Catalog 的類型

（1）GenericInMemoryCatalog。

GenericInMemoryCatalog 是基於記憶體實現的 Catalog，所有中繼資料只在 Session 的生命週期內可用。

（2）JdbcCatalog。

JdbcCatalog 讓使用者可以將 Flink 透過 JDBC 協定連接到關聯式資料庫。PostgresCatalog 是當前實現的唯一一種 JdbcCatalog。

（3）HiveCatalog。

HiveCatalog 有兩個用途：作為原生 Flink 中繼資料的持久化儲存；作為讀／寫現有 Hive 中繼資料的介面。

Hive Metastore 以小寫形式儲存所有中繼資料物件名稱。而 GenericInMemoryCatalog 區分大小寫。

（4）使用者自訂 Catalog。

可以透過實現 Catalog 介面來自訂 Catalog。想要在 SQL CLI 中使用自訂 Catalog，使用者除了需要實現自訂的 Catalog，還需要為這個 Catalog 實現對應的 CatalogFactory 介面。

CatalogFactory 介面定義了一組屬性，用於 SQL CLI 啟動時設定 Catalog。這組屬性將傳遞給發現服務，在該服務中會嘗試將屬性連結到 CatalogFactory 介面並初始化對應的 Catalog 實例。

3. 臨時表和永久表

Table 既可以是臨時表（Temporary Table），或叫虛擬表（視圖 View）；也可以是永久表（Permanent Table），或叫正常的表（Table）。視圖 View 可以從已經存在的 Table 中創建，一般是 Table API 或 SQL 的查詢結果。表描述的是外部資料，如檔案、資料庫表或訊息佇列。

臨時表與單一 Flink 階段（Session）的生命週期相關。永久表在多個 Flink 階段和叢集中可見。

永久表需要 Catalog（如 Hive Metastore），以維護表的中繼資料。一旦永久表被創建，它將對任何連接到 Catalog 的 Flink 階段可見且持續存在，直到被明確刪除。

另外，臨時表通常保存在記憶體中，並且僅在創建它們的 Flink 階段持續期間存在。這些表對於其他階段是不可見的。它們不與任何 Catalog 或資料庫綁定，但可以在一個命名空間（Namespace）中創建。即使它們對應的資料庫被刪除，臨時表也不會被刪除。

可以使用與已存在的永久表相同的識別符號註冊臨時表。臨時表會隱藏永久表，並且只要臨時表存在，永久表就無法存取。所有使用該識別符號的查詢都將作用於臨時表。這就是臨時表的隱藏（Shadowing）性。

這可能對實驗有用。它允許先對一個臨時表進行完全相同的查詢，如只有一個子集的資料，或資料是不確定的。一旦驗證了查詢的正確性，就可以對實際的生產表進行查詢。

4. 創建表

（1）虛擬表。

在 SQL 的術語中，Table API 的物件對應視圖（虛擬表）。它封裝了一個邏輯查詢計畫。可以透過以下方法在 Catalog 中創建虛擬表：

```
// 表是簡單投影查詢的結果
Table projTable = tableEnv.from("X").select(...);
// 將projTable註冊為虛擬表"projectedTable"
tableEnv.createTemporaryView("projectedTable", projTable);
```

從傳統資料庫系統的角度來看，Table 物件與視圖非常像。也就是說，定義了 Table 的查詢是沒有被最佳化的，而且會被內嵌到另一個引用了這個註冊了的 Table 的查詢中。如果多個查詢都引用了同一個註冊了的 Table，則它會被內嵌在每個查詢中並被執行多次，即註冊了的 Table 的結果不會被共用（BlinkPlanner 的 TableEnvironment 會最佳化成只執行一次）。

（2）Connector Tables。

創建表的另一種方式是透過 Connector 宣告。Connector 描述了儲存表資料的外部系統。儲存系統（如 Kafka 或正常的檔案系統）都可以透過這種方式來宣告。其使用方法如下所示：

```
tableEnvironment
  .connect(...)
  .withFormat(...)
  .withSchema(...)
  .inAppendMode()
  .createTemporaryTable("MyTable")
```

5. 擴充表識別符號

表總是透過三元識別符號註冊，包括 Catalog 名、資料庫名稱和表名。

使用者可以指定一個 Catalog 和資料庫作為「當前 Catalog」和「當前資料庫」。如果前兩部分的識別符號沒有指定，則使用當前 Catalog 和當前資料庫。使用者也可以透過 Table API 或 SQL 切換當前的 Catalog 和當前的資料庫。

識別符號遵循 SQL 標準，因此使用時需要用反引號（`）進行逸出。其使用方法如下所示：

```
// 創建Table API和SQL程式的執行環境
TableEnvironment tEnv = ...;
tEnv.useCatalog("custom_catalog");
tEnv.useDatabase("custom_database");
// 將資料集轉為表
Table table = ...;
// 在名為"custom_catalog"的Catalog和名為"custom_database"的資料庫中註冊一個名
為"exampleView"的視圖
tableEnv.createTemporaryView("exampleView", table);
// 在名為"custom_catalog"的Catalog和名為"other_database"的資料庫中註冊一個名
為"exampleView"的視圖
tableEnv.createTemporaryView("other_database.exampleView", table);
// 在名為"custom_catalog"的Catalog和名為"custom_database"的資料庫中註冊一個名
```

```
為"example.View"的視圖
tableEnv.createTemporaryView("`example.View`", table);
// 在名為"other_catalog"的Catalog和名為"other_database"的資料庫中註冊一個名為
"exampleView"的視圖
tableEnv.createTemporaryView("other_catalog.other_database.exampleView", table);
```

6. 創建 Flink 表並將其註冊到 Catalog

可以使用以下兩種方式創建 Flink 表並將其註冊到 Catalog。

- 使用 SQL DDL：使用 DDL 透過 Table API 或 SQL Client 在 Catalog 中創建表。
- 使用 Java：使用程式設計的方式使用 Java 或 Scala 來創建 Catalog 表。

10.3.2 實例 36：使用 Java 和 SQL 的 DDL 方式創建 Catalog、Catalog 資料庫與 Catalog 表

本實例的程式在 "/Table/Catalog" 目錄下。

本實例演示的是使用 Java 和 SQL 的 DDL 方式創建 Catalog、Catalog 資料庫與 Catalog 表。

1. 使用 Java 方式

使用 Java 方式創建 Catalog、Catalog 資料庫與 Catalog 表，如下所示：

```
public class CatalogDemo {
    // main()方法——Java應用程式的入口
    public static void main(String[] args) throws Exception {
        // 獲取執行環境
        ExecutionEnvironment env = ExecutionEnvironment.getExecutionEnvironment();
        // 創建Table API和SQL程式的執行環境
        TableEnvironment tableEnv =
        TableEnvironment.create(EnvironmentSettings.newInstance().build());
        // 創建一個記憶體Catalog
        Catalog catalog = new GenericInMemoryCatalog(GenericInMemoryCatalog.
```

```
DEFAULT_DB);
        // 註冊Catalog
        tableEnv.registerCatalog("myCatalog", catalog);
        HashMap<String, String> hashMap = new HashMap<String, String>();
            hashMap.put(CATALOG_TYPE, CATALOG_TYPE_VALUE_GENERIC_IN_MEMORY);
            hashMap.put(CATALOG_PROPERTY_VERSION, "1");
        // 創建一個Catalog資料庫
        catalog.createDatabase("myDb", new CatalogDatabaseImpl(hashMap,
"comment"),false);
        // 創建一個Catalog表
        TableSchema schema = TableSchema.builder()
                .field("name", DataTypes.STRING())
                .field("age", DataTypes.INT())
                .build();
        catalog.createTable(
                new ObjectPath("myDb","mytable"),
                new CatalogTableImpl(schema,hashMap, CATALOG_PROPERTY_
VERSION),false);
        catalog.createTable(
                new ObjectPath("myDb","mytable2"),
                new CatalogTableImpl(schema,hashMap, CATALOG_PROPERTY_
VERSION),false);
        List<String> tables = catalog.listTables("myDb"); // 表應包含"mytable"
        System.out.println("表資訊："+tables.toString());
    }
}
```

執行上述應用程式之後，會在主控台中輸出以下資訊：

```
表資訊：[mytable, mytable2]
```

2. 使用 DDL 方式

使用 DDL 方式創建 Catalog、Catalog 資料庫與 Catalog 表，如下所示：

```
public class CatalogDemoForDDL {
    // main()方法——Java應用程式的入口
    public static void main(String[] args) throws Exception {
        // 獲取執行環境
```

```
        ExecutionEnvironment env = ExecutionEnvironment.
getExecutionEnvironment();
        // 創建Table API和SQL程式的執行環境
        TableEnvironment tableEnv = TableEnvironment.
create(EnvironmentSettings.newInstance().build());
        HashMap<String, String> hashMap = new HashMap<String, String>();
        hashMap.put(CATALOG_TYPE, CATALOG_TYPE_VALUE_GENERIC_IN_MEMORY);
        hashMap.put(CATALOG_PROPERTY_VERSION, "1");
        // 創建一個記憶體Catalog
        Catalog catalog = new GenericInMemoryCatalog(GenericInMemoryCatalog.
DEFAULT_DB);
        // 註冊Catalog
        tableEnv.registerCatalog("mycatalog", catalog);
        // 創建一個Catalog資料庫
        tableEnv.executeSql("CREATE DATABASE mydb ");
        // 創建一個Catalog表
        tableEnv.executeSql("CREATE TABLE mytable (name STRING, age INT) ");
        tableEnv.executeSql("CREATE TABLE mytable2 (name STRING, age INT) ");
        List<String> tables = Arrays.asList(tableEnv.listTables().clone());
        System.out.println("表資訊：" + tables.toString());
    }
}
```

執行上述應用程式之後，會在主控台中輸出以下資訊：

```
表資訊：[mytable, mytable2]
```

10.3.3 使用 Catalog API

使用 Catalog API 的方式如下。

Tips

這裡只列出了程式設計方式的 Catalog API，使用者可以使用 SQL DDL 實現許多相同的功能。

1. 資料庫操作

```
// 創建資料庫
catalog.createDatabase("mydb", new CatalogDatabaseImpl(...), false);
// 刪除資料庫
catalog.dropDatabase("mydb", false);
// 修改資料庫
catalog.alterDatabase("mydb", new CatalogDatabaseImpl(...), false);
// 獲取資料庫
catalog.getDatabase("mydb");
// 檢查資料庫是否存在
catalog.databaseExists("mydb");
// 顯示Catalog中的資料庫
catalog.listDatabases("mycatalog");
```

2. 表操作

```
// 創建表
catalog.createTable(new ObjectPath("mydb", "mytable"),
new CatalogTableImpl(...), false);
// 刪除表
catalog.dropTable(new ObjectPath("mydb", "mytable"), false);
// 修改表
catalog.alterTable(new ObjectPath("mydb", "mytable"), new CatalogTableImpl
(...), false);
// 重新命名表
catalog.renameTable(new ObjectPath("mydb", "mytable"), "my_new_table");
// 獲取表
catalog.getTable("mytable");
// 檢查表是否存在
catalog.tableExists("mytable");
// 顯示資料庫中的表
catalog.listTables("mydb");
```

3. 視圖操作

```
// 創建視圖
catalog.createTable(new ObjectPath("mydb", "myview"), new CatalogViewImpl
(...), false);
// 刪除視圖
```

```
catalog.dropTable(new ObjectPath("mydb", "myview"), false);
// 修改視圖
catalog.alterTable(new ObjectPath("mydb", "mytable"), new CatalogViewImpl
(...), false);
// 重新命名視圖
catalog.renameTable(new ObjectPath("mydb", "myview"), "my_new_view", false);
// 獲取視圖
catalog.getTable("myview");
// 檢查視圖是否存在
catalog.tableExists("mytable");
// 顯示資料庫中的視圖
catalog.listViews("mydb");
```

4. 分區操作

```
// 創建分區
catalog.createPartition(
    new ObjectPath("mydb", "mytable"),
    new CatalogPartitionSpec(...),
    new CatalogPartitionImpl(...),
    false);
// 刪除分區
catalog.dropPartition(new ObjectPath("mydb", "mytable"), new
CatalogPartitionSpec(...), false);
// 修改分區
catalog.alterPartition(
    new ObjectPath("mydb", "mytable"),
    new CatalogPartitionSpec(...),
    new CatalogPartitionImpl(...),
    false);
// 獲取分區
catalog.getPartition(new ObjectPath("mydb", "mytable"), new
CatalogPartitionSpec(...));
// 檢查分區是否存在
catalog.partitionExists(new ObjectPath("mydb", "mytable"), new
CatalogPartitionSpec(...));
// 顯示表的分區
catalog.listPartitions(new ObjectPath("mydb", "mytable"));
// 在指定分區規範下列出表的分區
```

```
catalog.listPartitions(new ObjectPath("mydb", "mytable"), new
CatalogPartitionSpec(...));
// 透過運算式篩檢程式列出表的分區
catalog.listPartitions(new ObjectPath("mydb", "mytable"), Arrays.asList(epr1,
...));
```

5. 函數操作

```
// 創建函數
catalog.createFunction(new ObjectPath("mydb", "myfunc"), new
CatalogFunctionImpl(...), false);
// 刪除函數
catalog.dropFunction(new ObjectPath("mydb", "myfunc"), false);
// 修改函數
catalog.alterFunction(new ObjectPath("mydb", "myfunc"), new
CatalogFunctionImpl(...), false);
// 獲取函數
catalog.getFunction("myfunc");
// 檢查函數是否存在
catalog.functionExists("myfunc");
// 列出資料庫中的函數
catalog.listFunctions("mydb");
```

10.3.4 使用 Table API 和 SQL Client 操作 Catalog

1. 註冊 Catalog

可以存取預設創建的記憶體 Catalog：default_catalog，這個 Catalog 預設擁有一個預設資料庫，即 default_database。也可以在現有的 Flink 階段中註冊其他的 Catalog，如下所示：

```
tableEnv.registerCatalog(new CustomCatalog("myCatalog"));
```

2. 修改當前的 Catalog 和資料庫

Flink 始終在當前的 Catalog 和資料庫中尋找表、視圖與 UDF。如果要修改當前的 Catalog 和資料庫，則可以使用如下所示的程式：

```
tableEnv.useCatalog("myCatalog");
tableEnv.useDatabase("myDb");
```

可以透過提供全限定名 catalog.database.object 來存取不在當前 Catalog 中的中繼資料資訊：

```
tableEnv.from("not_the_current_catalog.not_the_current_db.my_table");
```

3. 列出可用的 Catalog

```
tableEnv.listCatalogs();
```

4. 列出可用的資料庫

```
tableEnv.listDatabases();
```

5. 列出可用的表

```
tableEnv.listTables();
```

10.4 Table API、SQL 與 DataStream 和 DataSet API 的結合

10.4.1 從 Table API、SQL 到 DataStream、DataSet 的架構

Flink 可以很容易地把 Table API、SQL 整合並嵌入 DataStream 程式和 DataSet 程式中，也可以將 Table API 或 SQL 查詢應用於 DataStream 程式或 DataSet 程式的結果中。

Flink 執行層是流 / 批統一的設計，在 API 和運算元設計方面 Flink 儘量達到流 / 批的共用，在 Table API 和 SQL 層，無論是流任務還是批任務，最終都轉為統一的底層實現。這個層面最核心的變化是批最終也會生成 StreamGraph，執行層執行 Stream Task，如圖 10-8 所示。

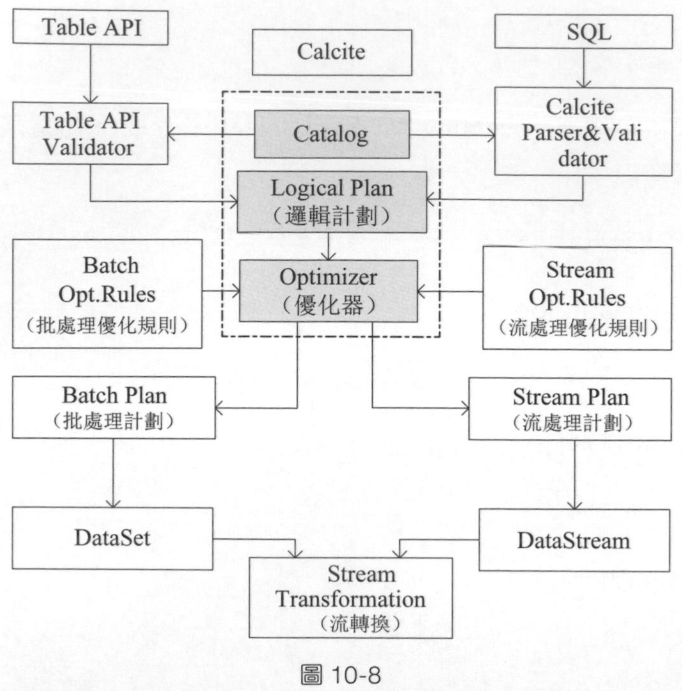

圖 10-8

由圖 10-8 可以看出，Flink 使用 Apache 軟體基金會的 Calcite 來解析、最佳化和執行 SQL。

 **Tips**

在流處理方面，兩個計畫器（OldPlanner 和 BlinkPlanner）都可以與 DataStream API 結合，但只有 OldPlanner 可以與 DataSet API 結合。

10.4.2 使用 DataStream 和 DataSet API 創建視圖與表

1. Scala 自動轉型

Scala Table API 含有對 DataSet、DataStream 和 Table 類別的自動轉型。透過為 Scala DataStream API 匯入 org.apache.flink.table.api.bridge.scala._ 套件及 org.apache.flink. api.scala._ 套件可以啟用這些轉換。

Tips

因為 Flink 的部分功能是使用 Scala 編寫的，所以在 Java 開發中，可能需要呼叫 Scala 自動轉型。

2. 透過 DataSet 或 DataStream 創建視圖

在 TableEnvironment 中可以將 DataStream 或 DataSet 註冊成視圖。結果視圖的 Schema 取決於註冊的 DataStream 或 DataSet 的資料類型。

透過 DataStream 或 DataSet 創建的視圖只能註冊成臨時視圖。

透過 DataSet 或 DataStream 創建視圖的方法如下所示：

```
// 獲取TableEnvironment環境，與在BatchTableEnvironment中註冊資料集是等效的
StreamTableEnvironment tableEnv = ...;
DataStream<Tuple2<Long, String>> stream = ...
// 將資料流程註冊為具有欄位f0和f1的視圖myTable
tableEnv.createTemporaryView("myTable", stream);
// 使用欄位myLong和myString將資料流程註冊為視圖myTable2
tableEnv.createTemporaryView("myTable2", stream, $("myLong"), $("myString"));
```

3. 將 DataStream 或 DataSet 轉換成表

與在 TableEnvironment 中註冊 DataStream 或 DataSet 不同，DataStream 和 DataSet 可以直接轉換成表，轉換方法如下所示：

```
// 獲取StreamTableEnvironment環境，與在BatchTableEnvironment中註冊資料集是等效的
StreamTableEnvironment tableEnv = ...;
DataStream<Tuple2<Long, String>> stream = ...
// 將DataStream轉為帶有預設欄位f0和f1的表
Table table1 = tableEnv.fromDataStream(stream);
// 將DataStream轉為具有欄位myLong和myString的表
Table table2 = tableEnv.fromDataStream(stream, $("myLong"), $("myString"));
```

10.4.3 將表轉換成 DataStream 或 DataSet

表可以被轉換成 DataStream 或 DataSet。透過這種方式，訂製的 DataSet 程式或 DataStream 程式就可以在 Table API 或 SQL 的查詢結果上執行。

將表轉為 DataStream 或 DataSet 時，需要指定生成的 DataStream 或 DataSet 的資料類型，即表的每行資料要轉換成的資料類型。通常最方便的選擇是轉換成行。以下清單概述了不同選項的功能。

- Row：欄位逐位置映射，欄位數量任意，支援 Null 值，無類型安全（type-safe）檢查。
- POJO：欄位按名稱映射（POJO 必須按表中欄位名稱命名），欄位數量任意，支援 Null 值，無類型安全檢查。
- Case Class：欄位逐位置映射，不支援 Null 值，有類型安全檢查。
- Tuple：欄位逐位置映射，欄位數量少於 22（Scala）或 25（Java），不支援 Null 值，無類型安全檢查。
- Atomic Type：表必須有一個欄位，不支持 Null 值，有類型安全檢查。

1. 將表轉換成 DataStream

流式查詢的結果表會動態更新，也就是說，當新記錄到達查詢的輸入串流時查詢結果會改變。因此，像這樣將動態查詢結果轉換成 DataStream 需要對表的更新方式進行編碼。

將表轉為 DataStream 有以下兩種模式。

- Append 模式：當動態表僅透過 INSERT 更改進行修改時，才可以使用此模式，即它僅是追加操作，並且之前輸出的結果永遠不會更新。
- Retract 模式：任何情形都可以使用此模式，它使用布林值對 INSERT 和 DELETE 操作的資料進行標記。

將表轉換成 DataStream 的使用方法如下所示：

```
// 創建Table API和SQL程式的執行環境
StreamTableEnvironment tableEnv = ...;
// 具有兩個欄位(String name, Integer age)的表
Table table = ...
// 透過指定類別將表轉為行的DataStream（Append模式）
DataStream<Row> dsRow = tableEnv.toAppendStream(table, Row.class);
// 透過TypeInformation將表轉為Tuple2 <String，Integer>的DataStream（Append模式）
TupleTypeInfo<Tuple2<String, Integer>> tupleType = new TupleTypeInfo<>(
        Types.STRING(),
        Types.INT());
DataStream<Tuple2<String, Integer>> dsTuple =
// 將指定的表轉為指定類型的DataStream
tableEnv.toAppendStream(table, tupleType);
// 將表轉為行的DataStream（Retract模式）
DataStream<Tuple2<Boolean, Row>> retractStream =
        tableEnv.toRetractStream(table, Row.class);
```

文件動態表列出了有關動態表及其屬性的詳細討論。

Tips

一旦 Table 被轉化為 DataStream，則必須使用 StreamExecutionEnvironment 的 execute() 方法執行該 DataStream 作業。

2. 將表轉換成 DataSet

將表轉換成 DataSet 的過程如下：

```
// 創建Table API和SQL程式的執行環境
BatchTableEnvironment tableEnv = BatchTableEnvironment.create(env);
// 具有兩個欄位的表(String name, Integer age)
Table table = ...
// 透過指定一個類別將表轉為行的資料集
DataSet<Row> dsRow = tableEnv.toDataSet(table, Row.class); // 將指定的Table
轉為指定類型的DataSet
```

```
// 透過TypeInformation將表轉為Tuple2 <String，Integer>的資料集
TupleTypeInfo<Tuple2<String, Integer>> tupleType = new TupleTypeInfo<>(
    Types.STRING(),
    Types.INT());
DataSet<Tuple2<String, Integer>> dsTuple =
    tableEnv.toDataSet(table, tupleType); // 將指定的表轉為指定類型的DataSet
```

在表被轉換為 DataSet 之後，必須使用 ExecutionEnvironment 的 execute() 方法執行該 DataSet 作業。

10.4.4 從資料類型到 Table Schema 的映射

Flink 的 DataStream 和 DataSet API 支持多種資料類型。舉例來說，Tuple 類型、POJO 類型、Row 類型等允許巢狀結構且有多個可在表的運算式中存取的欄位的複合資料類型。其他類型被視為原子類型。

資料類型到 Table Schema 的映射有兩種方式：基於位置的映射和基於名稱的映射。

1. 基於位置的映射

基於位置的映射可以在保持欄位順序的同時為欄位提供更有意義的名稱。這種映射方式可以用於具有特定的欄位順序的複合資料類型及原子類型，如 Tuple 類型、Row 類型，以及 Case Class 這些複合資料類型都有這樣的欄位順序。然而，POJO 類型的欄位則必須透過名稱映射。可以將欄位投影出來，但不能使用 AS 重新命名。

定義基於位置的映射時，輸入的資料類型中一定不能存在指定的名稱，否則 API 會假設應該基於欄位名稱進行映射。如果未指定任何欄位名稱，則使用預設的欄位名稱和複合資料類型的欄位順序，或使用 f0 表示原子類型。

基於位置的映射的使用方法如下所示：

```
// 獲取StreamTableEnvironment環境，同等於使用BatchTableEnvironment
StreamTableEnvironment tableEnv = ...;
DataStream<Tuple2<Long, Integer>> stream = ...
// 將DataStream轉為具有預設欄位名稱f0和f1的表
Table table = tableEnv.fromDataStream(stream);
// 將資料流程轉為僅具有欄位myLong的表
Table table = tableEnv.fromDataStream(stream, $("myLong"));
// 將資料流程轉為具有欄位名稱myLong和myInt的表
Table table = tableEnv.fromDataStream(stream, $("myLong"), $("myInt"));
```

2. 基於名稱的映射

基於名稱的映射適用於任何資料類型，包括 POJO 類型，這是定義 Table Schema 映射最靈活的方式。映射中的所有欄位均按名稱引用，並且可以使用 AS 重新命名。欄位可以被重新排序和映射。

如果沒有指定任何欄位名稱，則使用預設的欄位名稱和複合資料類型的欄位順序，或使用 f0 表示原子類型。

基於名稱的映射的使用方法如下所示：

```
// 獲取StreamTableEnvironment環境，同等於使用BatchTableEnvironment
StreamTableEnvironment tableEnv = ...;
DataStream<Tuple2<Long, Integer>> stream = ...
// 將DataStream轉為具有預設欄位名稱f0和f1的表
Table table = tableEnv.fromDataStream(stream);
// 將資料流程轉為僅具有欄位f1的表
Table table = tableEnv.fromDataStream(stream, $("f1"));
// 使用交換欄位將DataStream轉為表
Table table = tableEnv.fromDataStream(stream, $("f1"), $("f0"));
// 使用交換的欄位與欄位名稱myInt和myLong將DataStream轉為表
Table table = tableEnv.fromDataStream(stream, $("f1").as("myInt"), $("f0").
as("myLong"));
```

（1）原子類型。

Flink 將基礎資料類型（Integer、Double、String）或通用資料類型（不可再拆分的資料類型）視為原子類型。原子類型的 DataStream 或 DataSet 會被轉換成只有一筆屬性的表。屬性的資料類型可以由原子類型推斷出，還可以重新命名屬性。

原子類型的 DataStream 或 DataSet 轉為表的方法如下所示：

```
// 獲取StreamTableEnvironment環境，同等於使用BatchTableEnvironment
StreamTableEnvironment tableEnv = ...;
DataStream<Long> stream = ...
// 使用預設欄位名稱f0將DataStream轉為表
Table table = tableEnv.fromDataStream(stream);
// 將資料流程轉為欄位名稱為myLong的表
Table table = tableEnv.fromDataStream(stream, $("myLong"));
```

（2）Tuple 類型（Scala 和 Java）和 Case Class 類型（僅 Scala）。

Flink 支援 Scala 的內建 Tuple 類型，並為 Java 提供自己的 Tuple 類型，兩種 Tuple 類型的 DataStream 和 DataSet 都能被轉換成表。可以透過提供所有欄位名稱來重新命名欄位（基於位置映射）。如果沒有指明任何欄位名稱，則會使用預設的欄位名稱。如果引用了原始欄位名稱（對於 Flink Tuple 為 f0、f1 ……，對於 Scala Tuple 為 _1、_2 ……），則 API 會假設映射是基於名稱而非基於位置。基於名稱的映射可以使用 AS 對欄位和投影進行重新排序。

Tuple 類型和 Case Class 類型的 DataStream 轉為表的方法如下所示：

```
// 獲取StreamTableEnvironment環境，同等於使用BatchTableEnvironment
StreamTableEnvironment tableEnv = ...;
DataStream<Tuple2<Long, String>> stream = ...
// 將DataStream轉為具有預設欄位名稱f0和f1的表
Table table = tableEnv.fromDataStream(stream);
// 使用重新命名的欄位名稱myLong和myString（基於位置）將DataStream轉為表
Table table = tableEnv.fromDataStream(stream, $("myLong"), $("myString"));
// 使用重新排序的欄位f1和f0（基於名稱）將DataStream轉為表
```

```
Table table = tableEnv.fromDataStream(stream, $("f1"), $("f0"));
// 將DataStream轉為帶有投影欄位f1的表（基於名稱）
Table table = tableEnv.fromDataStream(stream, $("f1"));
// 使用重新排序和別名欄位myString和myLong（基於名稱）將DataStream轉為表
Table table = tableEnv.fromDataStream(stream, $("f1").as("myString"),
$("f0").as("myLong"));
```

（3）POJO 類型（Java 和 Scala）。

Flink 支持 POJO 類型作為複合類型。

在不指定欄位名稱的情況下，如果將 POJO 類型的 DataStream 或 DataSet 轉換成表時，則使用原始 POJO 類型欄位的名稱。名稱映射需要原始名稱，並且不能逐位置進行。欄位可以使用別名（帶有 AS 關鍵字）來重新命名，重新排序和投影。

POJO 類型的 DataStream 或 DataSet 轉換成表的方法如下所示：

```
// 獲取StreamTableEnvironment環境，同等於使用BatchTableEnvironment
StreamTableEnvironment tableEnv = ...;
// Person是POJO類型，帶有欄位name和age
DataStream<Person> stream = ...
// 將DataStream轉為具有預設欄位名稱age和name的表（欄位按名稱排序）
Table table = tableEnv.fromDataStream(stream);
// 使用重新命名欄位myAge和myName（基於名稱）將DataStream轉為表
Table table = tableEnv.fromDataStream(stream, $("age").as("myAge"),
$("name").as("myName"));
// 將DataStream轉為具有投影欄位name的表（基於名稱）
Table table = tableEnv.fromDataStream(stream, $("name"));
// 使用投射計和重新命名的欄位myName（基於名稱）將DataStream轉為表
Table table = tableEnv.fromDataStream(stream, $("name").as("myName"));
```

（4）Row 類型。

Row 類型支援任意數量的欄位，以及具有 Null 值的欄位。欄位名稱既可以透過 RowTypeInfo 指定，也可以在將 Row 的 DataStream 或 DataSet 轉為表時指定。Row 類型的欄位映射支援基於名稱和基於位置兩種方式。

欄位可以透過提供所有欄位的名稱的方式重新命名（基於位置映射）或分別選擇進行投影 / 排序 / 重新命名（基於名稱映射）。

Row 類型的 DataStream 轉為表的方法如下所示：

```
// 獲取StreamTableEnvironment環境，同等於使用BatchTableEnvironment
StreamTableEnvironment tableEnv = ...;
// Row的DataStream，在RowTypeInfo中指定了兩個欄位name和age
DataStream<Row> stream = ...
// 使用預設欄位名稱name和age將DataStream轉為表
Table table = tableEnv.fromDataStream(stream);
// 使用重新命名的欄位名稱myName和myAge（基於位置）將DataStream轉為表
Table table = tableEnv.fromDataStream(stream, $("myName"), $("myAge"));
// 使用重新命名欄位myName和myAge（基於名稱）將DataStream轉為表
Table table = tableEnv.fromDataStream(stream, $("name").as("myName"),
$("age").as("myAge"));
// 將DataStream轉為具有投影欄位name的表（基於名稱）
Table table = tableEnv.fromDataStream(stream, $("name"));
// 使用投射和重新命名的欄位myName（基於名稱）將DataStream轉為表
Table table = tableEnv.fromDataStream(stream, $("name").as("myName"));
```

10.4.5 實例 37：使用 Table API 轉換 DataSet，並應用 Group 運算元、Aggregate 運算元、Select 運算元和 Filter 運算元

本實例的程式在 "/Table/Table OldPlanner" 目錄下。

本實例演示的是將 DataSet 轉為表，以及如何使用 Table API 應用 Group 運算元、Aggregate 運算元、Select 運算元和 Filter 運算元，如下所示：

```
public class WordCountTable {
    // main()方法——Java應用程式的入口
    public static void main(String[] args) throws Exception {
        // 獲取執行環境
        ExecutionEnvironment env = ExecutionEnvironment.getExecutionEnvironment();
        // 創建Table API和SQL程式的執行環境
```

```
        BatchTableEnvironment tEnv = BatchTableEnvironment.create(env);
        // 載入或創建來源資料
        DataSet<WC> input = env.fromElements(
                new WC("Hello", 1),
                new WC("Flink", 1),
                new WC("Hello", 1));
        // 將DataSet轉為表
        Table table = tEnv.fromDataSet(input);
        // 在註冊的表上執行SQL查詢，並把取回的結果作為一個新的表
        Table filtered = table
                // 分組轉換運算元
                .groupBy($("word"))
                 .select($("word"), $("frequency").sum().as("frequency"))
                 .filter($("frequency").isEqual(2));
        // 將指定的表轉為指定類型的DataSet
        DataSet<WC> result = tEnv.toDataSet(filtered, WC.class);
        // 列印資料到主控台
        result.print();
    }
}
```

執行上述應用程式之後，會在主控台中輸出以下資訊：

```
WC Hello 2
```

10.4.6 實例 38：使用 SQL 轉換 DataSet，並註冊表和執行 SQL 查詢

本實例的程式在 "/Table/Table OldPlanner" 目錄下。

本實例演示的是將 DataSet 轉為 Table，註冊一個表，以及在註冊的表上執行 SQL 查詢，如下所示：

```
public class WordCountSQL {
    // main()方法——Java應用程式的入口
    public static void main(String[] args) throws Exception {
        // 獲取執行環境
        ExecutionEnvironment env = ExecutionEnvironment.
```

```
getExecutionEnvironment();
        // 創建Table API和SQL程式的執行環境
        BatchTableEnvironment tEnv = BatchTableEnvironment.create(env);
        // 載入或創建來源資料
        DataSet<WC> input = env.fromElements(
                new WC("Hello", 1),
                new WC("Flink", 1),
                new WC("Hello", 1));
        // 註冊DataSet為視圖："WordCount"
        tEnv.createTemporaryView("WordCount", input, $("word"), $("frequency"));
        // 在註冊的表上執行SQL查詢，並把取回的結果作為一個新的表
        Table table = tEnv.sqlQuery(
        "SELECT word, SUM(frequency) as frequency FROM WordCount GROUP BY word");
        // 將指定的表轉為指定類型的DataSet
        DataSet<WC> result = tEnv.toDataSet(table, WC.class);
        // 列印資料到主控台
        result.print();
    }
}
```

執行上述應用程式之後，會在主控台中輸出以下資訊：

```
WC Hello 2
WC Ciao 1
```

Chapter 11 使用 SQL 實現流 / 批統一處理

本章首先介紹 SQL 用戶端，然後介紹 SQL 敘述，最後介紹變更資料獲取。

11.1 SQL 用戶端

Flink 的 Table API&SQL 可以處理用 SQL 語言編寫的查詢敘述，但是這些查詢需要嵌入用 Java 或 Scala 編寫的表程式中。此外，這些程式在提交到叢集之前需要用建構工具進行打包。這提高了使用者使用的門檻。

SQL 用戶端（SQL Client）提供了一種簡單的方式，以編寫、偵錯和提交表程式到 Flink 叢集中（無須寫一行 Java 或 Scala 程式）。SQL 用戶端命令列介面（CLI）能夠在命令列中檢索和視覺化在分散式應用中即時產生的結果。

1. 啟動 SQL 用戶端命令列介面

SQL 用戶端被綁定在 Flink 的正常發行版本中，因此僅需要一個正在執行的 Flink 叢集就可以直接執行它。

SQL 用戶端指令碼位於 Flink 的 "bin" 目錄中，目前僅支援 embedded 模式。將來使用者可以透過啟動嵌入式 standalone 處理程序，或透過連接到遠端 SQL 用戶端閘道來啟動 SQL 用戶端命令列介面。可以透過以下方式啟動 CLI：

```
./bin/sql-client.sh embedded
```

在 SQL 用戶端啟動時，可以增加 CLI 選項。在預設情況下，SQL 用戶端將從 "./conf/sql-client-defaults.yaml" 中讀取設定。

2. 執行 SQL 查詢

在命令列介面啟動後，可以用 HELP 命令列出所有可用的 SQL 敘述。輸入第一筆 SQL 查詢敘述並按 Enter 鍵執行，可以驗證設定及叢集連接是否正確：

```
SELECT 'Hello World';
```

該查詢不需要 Table source，並且只產生一行結果。CLI 將從叢集中檢索結果，並將其視覺化。按 "Q" 鍵則退出結果視圖。

CLI 提供了以下 3 種模式來維護視覺化結果。

（1）表格模式。

表格模式（Table Mode）在記憶體中實體化結果，並將結果用規則的分頁表格視覺化展示出來。執行以下命令啟用：

```
SET execution.result-mode=table;
```

（2）變更日誌模式。

變更日誌模式（Changelog Mode）不會實體化和視覺化結果，而是由插入（+）和取消（-）組成的持續查詢產生結果流：

```
SET execution.result-mode=changelog;
```

（3）Tableau 模式。

Tableau 模式（Tableau Mode）更接近傳統的資料庫，會將執行的結果以表格的形式直接輸出到螢幕上。具體顯示的內容取決於作業執行模式（execution.type）：

```
SET execution.result-mode=tableau;
```

在使用 Tableau 模式執行一個流式查詢時，Flink 會將結果持續地列印在當前螢幕上。如果這個流式查詢的輸入是有限的資料集，則 Flink 在處理完所有的資料後會自動停止作業，並且螢幕上的列印也會對應停止。如果想提前結束這個查詢，則可以直接按 "Ctrl+C" 組合鍵，這樣會停止作業且停止螢幕上的列印。

3. 分離的 SQL 查詢

為了定義點對點的 SQL 管道，SQL 的 INSERT INTO 敘述可以向 Flink 叢集提交長時間執行的分離查詢。查詢產生的結果會被輸出到除 SQL 用戶端之外的擴充系統中，這樣可以應對更高的併發和更多的資料。CLI 在提交後不對分離查詢做任何控制。其使用方法如下所示：

```
INSERT INTO MyTableSink SELECT * FROM MyTableSource
```

11.2 SQL 敘述

11.2.1 認識 SQL 敘述

SQL 是資料分析中使用最廣泛的語言。Flink 支援的 SQL 語言包括資料定義語言（Data Definition Language，DDL）、資料操縱語言（Data Manipulation Language，DML）及查詢語言。

Flink 對 SQL 的支援是基於實現了 SQL 標準的 Apache 軟體基金會的 Calcite 的。既可以使用 TableEnvironment 中的 executeSql() 方法執行 SQL 敘述，也可以在 SQL 用戶端（CLI）中執行 SQL 敘述。

1. 支持的敘述

目前 Flink SQL 支持的敘述如下所示。

- SELECT：查詢。
- CREATE：創建（TABLE、DATABASE、VIEW、FUNCTION）。
- DROP：刪除（TABLE、DATABASE、VIEW、FUNCTION）。
- ALTER：修改（TABLE、DATABASE、FUNCTION）。
- INSERT：插入。
- SQL HINTS：SQL 提示。
- DESCRIBE：描述。
- EXPLAIN：解釋。
- USE：使用。
- SHOW：顯示。

2. 資料類型

通用類型與（巢狀結構的）符合類型（如 POJO、Tuples、Row、Scala Case）都可以作為行的欄位。符合類型的欄位任意的巢狀結構可以被值存取函數存取。

通用類型可以被使用者自訂函數傳遞或引用。SQL 查詢不支援部分資料類型（Cast 運算式或字元常數值），如 String、Bytes、Raw、Time(p) Without Time Zone、Time(p) With Local Time Zone、Timestamp(p) Without Time Zone、Timestamp(p) With Local Time Zone、Array、Multiset、Row。

3. 保留關鍵字

一些字串的組合已經被 Flink 預留為關鍵字，以備未來使用。如果使用以下保留關鍵字作為欄位名稱，則需要在使用時使用反引號將該欄位名稱包起來（如 `ABSOLUTE` 和 `ADMIN`）。

保留關鍵字包括 A、ABS、ABSOLUTE、ACTION、ADA、ADD、ADMIN、AFTER、ALL、ALLOCATE、ALLOW、ALTER、ALWAYS、AND、ANY 等。

11.2.2 CREATE 敘述

CREATE 敘述用於在當前或指定的 Catalog 中創建表、視圖和函數等。創建後的表、視圖和函數可以在 SQL 查詢中使用。

目前 Flink SQL 支持的 CREATE 敘述有 CREATE TABLE、CREATE CATALOG、CREATE DATABASE、CREATE VIEW、CREATE FUNCTION。

1. 創建 TABLE（CREATE TABLE）

在根據指定的表名和參數創建一個表時，如果名稱相同表在 Catalog 中已經存在，則無法創建。創建表的語法格式如下所示：

```
CREATE TABLE [catalog_name.][db_name.]table_name
  (
    { <column_definition> | <computed_column_definition> }[ , ...n]
    [ <watermark_definition> ]
    [ <table_constraint> ][ , ...n]
  )
  [COMMENT table_comment]
  [PARTITIONED BY (partition_column_name1, partition_column_name2, ...)]
  WITH (key1=val1, key2=val2, ...)
  [ LIKE source table [( <like_options> )] ]

<column_definition>:
  column_name column_type [ <column_constraint> ] [COMMENT column_comment]

<column_constraint>:
  [CONSTRAINT constraint_name] PRIMARY KEY NOT ENFORCED

<table_constraint>:
  [CONSTRAINT constraint_name] PRIMARY KEY (column_name, ...) NOT ENFORCED

<computed_column_definition>:
  column_name AS computed_column_expression [COMMENT column_comment]

<watermark_definition>:
```

```
  WATERMARK FOR rowtime_column_name AS watermark_strategy_expression

<like_options>:
{
   { INCLUDING | EXCLUDING } { ALL | CONSTRAINTS | PARTITIONS }
 | { INCLUDING | EXCLUDING | OVERWRITING } { GENERATED | OPTIONS | WATERMARKS }
}[, ...]
```

下面對上述程式進行解釋。

（1）COMPUTED COLUMN。

計算列（COMPUTED COLUMN）是使用 column_name AS computed_column_ expression 語法生成的虛擬列。它由使用同一個表中其他列的非查詢運算式生成，並且不會在表中進行物理儲存。舉例來說，一個計算列可以使用 cost AS price * quantity 進行定義，這個運算式可以包含物理列、常數、函數或變數的任意組合，但不能在任何子查詢中存在。

在 Flink 中，計算列一般用於為 CREATE TABLE 敘述定義時間屬性。「處理時間」屬性可以簡單地透過使用系統函數 PROCTIME() 的 proc AS PROCTIME() 敘述進行定義。另外，由於「事件時間」列可能需要從現有的欄位中獲得，因此計算列可以用於獲得「事件時間」列。舉例來說，原始欄位的類型不是 TIMESTAMP(3) 或巢狀結構在 JSON 字串中。使用計算列需要注意以下兩點。

- 定義在一個資料來源表（Source Table）上的計算列會在從資料來源讀取資料後被計算，它們可以在 SELECT 敘述中使用。
- 計算列不可以作為 INSERT 敘述的目標。在 INSERT 敘述中，SELECT 敘述的 Schema 需要與目標表不帶有計算列的 Schema 一致。

（2）WATERMARK。

水位線（WATERMARK）定義了表的「事件時間」屬性，其形式為 WATERMARK FOR rowtime_column_name AS watermark_strategy_expression。

rowtime_column_name 把一個現有的列定義為一個為表標記「事件時間」的屬性。該列的類型必須為 TIMESTAMP(3)，並且是 Schema 中的頂層列。該列也可以是一個計算列。

watermark_strategy_expression 定義了 Watermark 的生成策略。它允許使用包括計算列在內的任意非查詢運算式來計算 Watermark；運算式的返回類型必須是 TIMESTAMP(3)，表示從 Epoch 以來經過的時間。返回的 Watermark 只有當其不為空，並且其值大於之前發出的本地 Watermark 時，才會被發出（以保證 Watermark 遞增）。每筆記錄的 Watermark 生成運算式計算都會由框架完成。框架會定期發出所生成的最大的 Watermark。如果當前 Watermark 仍然與前一個 Watermark 相同或為空，或返回的 Watermark 的值小於最後一個發出的 Watermark，則新的 Watermark 不會被發出。Watermark 根據 pipeline.auto-watermark-interval 中所設定的間隔發出。若 Watermark 的間隔是 0ms，則每筆記錄都會產生一個 Watermark，並且 Watermark 會在不為空並大於上一個發出的 Watermark 時發出。

在使用「事件時間」語義時，表必須包含「事件時間」屬性和水位線策略。

Flink 提供了幾種常用的水位線策略。

- 嚴格遞增時間戳記：WATERMARK FOR rowtime_column AS rowtime_column。發出到目前為止已觀察到的最大時間戳記的 Watermark，時間戳記小於最大時間戳記的行被認為沒有遲到。
- 遞增時間戳記：WATERMARK FOR rowtime_column AS rowtime_column - INTERVAL '0.001' SECOND。發出到目前為止已觀察到的最大時間戳記減 1 的 Watermark，時間戳記等於或小於最大時間戳記的行被認為沒有遲到。
- 有界亂數時間戳記：WATERMARK FOR rowtime_column AS rowtime_column - INTERVAL 'string' timeUnit。發出到目前為止已觀察到的最大

時間戳記減去指定延遲的 Watermark，如 WATERMARK FOR rowtime_column AS rowtime_column - INTERVAL '5' SECOND 是一個 5s 延遲的水位線策略。

水位線策略的使用方法如下所示：

```
CREATE TABLE Orders (
    user BIGINT,
    product STRING,
    order_time TIMESTAMP(3),
    WATERMARK FOR order_time AS order_time - INTERVAL '5' SECOND
) WITH ( . . . );
```

（3）PRIMARY KEY。

主鍵（PRIMARY KEY）用作 Flink 最佳化的一種提示訊息。主鍵限制表明一張表或視圖的某個（些）列是唯一的，並且不包含 Null 值。由於主鍵宣告的列都是非 Nullable 的，因此主鍵可以被用作「表行」等級的唯一標識。

主鍵可以和列的定義一起宣告，也可以獨立宣告為表的限制屬性。不管是哪種方式，主鍵都不可以重複定義，否則 Flink 會顯示出錯。

SQL 標準主鍵限制有兩種模式：ENFORCED 和 NOT ENFORCED。它申明了輸入資料 / 輸出資料是否會做合法性檢查（是否唯一）。Flink 不儲存資料，因此只支援 NOT ENFORCED 模式，即不做檢查，使用者需要自己保證唯一性。

Flink 假設宣告了主鍵的列都是不包含 Null 值的，Connector 在處理資料時需要自己保證語義正確。

在 CREATE TABLE 敘述中，在創建主鍵時會修改列的 Nullable 屬性，主鍵宣告的列預設都是非 Nullable 的。

（4）PARTITIONED BY。

PARTITIONED BY 根據指定的列對已經創建的表進行分區。若表使用 Filesystem Sink，則會為每個分區創建一個目錄。

（5）WITH OPTIONS。

表屬性用於創建 TableSource/TableSink，一般用於尋找和創建底層的連接器。

運算式 key1=val1 的鍵和值必須為字串文字常數。

表名可以為以下 3 種格式。

- catalog_name.db_name.table_name：使用 catalog_name.db_name.table_name 的表會與名為 catalog_name 的 catalog 和名為 catalog_name 的資料庫一起被註冊到 metastore 中。
- db_name.table_name：使用 db_name.table_name 的表會被註冊到當前執行的 Table Environment 的 catalog 中，並且資料庫會被命名為 "db_name"。
- table_name：資料表會被註冊到當前正在執行的 catalog 和資料庫中。

Tips

使用 CREATE TABLE 敘述註冊的表都可用作 TableSource 和 TableSink。在被 DML 敘述引用之前，無法決定其實際用於 Source 抑或是 Sink。

（6）LIKE。

LIKE 子句來自兩種 SQL 特性的變形 / 組合。LIKE 子句可以基於現有表的定義創建新表，並且可以擴充或排除原始表中的某些部分。與 SQL 標準相反，LIKE 子句必須在 CREATE 敘述中定義，並且是基於 CREATE 敘述的更上層定義，這是因為 LIKE 子句可以用於定義表的多個部分，而不僅是 Schema 部分。

可以使用 LIKE 子句重用（或改寫）指定的連接器設定屬性，或可以在外部表增加 Watermark 定義，如可以在 Hive 中定義的表增加 Watermark 定義。

LIKE 子句的使用方法如下所示：

```
CREATE TABLE Orders (
    user BIGINT,
    product STRING,
    order_time TIMESTAMP(3)
) WITH (
    'connector' = 'kafka',
    'scan.startup.mode' = 'earliest-offset'
);

CREATE TABLE Orders_with_watermark (
    -- 增加 watermark 定義
    WATERMARK FOR order_time AS order_time - INTERVAL '5' SECOND
) WITH (
    -- 改寫 startup-mode 屬性
    'scan.startup.mode' = 'latest-offset'
)
LIKE Orders;
```

結果表 Orders_with_watermark 同等於使用以下敘述創建的表：

```
CREATE TABLE Orders_with_watermark (
    user BIGINT,
    product STRING,
    order_time TIMESTAMP(3),
    WATERMARK FOR order_time AS order_time - INTERVAL '5' SECOND
) WITH (
    'connector' = 'kafka',
    'scan.startup.mode' = 'latest-offset'
);
```

表屬性的合併邏輯可以用 like options 來控制，可以控制合併的表屬性如下。

- CONSTRAINTS：主鍵和唯一鍵約束。
- GENERATED：計算列。
- OPTIONS：連接器資訊、格式化方式等設定項目。
- PARTITIONS：表分區資訊。
- WATERMARKS：定義水位線。

有以下 3 種不同的表屬性合併策略。

- INCLUDING：新表包含來源表所有的表屬性。如果和來源表的表屬性重複（如新表和來源表存在相同 key 的屬性），則會直接失敗。
- EXCLUDING：新表不包含來源表指定的任何表屬性。
- OVERWRITING：新表包含來源表的表屬性。但如果出現重複項，則會用新表的表屬性覆蓋來源表中的重複表屬性。舉例來說，如果兩個表中都存在相同 key 的屬性，則會使用當前敘述中定義的 key 的屬性值。

也可以使用 INCLUDING/EXCLUDING ALL 這種宣告方式來指定使用什麼樣的合併策略。舉例來說，如果使用 EXCLUDING ALL INCLUDING WATERMARKS，則代表只主動表的 WATERMARKS 屬性才會被包含進新表。

具體範例如下：

```
-- 儲存在檔案系統中的來源表
CREATE TABLE Orders_in_file (
    user BIGINT,
    product STRING,
    order_time_string STRING,
    order_time AS to_timestamp(order_time)
    )
PARTITIONED BY user
WITH (
    'connector' = 'filesystem'
    'path' = '...'
);
```

```
-- 對應儲存在 Kafka中的來源表
CREATE TABLE Orders_in_kafka (
    -- 增加水位線定義
    WATERMARK FOR order_time AS order_time - INTERVAL '5' SECOND
) WITH (
    'connector': 'kafka'
    ...
)
LIKE Orders_in_file (
    -- 排除需要生成水位線的計算列之外的所有內容
    -- 去除不適用於 Kafka的所有分區和檔案系統的相關屬性
    EXCLUDING ALL
    INCLUDING GENERATED
);
```

如果未提供 LIKE 設定項目（like options），則預設使用 INCLUDING ALL OVERWRITING OPTIONS 合併策略。

Tips

LIKE 子句無法選擇物理列的合併策略，物理列進行合併類似於使用了 INCLUDING 策略。

2. 創建 CATALOG（CREATE CATALOG）

創建具有指定 CATALOG 屬性的 CATALOG。若已經存在相同名稱的 CATALOG，則會引發異常。

創建 CATALOG 的使用方法如下所示：

```
CREATE CATALOG catalog_name
  WITH (key1=val1, key2=val2, ...)-- 鍵和值都需要是字串文字常數
```

3. 創建 DATABASE（CREATE DATABASE）

根據指定的屬性創建資料庫。若資料庫中已經存在名稱相同表，則會拋出異常。

創建 DATABASE 的方法如下所示：

```
CREATE DATABASE [IF NOT EXISTS] [catalog_name.]db_name
  [COMMENT database_comment]
  WITH (key1=val1, key2=val2, ...) --鍵和值都需要是字串文字常數
```

4. 創建 VIEW（CREATE VIEW）

根據指定的 QUERY 敘述創建一個視圖。若資料庫中已經存在名稱相同視圖，則會拋出異常。

創建 VIEW 的方法如下所示：

```
CREATE [TEMPORARY] VIEW [IF NOT EXISTS] [catalog_name.][db_name.]view_name
  [{columnName [, columnName ]* }] [COMMENT view_comment]
  AS query_expression
```

5. 創建 FUNCTION（CREATE FUNCTION）

創建一個有 Catalog 和資料庫命名空間的 Catalog Function，需要指定一個 Identifier。若 Catalog 中已經有了名稱相同的函數，則無法創建。

如果 Identifier 的 Language Tag 是 Java 或 Scala，則 Identifier 是 UDF 實現類別的全限定名。

創建 FUNCTION 的方法如下所示：

```
CREATE [TEMPORARY|TEMPORARY SYSTEM] FUNCTION
  [IF NOT EXISTS] [[catalog_name.]db_name.]function_name
  AS identifier [LANGUAGE JAVA|SCALA|PYTHON]
```

11.2.3 實例 39：使用 CREATE 敘述創建和查詢表

本實例的程式在 "/SQL/SQL/⋯/CreateDemo.java" 目錄下。

本實例演示的是使用 CREATE 敘述創建和查詢表，如下所示：

```
public class CreateDemo {
    // main()方法——Java應用程式的入口
```

```
    public static void main(String[] args) throws Exception {
        // 獲取流處理的執行環境
        StreamExecutionEnvironment env = StreamExecutionEnvironment.
getExecutionEnvironment();
        // 創建Table API和SQL程式的執行環境
        StreamTableEnvironment tEnv = StreamTableEnvironment.create(env);
        String contents = "" +
                "1,BMW,3,2019-12-12 00:00:01\n" +
                "2,Tesla,4,2019-12-12 00:00:02\n";
        String path = createTempFile(contents);
        // 使用DDL註冊表
        String ddl = "CREATE TABLE orders (user_id INT,product STRING,
amount INT) " +
                "WITH ('connector.type' = 'filesystem','connector.path' = '"
+ path + "','format.type' = 'csv')";
        tEnv.executeSql(ddl);
        // 在表上執行SQL查詢，並將返回的結果作為新的表
        String query = "SELECT * FROM orders where product LIKE '%B%'";
        Table result = tEnv.sqlQuery(query);
        tEnv
        // 將指定的表轉為指定類型的DataStream
        .toAppendStream(result, Row.class)
        // 列印資料到主控台
        .print();
        // 在將表轉為DataStream之後，需要執行env.execute()方法來提交Job
        env.execute("Streaming Window SQL Job");
    }
    /** 使用contents創建一個暫存檔案並返回絕對路徑 */
    private static String createTempFile(String contents) throws IOException {
        File tempFile = File.createTempFile("orders", ".csv");
        tempFile.deleteOnExit();
        FileUtils.writeFileUtf8(tempFile, contents);
        return tempFile.toURI().toString();
    }
}
```

執行上述應用程式之後，會在主控台中輸出以下資訊：

```
1> 1,BMW,3
```

11.2.4 查詢敘述和查詢運算元

SELECT 敘述和 VALUE 敘述需要使用 TableEnvironment 的 sqlQuery() 方法加以指定，該方法會以表的形式返回 SELECT 敘述（或 VALUE 敘述）的查詢結果。Table API 與 SQL 的查詢可以進行無縫融合，整體最佳化並翻譯為單一的程式。

為了在 SQL 查詢中存取到表，需要先在 TableEnvironment 中註冊表。表可以透過 TableSource、Table、CREATE TABLE 敘述、DataStream 或 DataSet 註冊。使用者也可以透過向 TableEnvironment 中註冊 Catalog 的方式指定資料來源的位置。

為方便起見，Table.toString() 會在其 TableEnvironment 中自動使用一個唯一的名字註冊表並返回表名。因此，Table 物件可以直接內聯到 SQL 敘述中。

如果查詢包括不支持的 SQL 特性，則會拋出 TableException 異常。

Flink 透過支援標準 ANSI SQL 的 Calcite 解析 SQL。

Flink SQL 對於識別符號（表、屬性、函數名稱）有類似於 Java 的詞法約定，具體如下。

- 不管是否引用識別符號，都保留識別符號的大小寫。
- 識別符號需要區分大小寫。
- 與 Java 不同的地方在於，透過反引號可以允許識別符號帶有非字母的字元（如 "SELECT a AS `my field` FROM t"）。

字串文字常數需要被單引號包起來（如 SELECT'Hello World'）。兩個單引號表示逸出（如 SELECT 'It''s me.'）。字串文字常數支援 Unicode 字元，如果需要明確使用 Unicode 編碼，則可以使用以下語法。

- 使用反斜線（\）作為逸出字元（預設），如 SELECT U&'\263A'。
- 使用自訂的逸出字元，如 SELECT U&'#263A' UESCAPE '#'。

查詢運算元有以下 9 類。

1. 選擇、投射與過濾

（1）選擇（Scan/Select/AS）。

Scan/Select/AS 支援批次處理和流處理，範例程式如下：

```
SELECT * FROM Orders
SELECT a, c AS d FROM Orders
```

（2）過濾條件（Where/Filter）。

Where/Filter 支援批次處理和流處理，範例程式如下：

```
SELECT * FROM Orders WHERE b = 'red'
SELECT * FROM Orders WHERE a % 2 = 0
```

（3）使用者定義純量函數（Scalar UDF）。

Scalar UDF 支援批次處理和流處理，自訂函數必須事先被註冊到 TableEnvironment 中，範例程式如下：

```
SELECT PRETTY_PRINT(user) FROM Orders
```

2. 聚合

（1）GroupBy 聚合。

GroupBy 聚合支援批次處理和流處理，範例程式如下：

```
SELECT a, SUM(b) as d
FROM Orders
GROUP BY a
```

GroupBy 在流處理表中會產生更新結果。

（2）GroupBy 視窗聚合。

GroupBy 視窗聚合支援批次處理和流處理，用分組視窗對每個組進行計算，並得到一個結果行，範例程式如下：

```
SELECT user, SUM(amount)
FROM Orders
GROUP BY TUMBLE(rowtime, INTERVAL '1' DAY), user
```

（3）OVER 視窗聚合。

OVER 視窗聚合支援流處理，所有的聚合必須被定義在同一個視窗中（即相同的分區、排序和區間）。當前僅支持從 PRECEDING（無界或有界）到 CURRENT ROW 範圍內的視窗，FOLLOWING 所描述的區間並未被支持，ORDER BY 必須指定單一的時間屬性，範例程式如下：

```
SELECT COUNT(amount) OVER (
  PARTITION BY user
  ORDER BY proctime
  ROWS BETWEEN 2 PRECEDING AND CURRENT ROW)
FROM Orders

SELECT COUNT(amount) OVER w, SUM(amount) OVER w
FROM Orders
WINDOW w AS (
  PARTITION BY user
  ORDER BY proctime
  ROWS BETWEEN 2 PRECEDING AND CURRENT ROW)
```

（4）去除重複聚合。

去除重複聚合支援批次處理和流處理，範例程式如下：

```
SELECT DISTINCT users FROM Orders
```

對於流處理查詢，根據不同欄位的數量，計算查詢結果所需的狀態可能會無限增長。請提供具有有效保留間隔的查詢設定，以防止出現過多的狀態。

（5）分組集、整理、多維資料集。

分組集、整理、多維資料集支援批次處理和流處理，範例程式如下：

```
SELECT SUM(amount)
FROM Orders
GROUP BY GROUPING SETS ((user), (product))
```

流式 Grouping sets、Rollup 及 Cube 只在 BlinkPlanner 中被支持。

（6）Having 篩選。

Having 支援批次處理和流處理，範例程式如下：

```
SELECT SUM(amount)
FROM Orders
GROUP BY users
HAVING SUM(amount) > 50
```

（7）使用者自訂匯總函數。

使用者自訂匯總函數（UDAGG）支援批次處理和流處理，範例程式如下：

```
SELECT MyAggregate(amount)
FROM Orders
GROUP BY users
```

UDAGG 必須被註冊到 TableEnvironment 中。

3. 連接

（1）內部相等連接。

內部相等連接（Inner Equi-Join）支援批次處理和流處理，範例程式如下：

```
SELECT *
FROM Orders INNER JOIN Product ON Orders.productId = Product.id
```

Flink 的 SQL 敘述目前僅支持 Equi-Join（即 Join 的聯合條件至少擁有一個相等述詞），不支持任何 Cross Join 和 Theta Join。

（2）外部相等連接。

外部相等連接（Outer Equi-Join）支援批次處理和流處理，範例程式如下：

```
SELECT *
FROM Orders LEFT JOIN Product ON Orders.productId = Product.id
```

```
SELECT *
FROM Orders RIGHT JOIN Product ON Orders.productId = Product.id

SELECT *
FROM Orders FULL OUTER JOIN Product ON Orders.productId = Product.id
```

Flink 的 SQL 敘述目前僅支持 Equi-Join（即 Join 的聯合條件至少擁有一個相等述詞），不支持任何 Cross Join 和 Theta Join。

在內部和外部相等連接中，如果 Join 的順序沒有被最佳化，則 Join 會按照 FROM 中所定義的順序依次執行。請確保 Join 所指定的表在循序執行中不會產生不支持的 Cross Join（笛卡兒乘積），否則會查詢失敗。

流查詢可能會因為不同行的輸入數量導致計算結果的狀態無限增長。請提供具有有效保留間隔的查詢設定，以防止出現過多的狀態。

4. 集合操作

集合操作包含以下幾類運算元。

（1）Union 運算元。

Union 運算元支援批次處理，範例程式如下：

```
SELECT *
FROM (
    (SELECT user FROM Orders WHERE a % 2 = 0)
  UNION
    (SELECT user FROM Orders WHERE b = 0)
)
```

（2）UnionAll 運算元。

UnionAll 運算元支援批次處理和流處理，範例程式如下：

```
SELECT *
FROM (
    (SELECT user FROM Orders WHERE a % 2 = 0)
  UNION ALL
```

```
    (SELECT user FROM Orders WHERE b = 0)
)
```

(3) Intersect 運算元 /Except 運算元。

Intersect 運算元 /Except 運算元支援批次處理，範例程式如下：

```
SELECT *
FROM (
    (SELECT user FROM Orders WHERE a % 2 = 0)
  INTERSECT
    (SELECT user FROM Orders WHERE b = 0)
)
SELECT *
FROM (
    (SELECT user FROM Orders WHERE a % 2 = 0)
  EXCEPT
    (SELECT user FROM Orders WHERE b = 0)
)
```

(4) In 運算元。

In 運算元支援批次處理和流處理，範例程式如下：

```
SELECT user, amount
FROM Orders
WHERE product IN (
    SELECT product FROM NewProducts
)
```

若運算式在指定的表中存在子查詢表，則返回 true。子查詢表必須由單一列組成，並且該列的資料類型需要與運算式保持一致。

在流查詢中，In 操作會被重新定義為 Join 操作和 Group 操作。該查詢所需要的狀態可能會由於不同的輸入行數而導致無限增長。請在查詢設定中設定合理的保留間隔，以避免產生狀態過大。

(5) Exists 運算元。

Exists 運算元支援批次處理和流處理，範例程式如下：

```
SELECT user, amount
FROM Orders
WHERE product EXISTS (
    SELECT product FROM NewProducts
)
```

若子查詢的結果多於一行，則返回 true。Exists 運算元僅支援可以被透過 Join 和 Group 重新定義的操作。

在流查詢中，Exists 操作會被重新定義為 Join 操作和 Group 操作。該查詢所需要的狀態可能會由於不同的輸入行數而導致無限增長。請在查詢設定中設定合理的保留間隔，以避免產生狀態過大。

5. 排序和限制

排序和限制操作包含以下幾類運算元。

（1）Order By 運算元。

Order By 運算元支援批次處理和流處理。批次處理和流處理結果預設根據時間屬性按照昇冪進行排序。Order By 運算元支援使用其他排序屬性。範例程式如下：

```
SELECT *
FROM Orders
ORDER BY orderTime
```

（2）Limit 運算元。

Limit 運算元支援批次處理，它需要有一個 ORDER BY 子句，範例程式如下：

```
SELECT *
FROM Orders
ORDER BY orderTime
LIMIT 3
```

6. 最大值或最小值查詢

目前僅 BlinkPlanner 支持最大值或最小值（Top-N）查詢。

Top-N 查詢是根據列排序找到 *N* 個最大或最小的值。最大值集和最小值集都被看作一種 Top-N 查詢。若在批次處理或流處理的表中需要顯示出滿足條件的 *N* 個最低層記錄或最頂層記錄，則 Top-N 查詢會十分有用。得到的結果集將可以進行進一步的分析。

Flink 使用 OVER 視窗條件和過濾條件相結合，以進行 Top-N 查詢。利用 OVER 視窗的 PARTITIONBY 子句，Flink 還支持逐組 Top-N 查詢。舉例來說，每個類別中即時銷量最高的前 5 種產品。批次處理表和流處理表都支援基於 SQL 的 Top-N 查詢。TOP-N 查詢的語法如下所示：

```
SELECT [column_list]
FROM (
   SELECT [column_list],
     ROW_NUMBER() OVER ([PARTITION BY col1[, col2...]]
       ORDER BY col1 [asc|desc][, col2 [asc|desc]...]) AS rownum
   FROM table_name)
WHERE rownum <= N [AND conditions]
```

參數説明如下。

- ROW_NUMBER()：根據當前分區內的各行的順序從第 1 行開始，依次為每行分配一個唯一且連續的號碼。
- PARTITION BY col1[, col2...]：指定分區列，每個分區都會有一個 Top-N 查詢結果。
- ORDER BY col1 [asc|desc][, col2 [asc|desc]...]：指定排序列，不同列的排序方向可以不一樣。
- WHERE rownum <= N：Flink 需要 rownum ≤ N 才能辨識一個查詢是否為 Top-N 查詢。其中，N 代表最大或最小的 N 筆記錄會被保留。
- [AND conditions]：在 WHERE 敘述中，可以隨意增加其他的查詢準則，但其他條件只允許透過 AND 與 rownum <= N 結合使用。

流處理模式需要注意 Top-N 查詢的結果會帶有更新。Flink SQL 會根據排序鍵對輸入的流進行排序；若 Top-N 的記錄發生了變化，則變化的部分會以取消、更新記錄的形式被發送到下游。推薦使用一個支持更新的儲存作為 Top-N 查詢的 Sink。另外，若 Top-N 查詢的結果需要儲存到外部儲存中，則結果表需要擁有與 Top-N 查詢相同的唯一鍵。

Top-N 查詢的唯一鍵是分區列和 rownum 列的結合。另外，Top-N 查詢也可以獲得上游的唯一鍵。以下面的任務為例，product_id 是 ShopSales 的唯一鍵，Top-N 查詢的唯一鍵是 [category, rownum] 和 [product_id]。

下面描述如何指定帶有 Top-N 查詢的 SQL 查詢，如查詢每個分類即時銷量最大的 5 個產品：

```
// 獲取流處理的執行環境
StreamExecutionEnvironment env = StreamExecutionEnvironment.
getExecutionEnvironment();
// 創建Table API和SQL程式的執行環境
StreamTableEnvironment tableEnv = TableEnvironment.getTableEnvironment(env);
// 接收來自外部資料來源的 DataStream
DataStream<Tuple3<String, String, String, Long>> ds = env.addSource(...);
// 把 DataStream 註冊為表，表名是 "ShopSales"
tableEnv.createTemporaryView("ShopSales", ds, "product_id, category,
product_name, sales");
// 選擇每個分類中銷量前5名的產品
Table result1 = tableEnv.sqlQuery(
  "SELECT * " +
  "FROM (" +
  "   SELECT *," +
  "       ROW_NUMBER() OVER (PARTITION BY category ORDER BY sales DESC) as
row_num" +
  "   FROM ShopSales)" +
  "WHERE row_num <= 5");
```

row_num 欄位會作為唯一鍵的其中一個欄位寫入結果表中，這會導致大量的結果寫入結果表。舉例來說，當原始結果（名為 product-1001）從排序第 9 名變化為排序第 1 名時，排名第 1 ～ 9 名的所有結果都會以更新訊息的形式被發送到結果表中。若結果表收到太多的資料，則會成為 SQL 任務的瓶頸。

最佳化方法如下：在 Top-N 查詢的外部 SELECT 子句中省略 row_num 欄位。由於前 N 筆記錄的數量通常不大，因此使用者可以自己對記錄進行快速排序，這是合理的。在省略 row_num 欄位之後，上述例子只有變化了的記錄（product-1001）需要被發送到下游，從而可以節省大量的對結果表的 I/O 操作。

下面描述如何以這種方式最佳化上述 Top-N 查詢：

```
// 獲取流處理的執行環境
StreamExecutionEnvironment env = StreamExecutionEnvironment.
getExecutionEnvironment();
// 創建Table API和SQL程式的執行環境
StreamTableEnvironment tableEnv = TableEnvironment.getTableEnvironment(env);
// 從外部資料來源讀取 DataStream
DataStream<Tuple3<String, String, String, Long>> ds = env.addSource(...);
// 把 DataStream 註冊為表，表名是"ShopSales"
tableEnv.createTemporaryView("ShopSales", ds, $("product_id"), $("category"),
$("product_name"), $("sales"));
// 選擇每個分類中銷量前5名的產品
Table result1 = tableEnv.sqlQuery(
  "SELECT product_id, category, product_name, sales " + // 在輸出中省略row_
num欄位
  "FROM (" +
  "   SELECT *," +
  "       ROW_NUMBER() OVER (PARTITION BY category ORDER BY sales DESC) as
row_num" +
  "   FROM ShopSales)" +
  "WHERE row_num <= 5");
```

為了使上述查詢輸出可以輸出到外部儲存並且結果正確，外部儲存需要擁有與 Top-N 查詢一致的唯一鍵。在上述查詢例子中，若 product_id 是查詢的唯一鍵，則外部表必須有 product_id 作為其唯一鍵。

7. 去除重複

僅 BlinkPlanner 支持去除重複。

去除重複是指對在列的集合內重複的行進行刪除，只保留第一行或最後一行資料。在某些情況下，上游的 ETL 作業不能實現「精確一次」的點對點，將會可能導致在故障恢復時，Sink 中有重複的記錄。由於重複的記錄會影響下游分析作業的正確性（如 SUM、COUNT），因此在進一步分析之前需要進行資料去除重複。

與 Top-N 查詢相似，Flink 使用 ROW_NUMBER() 去除重複的記錄。從理論上來說，去除重複是一個特殊的 Top-N 查詢，其中 N 是 1，記錄則是以「處理時間」或「事件時間」進行排序的。

以下程式展示了去除重複敘述的語法：

```
SELECT [column_list]
FROM (
   SELECT [column_list],
     ROW_NUMBER() OVER ([PARTITION BY col1[, col2...]]
       ORDER BY time_attr [asc|desc]) AS rownum
   FROM table_name)
WHERE rownum = 1
```

參數說明如下。

- ROW_NUMBER()：從第 1 行開始，依次為每行分配一個唯一且連續的號碼。
- PARTITION BY col1[, col2...]：指定分區的列，如去除重複的鍵。
- ORDER BY time_attr [asc|desc]：指定排序的列。所制定的列必須為時間屬性，目前僅支援 proctimeattribute。昇冪（ASC）排列是指只保留第 1 行，而降冪排列（DESC）則是指保留最後一行。
- WHERE rownum = 1：Flink 需要 rownum=1，以確定該查詢是否為去除重複查詢。

下面描述如何指定 SQL 查詢，以在一個流計算表中進行去除重複操作：

```
// 獲取流處理的執行環境
StreamExecutionEnvironment env = StreamExecutionEnvironment.
getExecutionEnvironment();
// 創建Table API和SQL程式的執行環境
StreamTableEnvironment tableEnv = TableEnvironment.getTableEnvironment(env);
// 從外部資料來源讀取 DataStream
DataStream<Tuple3<String, String, String, Integer>> ds = env.addSource(...);
// 註冊一個名為"Orders"的 DataStream
tableEnv.createTemporaryView("Orders", ds, $("order_id"), $("user"),
$("product"), $("number"), $("proctime").proctime());
// 由於不應該出現兩個訂單有同一個order_id，因此根據 order_id去除重複的行，
並保留第一行
Table result1 = tableEnv.sqlQuery(
  "SELECT order_id, user, product, number " +
  "FROM (" +
  "   SELECT *," +
  "       ROW_NUMBER() OVER (PARTITION BY order_id ORDER BY proctime ASC) as
row_num" +
  "   FROM Orders)" +
  "WHERE row_num = 1");
```

8. 分組視窗

SQL 查詢的分組視窗是透過 GROUP BY 敘述定義的。類似於使用正常 GROUP BY 敘述的查詢，在視窗分組敘述的 GROUP BY 敘述中帶有一個視窗函數為每個分組計算出一個結果。

批次處理表和流處理表支援的分組視窗函數如下。

（1）TUMBLE(time_attr, interval)。

TUMBLE(time_attr, interval) 用於定義一個捲動視窗。捲動視窗把行分配到有固定持續時間（interval）的不重疊的連續視窗。舉例來說，5min 的捲動視窗以 5min 為間隔對「行」進行分組。捲動視窗可以定義在「事件時間」（批次處理、流處理）或「處理時間」（流處理）上。

（2）HOP(time_attr, interval, interval)。

HOP(time_attr, interval, interval) 用於定義一個跳躍的時間視窗（在 Table API 中被稱為滑動視窗）。滑動視窗有一個固定的持續時間（第 2 個 interval 參數），以及一個滑動的間隔（第 1 個 interval 參數）。若滑動間隔小於視窗的持續時間，則滑動視窗會出現重疊，因此行會被分配到多個視窗中。舉例來說，一個大小為 15min 的滑動視窗，其滑動間隔為 5min，會把每行資料分配到 3 個 15min 的視窗中。滑動視窗可以定義在「事件時間」（批次處理、流處理）或「處理時間」（流處理）上。

（3）SESSION(time_attr, interval)。

SESSION(time_attr, interval) 用於定義一個階段時間視窗。階段時間視窗沒有一個固定的持續時間，但是它們的邊界會根據 interval 所定義的不活躍時間來確定，即如果一個階段時間視窗在定義的間隔時間內沒有事件出現，則該視窗會被關閉。

舉例來說，時間視窗的間隔時間是 30min，當其「不活躍的時間」達到 30min 之後，若觀測到新的記錄，則會啟動一個新的階段時間視窗（否則該行資料會被增加到當前的視窗中），並且若在 30 min 內沒有觀測到新的記錄，那麼這個視窗會被關閉。階段時間視窗可以使用「事件時間」（批次處理、流處理）或「處理時間」（流處理）。

在流處理表的 SQL 查詢中，分組視窗函數的 time_attr 參數必須引用一個合法的時間屬性，並且該屬性需要指定行的「處理時間」或「事件時間」。

對於批次處理的 SQL 查詢，分組視窗函數的 time_attr 參數必須是 TIMESTAMP 類型。

可以使用表 11-1 中列出的輔助函數選擇分組視窗的開始和結束時間戳記，以及時間屬性。

表 11-1

輔助函數	描述
TUMBLE_START(time_attr, interval) HOP_START(time_attr, interval, interval) SESSION_START(time_attr, interval)	返回相對應的捲動視窗、滑動視窗和階段視窗範圍以內的下界時間戳記
TUMBLE_END(time_attr, interval) HOP_END(time_attr, interval, interval) SESSION_END(time_attr, interval)	返回相對應的捲動視窗、滑動視窗和階段視窗範圍以外的上界時間戳記
TUMBLE_ROWTIME(time_attr, interval) HOP_ROWTIME(time_attr, interval, interval) SESSION_ROWTIME(time_attr, interval)	返回相對應的捲動視窗、滑動視窗和階段視窗範圍以內的上界時間戳記。返回的是一個可用於後續需要基於時間的操作的時間屬性（rowtime attribute）
TUMBLE_PROCTIME(time_attr, interval) HOP_PROCTIME(time_attr, interval, interval) SESSION_PROCTIME(time_attr, interval)	返回一個可以用於後續需要基於時間的操作的「處理時間」參數

Tips

輔助函數必須使用與 GROUP BY 子句中的分組視窗函數完全相同的參數來呼叫。

下面展示如何在流處理表中使用分組視窗函數的 SQL 查詢：

```
// 獲取流處理的執行環境
StreamExecutionEnvironment env = StreamExecutionEnvironment.
getExecutionEnvironment();
// 創建Table API和SQL程式的執行環境
StreamTableEnvironment tableEnv = StreamTableEnvironment.create(env);

// 從外部資料來源讀取DataSource
DataStream<Tuple3<Long, String, Integer>> ds = env.addSource(...);
// 用"Orders"作為表名把 DataStream 註冊為表
tableEnv.createTemporaryView("Orders", ds, $("user"), $("product"),
$("amount"), $("proctime").proctime(), $("rowtime").rowtime());

// 計算每日的SUM(amount)(使用"事件時間")
```

```
Table result1 = tableEnv.sqlQuery(
  "SELECT user, " +
  "  TUMBLE_START(rowtime, INTERVAL '1' DAY) as wStart,  " +
  "  SUM(amount) FROM Orders " +
  "GROUP BY TUMBLE(rowtime, INTERVAL '1' DAY), user");

// 計算每日的 SUM(amount)(使用"處理時間")
Table result2 = tableEnv.sqlQuery(
  "SELECT user, SUM(amount) FROM Orders GROUP BY TUMBLE(proctime, INTERVAL
'1' DAY), user");

// 使用"事件時間"計算過去24h中每小時的SUM(amount)
Table result3 = tableEnv.sqlQuery(
  "SELECT product, SUM(amount) FROM Orders GROUP BY HOP(rowtime, INTERVAL '1'
HOUR, INTERVAL '1' DAY), product");

// 計算每個"以12h(事件時間)作為不活動時間"的階段的 SUM(amount)
Table result4 = tableEnv.sqlQuery(
  "SELECT user, " +
  "  SESSION_START(rowtime, INTERVAL '12' HOUR) AS sStart, " +
  "  SESSION_ROWTIME(rowtime, INTERVAL '12' HOUR) AS snd, " +
  "  SUM(amount) " +
  "FROM Orders " +
  "GROUP BY SESSION(rowtime, INTERVAL '12' HOUR), user");
```

9. 模式匹配

MATCH_RECOGNIZE 支援流處理。根據 MATCH_RECOGNIZE 的標準在流處理表中搜索指定的模式，這樣就可以在 SQL 查詢中描述複雜的事件處理（CEP）邏輯：

```
SELECT T.aid, T.bid, T.cid
FROM MyTable
MATCH_RECOGNIZE (
  PARTITION BY userid
  ORDER BY proctime
  MEASURES
    A.id AS aid,
    B.id AS bid,
```

```
    C.id AS cid
  PATTERN (A B C)
  DEFINE
    A AS name = 'a',
    B AS name = 'b',
    C AS name = 'c'
) AS T
```

11.2.5 DROP 敘述

DROP 敘述用於從當前或指定的 Catalog 中刪除一個已經註冊的表、視圖或函數。

Flink SQL 目前支持以下 DROP 敘述：DROP TABLE、DROP DATABASE、DROP VIEW、DROP FUNCTION。

若 DROP 操作執行成功，則 executeSql() 方法返回 "OK"，否則拋出異常。

下面展示如何在 TableEnvironment 和 SQL CLI 中執行 DROP 敘述：

```
// 定義所有初始化表環境的參數
EnvironmentSettings settings = EnvironmentSettings.newInstance()...
// 創建Table API、SQL程式的執行環境
TableEnvironment tableEnv = TableEnvironment.create(settings);
// 註冊一個名為Orders的表
tableEnv.executeSql("CREATE TABLE Orders (`user` BIGINT, product STRING,
amount INT) WITH (...)");
// 字串陣列：["Orders"]
String[] tables = tableEnv.listTables();
// 或tableEnv.executeSql("SHOW TABLES").print();
// 從Catalog中刪除Orders表
tableEnv.executeSql("DROP TABLE Orders");
// 空字串陣列
String[] tables = tableEnv.listTables();
// 或tableEnv.executeSql("SHOW TABLES").print();
```

1. DROP TABLE

DROP TABLE 根據指定的表名刪除某個表，若需要刪除的表不存在則拋出異常。IF EXISTS 參數表示表不存在時不會進行任何操作：

```
DROP TABLE [IF EXISTS] [catalog_name.][db_name.]table_name
```

2. DROP DATABASE

DROP DATABASE 根據指定的表名刪除資料庫，若需要刪除的資料庫不存在則會拋出異常：

```
DROP DATABASE [IF EXISTS] [catalog_name.]db_name [ (RESTRICT | CASCADE) ]
```

參數說明如下。

- IF EXISTS：若資料庫不存在，則不執行任何操作。
- RESTRICT：若刪除一個不可為空資料庫，則會觸發異常（預設為開啟）。
- CASCADE：若刪除一個不可為空資料庫，則把相連結的表與函數一併刪除。

3. DROP VIEW

DROP VIEW 用於刪除一個有 Catalog 和資料庫命名空間的視圖，若需要刪除的視圖不存在則會產生異常：

```
DROP [TEMPORARY] VIEW  [IF EXISTS] [catalog_name.][db_name.]view_name
```

參數說明如下。

- TEMPORARY：刪除一個有 Catalog 和資料庫命名空間的臨時視圖。
- IF EXISTS：若視圖不存在，則不進行任何操作。

Flink 沒有用 CASCADE/RESTRICT 關鍵字來維護視圖的依賴關係，而是在使用者使用視圖時再提示錯誤訊息，如視圖的底層表已經被刪除等場景。

4. DROP FUNCTION

DROP FUNCTION 用於刪除一個有 Catalog 和資料庫命名空間的 Catalog Function，若需要刪除的函數不存在則會產生異常：

```
DROP [TEMPORARY|TEMPORARY SYSTEM] FUNCTION [IF EXISTS] [catalog_name.]
[db_name.]function_name;
```

參數說明如下。

- TEMPORARY：刪除一個有 Catalog 和資料庫命名空間的臨時 Catalog Function。
- TEMPORARY SYSTEM：刪除一個沒有資料庫命名空間的臨時系統函數。
- IF EXISTS：若函數不存在，則不會進行任何操作。

11.2.6 ALTER 敘述

ALTER 敘述用於修改一個已經在 Catalog 中註冊的表、視圖或函數定義。Flink SQL 目前支持以下 ALTER 敘述：ALTER TABLE、ALTER DATABASE、ALTER FUNCTION。

若 ALTER 操作執行成功，則 executeSql() 方法返回 "OK"，否則拋出異常。

下面展示如何在 TableEnvironment 和 SQL CLI 中執行 ALTER 敘述：

```
// 定義所有初始化表環境的參數
EnvironmentSettings settings = EnvironmentSettings.newInstance()...
// 創建Table API和SQL程式的執行環境
TableEnvironment tableEnv = TableEnvironment.create(settings);
// 註冊一個名為Orders的表
tableEnv.executeSql("CREATE TABLE Orders (`user` BIGINT, product STRING,
amount INT) WITH (...)");
// 字串陣列：["Orders"]
String[] tables = tableEnv.listTables();
```

```
// 或tableEnv.executeSql("SHOW TABLES").print();
// 把"Orders"的表名改為"NewOrders"
tableEnv.executeSql("ALTER TABLE Orders RENAME TO NewOrders;");
// 字串陣列：["NewOrders"]
String[] tables = tableEnv.listTables();
// 或tableEnv.executeSql("SHOW TABLES").print();
```

1. ALTER TABLE

- 重新命名表：把原有的表名更改為新的表名。
  具體範例如下：

```
ALTER TABLE [catalog_name.][db_name.]table_name RENAME TO new_table_name
```

- 設定（或修改）表屬性：為指定的表設定（或修改）一個或多個屬性。若個別屬性已經存在於表中，則使用新的值覆蓋舊的值。
  具體範例如下：

```
ALTER TABLE [catalog_name.][db_name.]table_name SET (key1=val1, key2=val2, ...)
```

2. ALTER DATABASE

ALTER DATABASE 用於在資料庫中設定一個或多個屬性。若個別屬性已經在資料庫中設定了，則會使用新值覆蓋舊值。

具體範例如下：

```
ALTER DATABASE [catalog_name.]db_name SET (key1=val1, key2=val2, ...)
```

3. ALTER FUNCTION

ALTER FUNCTION 用於修改一個有 Catalog 和資料庫命名空間的 Catalog Function，需要指定一個新的 Identifier，可指定 Language Tag。若函數不存在，則刪除會拋出異常。

如果 Language Tag 是 JAVA 或 Scala 語言，則 Identifier 是 UDF 實現類別的全限定名：

```
ALTER [TEMPORARY|TEMPORARY SYSTEM] FUNCTION
  [IF EXISTS] [catalog_name.][db_name.]function_name
  AS identifier [LANGUAGE JAVA|SCALA|PYTHON]
```

其參數說明如下。

- TEMPORARY：修改一個有 Catalog 和資料庫命名空間的臨時 Catalog Function，並覆蓋原有的 Catalog Function。
- TEMPORARY SYSTEM：修改一個沒有資料庫命名空間的臨時系統 Catalog Function，並覆蓋系統內建的函數。
- IF EXISTS：若函數不存在，則不進行任何操作。
- LANGUAGE JAVA|SCALA|PYTHON：用於指定 Flink 執行引擎如何執行這個函數。目前，ALTER 敘述支援 Java、Scala 和 Python 語言，預設為 Java。

11.2.7 INSERT 敘述

INSERT 敘述用來在表中增加行。

使用 executeSql() 方法執行 INSERT 敘述時會立即提交一個 Flink 作業，並且返回一個 TableResult 物件，透過該物件可以獲取 JobClient 提交的作業。

多筆 INSERT 敘述的說明如下。

(1) 使用 TableEnvironment 中的 createStatementSet() 方法可以創建一個 StatementSet 物件。

(2) 使用 StatementSet 中的 addInsertSql() 方法可以增加多筆 INSERT 敘述。

(3) 透過 StatementSet 中的 execute() 方法來執行。

下面展示如何在 TableEnvironment 和 SQL CLI 中執行一筆 INSERT 敘述，以及透過 StatementSet 執行多筆 INSERT 敘述：

```
// 定義所有初始化表環境的參數
EnvironmentSettings settings = EnvironmentSettings.newInstance()...
// 創建Table API和SQL程式的執行環境
TableEnvironment tEnv = TableEnvironment.create(settings);
// 註冊一個名為"Orders"的來源表和一個名為"RubberOrders"結果表
tEnv.executeSql("CREATE TABLE Orders (`user` BIGINT, product VARCHAR,
amount INT) WITH (...)");
tEnv.executeSql("CREATE TABLE RubberOrders(product VARCHAR, amount INT)
WITH (...)");
// 執行一筆 INSERT 敘述，將來源表的資料輸出到結果表中
TableResult tableResult1 = tEnv.executeSql(
  "INSERT INTO RubberOrders SELECT product, amount FROM Orders WHERE product
LIKE '%Rubber%'");
// 透過TableResult獲取作業狀態
System.out.println(tableResult1.getJobClient().get().getJobStatus());
// ----------------------------------------------------------------------
// 註冊一個名為"GlassOrders"的結果表用於執行多筆INSERT敘述
tEnv.executeSql("CREATE TABLE GlassOrders(product VARCHAR, amount INT) WITH
(...)");

// 執行多筆INSERT敘述，將來源表的資料輸出到多個結果表中
StatementSet stmtSet = tEnv.createStatementSet();
// addInsertSql()方法每次只接收單筆INSERT敘述
stmtSet.addInsertSql(
  "INSERT INTO RubberOrders SELECT product, amount FROM Orders WHERE product
LIKE '%Rubber%'");
stmtSet.addInsertSql(
  "INSERT INTO GlassOrders SELECT product, amount FROM Orders WHERE product
LIKE '%Glass%'");
// 執行剛剛增加的所有INSERT敘述
TableResult tableResult2 = stmtSet.execute();
// 透過TableResult獲取作業狀態
System.out.println(tableResult1.getJobClient().get().getJobStatus());
```

1. 將 SELECT 查詢資料插入表中

使用 INSERT 敘述可以將查詢的結果插入表中。

(1)語法如下：

```
INSERT { INTO | OVERWRITE } [catalog_name.][db_name.]table_name [PARTITION
part_spec] select_statement
part_spec:
  (part_col_name1=val1 [, part_col_name2=val2, ...])
```

其參數説明如下。

- OVERWRITE：覆蓋表中或分區中的任何已存在的資料，否則新資料會追加到表中或分區中。
- PARTITION：包含需要插入的靜態分區列與值。

(2)具體範例如下：

```
-- 創建一個分區表
CREATE TABLE country_page_view (user STRING, cnt INT, date STRING, country STRING)
PARTITIONED BY (date, country)
WITH (...)

-- 追加行到該靜態分區中 (date='2019-8-30', country='China')
INSERT INTO country_page_view PARTITION (date='2019-8-30', country='China')
  SELECT user, cnt FROM page_view_source;

-- 追加行到分區(date, country)中。其中，date是靜態分區"2019-8-30"；country
是動態分區，其值由每行動態決定
INSERT INTO country_page_view PARTITION (date='2019-8-30')
  SELECT user, cnt, country FROM page_view_source;

-- 覆蓋行到靜態分區(date='2019-8-30', country='China')
INSERT OVERWRITE country_page_view PARTITION (date='2019-8-30', country='China')
  SELECT user, cnt FROM page_view_source;

-- 覆蓋行到分區(date, country)0中。其中，date是靜態分區"2019-8-30"；country
是動態分區，其值由每行動態決定
INSERT OVERWRITE country_page_view PARTITION (date='2019-8-30')
  SELECT user, cnt, country FROM page_view_source;
```

2. 將值插入表中

使用 INSERT 敘述也可以直接將值插入表中。

（1）語法如下：

```
INSERT { INTO | OVERWRITE } [catalog_name.][db_name.]table_name VALUES values_
row [, values_row ...]
values_row:
    : (val1 [, val2, ...])
```

其中，參數 OVERWRITE 表示 INSERT OVERWRITE 會覆蓋表中的任何已存在的資料。不然新資料會追加到表中。

（2）具體範例如下：

```
CREATE TABLE students (name STRING, age INT, gpa DECIMAL(3, 2)) WITH (...);
INSERT INTO students
  VALUES ('fred flintstone', 35, 1.28), ('barney rubble', 32, 2.32);
```

11.2.8 SQL hints

1. SQL hints 的作用

SQL hints 可以與 SQL 敘述一起使用，以更改執行計畫。一般來說 SQL hints 可以用於以下幾種情況。

- 強制執行計畫程式：使用者可以透過 SQL hints 更進一步地控制執行。
- 追加中繼資料（或統計資訊）：使用 SQL hints 設定某些動態統計資訊（如「掃描的表索引」）非常方便。
- 運算元資源限制：在很多情況下會為執行運算元提供預設的資源設定，如最小平行度、託管記憶體（消耗資源的 UDF）、特殊資源要求（GPU 或 SSD 磁碟）等。可以靈活地使用每個查詢的 SQL hints 來設定資源（而非 Job）。

2. 動態表選項

動態表選項允許動態指定或覆蓋表選項。這種方式與透過 SQL DDL 或 connect API 定義的靜態表選項不同——可以在每個查詢的每個表範圍內靈活地指定動態表選項。

因此，這種方式非常適用於互動式終端中的臨時查詢。舉例來說，在 SQL-CLI 中，只需要增加動態選項 csv.ignore-parse-errors'='true'，就可以指定忽略 CSV 來源的解析錯誤。

Tips

禁止使用預設的動態表選項，因為它可能會更改查詢的語義。需要將配置選項 table.dynamic-table-options.enabled 設置為 true（預設為 false）。

3. 語法

為了不破壞 SQL 的相容性，Flink 使用 Oracle 樣式的 SQL 提示語法，如下所示：

```
table_path /*+ 選項 (key=val [, key=val]*) */
key:
    stringLiteral
val:
    stringLiteral
```

SQL 語法的使用方法如下所示：

```
CREATE TABLE kafka_table1 (id BIGINT, name STRING, age INT) WITH (...);
CREATE TABLE kafka_table2 (id BIGINT, name STRING, age INT) WITH (...);
-- 覆蓋查詢來源中的表選項
select id, name from kafka_table1 /*+ 選項('scan.startup.mode'='earliest-
offset') */;
-- 覆蓋連接中的表選項
select * from
    kafka_table1 /*+ 選項('scan.startup.mode'='earliest-offset') */ t1
    join
```

```
    kafka_table2 /*+ 選項('scan.startup.mode'='earliest-offset') */ t2
    on t1.id = t2.id;
-- 覆蓋插入目標表的表選項
insert into kafka_table1 /*+ 選項('sink.partitioner'='round-robin') */ select
* from kafka_table2;
```

11.2.9 描述敘述、解釋敘述、USE 敘述和 SHOW 敘述

1. 描述敘述

描述（DESCRIBE）敘述用來描述一張表或視圖的 Schema。若 DESCRIBE 操作執行成功，則 executeSql() 方法返回該表的 Schema，否則會拋出異常。其語法如下：

```
DESCRIBE [catalog_name.][db_name.]table_name
```

2. 解釋敘述

解釋（EXPLAIN）敘述用來解釋一筆查詢敘述或插入敘述的邏輯計畫和最佳化後的計畫。

若 EXPLAIN 操作執行成功，則 executeSql() 方法返回解釋的結果，否則會拋出異常。

解釋敘述的使用方法如下所示：

```
EXPLAIN PLAN FOR <query_statement_or_insert_statement>
```

3. USE 敘述

USE 敘述用來設定當前的 Catalog 或資料庫。若 USE 操作執行成功，則 executeSql() 方法返回 "OK"，否則會拋出異常。USE 敘述有以下兩種用法。

（1）USE CATLOAG。

USE CATLOAG 用來設定當前的 Catalog。所有未顯性指定 Catalog 的後續命令將使用此 Catalog。如果指定的 Catalog 不存在，則拋出異常。預設當前 Catalog 是 default_catalog。

USE CATLOAG 的使用方法如下所示：

```
USE CATALOG catalog_name
```

（2）USE。

USE 用來設定當前的資料庫。所有未顯性指定資料庫的後續命令將使用此資料庫。如果指定的資料庫不存在，則拋出異常。預設當前資料庫是 default_database。

USE 的使用方法如下所示：

```
USE [catalog_name.]database_name
```

4. SHOW 敘述

SHOW 敘述主要有以下幾個功能：列出所有的 Catalog；列出當前 Catalog 中所有的資料庫；列出當前 Catalog 和當前資料庫的所有表或視圖；列出所有的函數，包括臨時系統函數、系統函數、臨時 Catalog 函數、當前 Catalog 和資料庫中的 Catalog 函數。

若 SHOW 操作執行成功，則 executeSql() 方法返回所有物件，否則會拋出異常。

目前 Flink SQL 支持以下 SHOW 敘述。

- SHOW CATALOGS：列出所有的 Catalog。
- SHOW DATABASES：列出當前 Catalog 中所有的資料庫。
- SHOW TABLES：列出當前 Catalog 和當前資料庫中所有的表。
- SHOW VIEWS：列出當前 Catalog 和當前資料庫中所有的視圖。
- SHOW FUNCTIONS：列出所有的函數，包括臨時系統函數、系統函數、臨時 Catalog 函數、當前 Catalog 和資料庫中的 Catalog 函數。

11.2.10 實例 40：使用描述敘述描述表的 Schema

本實例的程式在 "/SQL/SQL/…/DescribeDemo.java" 目錄下。

本實例演示的是使用描述敘述來描述表的 Schema，如下所示：

```
public class DescribeDemo {
    // main()方法——Java應用程式的入口
    public static void main(String[] args) {    // 定義所有初始化表環境的參數
        EnvironmentSettings settings = EnvironmentSettings.newInstance()
                .useBlinkPlanner() // 將BlinkPlanner設定為必需的模組
                .build();
                 // 創建Table API和SQL程式的執行環境
        TableEnvironment tableEnv = TableEnvironment.create(settings);
                // 註冊表"Orders"
                tableEnv.executeSql(
                "CREATE TABLE Orders (" +
                        " `user` BIGINT NOT NULl," +
                        " product VARCHAR(32)," +
                        " amount INT," +
                        " ts TIMESTAMP(3)," +
                        " ptime AS PROCTIME()," +
                        " PRIMARY KEY(`user`) NOT ENFORCED," +
                        " WATERMARK FOR ts AS ts - INTERVAL '1' SECONDS" +
                        ") ");
        // 列印Schema
        tableEnv.executeSql("DESCRIBE Orders").print();
    }
}
```

執行上述應用程式之後，會在主控台中輸出如圖 11-1 所示的資訊。

```
+---------+-----------------------------------+-------+-----------+-----------------+----------------------------+
|    name |                              type |  null |       key | computed column |                  watermark |
+---------+-----------------------------------+-------+-----------+-----------------+----------------------------+
|    user |                            BIGINT | false | PRI(user) |                 |                            |
| product |                       VARCHAR(32) |  true |           |                 |                            |
|  amount |                               INT |  true |           |                 |                            |
|      ts |            TIMESTAMP(3) *ROWTIME* |  true |           |                 | `ts` - INTERVAL '1' SECOND |
|   ptime | TIMESTAMP(3) NOT NULL *PROCTIME* | false |           |      PROCTIME() |                            |
+---------+-----------------------------------+-------+-----------+-----------------+----------------------------+
5 rows in set
```

圖 11-1

11.2.11 實例 41：使用解釋敘述解釋 SQL 敘述的計畫

本實例的程式在 "/SQL/SQL/…/ExplainDemo.java" 目錄下。

本實例演示的是使用解釋敘述來解釋 SQL 敘述的邏輯計畫和最佳化後的計畫，如下所示：

```
public class ExplainDemo {
    // main()方法——Java應用程式的入口
    public static void main(String[] args) throws IOException {
        // 獲取流處理的執行環境
        StreamExecutionEnvironment env = StreamExecutionEnvironment.
getExecutionEnvironment();
        // 創建Table API和SQL程式的執行環境
        StreamTableEnvironment tEnv = StreamTableEnvironment.create(env);
        String contents = "" +
                "1,BMW,3,2019-12-12 00:00:01\n" +
                "2,Tesla,4,2019-12-12 00:00:02\n";
        String path = createTempFile(contents);
        // 註冊表MyTable
        tEnv.executeSql("CREATE TABLE MyTable (id bigint, word VARCHAR(256))
WITH ('connector.type' = 'filesystem','connector.path' = 'path','format.type'
= 'csv')");
        // 透過explainSql()方法解釋SQL敘述
        String explanation = tEnv.explainSql(
                "SELECT id, word FROM MyTable WHERE word LIKE 'B%' " );
        System.out.println(explanation);
        // 在executeSql()方法中執行解釋SQL敘述
        TableResult tableResult = tEnv.executeSql("EXPLAIN PLAN FOR " +
"SELECT id, word FROM MyTable WHERE word LIKE 'a%' ");
        // 列印資料到主控台
        tableResult.print();
    }
    /**
     * 使用contents創建一個暫存檔案並返回絕對路徑
     */
    private static String createTempFile(String contents) throws IOException {
        File tempFile = File.createTempFile("MyTable", ".csv");
        tempFile.deleteOnExit();
```

```
        FileUtils.writeFileUtf8(tempFile, contents);
        return tempFile.toURI().toString();
    }
}
```

11.3 變更資料獲取

11.3.1 了解變更資料獲取

變更資料獲取已經成為一種流行的模式，可以從資料庫中捕捉已提交的更改，並將這些更改傳播到下游使用者。舉例來說，保持多個資料儲存同步，並避免常見的雙重新定義入。

Flink 1.11 已經實現變更資料獲取（CDC）。Flink 能夠輕鬆地將變更日誌提取並解釋為 Table API/SQL。

為了將 Table API/SQL 的範圍擴充到 CDC 之類的使用案例，在 Flink 1.11 中引入了具有 Changelog 模式的新表來源和接收器介面，並支援 Debezium 格式和 Canal 格式。動態表來源不再侷限於僅追加操作，還可以吸收這些外部變更日誌（INSERT 事件），將它們解釋為變更操作（INSERT 事件、UPDATE 事件、DELETE 事件），並以變更類型向下游發出。使用者必須在其 CREATE TABLE 敘述中指定格式才能使用 SQL DDL 來使用變更日誌。

在 CREATE TABLE 敘述中，指定格式的方法如下所示：

```
CREATE TABLE my_table (
  ...
) WITH (
  'connector'='...',                           -- 如Kafka
  'format'='debezium-json',                    -- 或format = canal-json
  'debezium-json.schema-include'='true'        -- 預設值：false （可以將Debezium
                                                  設定為包括或排除訊息模式）
  'debezium-json.ignore-parse-errors'='true'  --預設值：false
);
```

Flink 1.11 僅支援使用 Kafka 作為現成的變更日誌來源，並且需要使用 JSON 編碼的變更日誌。

使用者可以在以下場景下使用變更資料獲取。

- 使用 Flink SQL 進行資料同步，可以將資料同步到其他的地方，如 MySQL、Elasticsearch 等。
- 在來源資料庫上即時地物化一個聚合視圖。
- 因為只是增量同步，所以可以即時而低延遲地同步資料。
- 使用 EventTime 連接一個臨時表，以便可以獲取準確的結果。

11.3.2 實例 42：獲取 MySQL 變更資料

本實例的程式在 "/SQL/CDC/" 目錄下。

本實例演示的是獲取 MySQL 變更資料，具體步驟如下。

1. 準備 MySQL 環境

可以使用 Flink 的變更資料獲取功能來獲取 MySQL 資料，但需要先準備 MySQL 環境。設定 MySQL 環境需要滿足以下條件。

- 使用 MySQL 6 以上的版本，以便支援 Binlog。
- 設定好 MySQL 預設時區和 Binlog_format 格式。
- 創建好資料庫和資料表。

（1）設定 MySQL。

先設定 MySQL 預設時區和 Binlog_format 格式的方法，即在 MySQL 的設定檔中加入以下設定項目：

```
default-time-zone = '+8:00'
binlog_format=ROW
```

在設定好之後，需要重新啟動 MySQL，以便讓設定項目生效。可以在重新連接 MySQL 之後，使用命令 "show variables like '%time_zone%'" 檢查設定項目是否生效。

（2）創建資料表。

本實例透過創建一個訂單表來演示 CDC 功能。創建資料表的 SQL 敘述如下：

```
DROP TABLE IF EXISTS `orders`;
CREATE TABLE `orders` (
  `id` bigint NOT NULL AUTO_INCREMENT,
  `total_amount` decimal(10,2) DEFAULT NULL,
  `trade_no` varchar(100) DEFAULT NULL,
  `order_status` varchar(20) CHARACTER SET utf8 COLLATE utf8_general_ci
DEFAULT NULL,
  `user_id` bigint DEFAULT NULL,
  `payment_way` varchar(20) CHARACTER SET utf8 COLLATE utf8_general_ci
DEFAULT NULL,
  `delivery_address` varchar(500) CHARACTER SET utf8 COLLATE utf8_general_ci
DEFAULT NULL,
  `order_comment` varchar(200) CHARACTER SET utf8 COLLATE utf8_general_ci
DEFAULT NULL,
  `create_time` datetime DEFAULT NULL,
  `operate_time` datetime DEFAULT NULL,
  `expire_time` datetime DEFAULT NULL,
  PRIMARY KEY (`id`)
) ENGINE=InnoDB AUTO_INCREMENT=481 DEFAULT CHARSET=utf8 COMMENT='訂單表';

-- ----------------------------
-- Records of orders
-- ----------------------------
INSERT INTO `orders` VALUES ('1', '188.00', null, '1', '1', 'weixin', '北京王
家胡同', '要順豐', '2020-10-04 12:06:42', '2020-10-05 12:06:46', null);
INSERT INTO `orders` VALUES ('2', '2000.00', null, '1', '2', 'alipay', '上海
13弄', '不限快遞', '2020-10-04 12:07:49', '2020-10-04 12:07:53', null);
```

2. 開發 Flink 的 CDC 應用程式

（1）增加依賴。

要使用 MySQL CDC connector，除需要增加 Flink SQL 相關依賴外，還需要增加以下 MySQL 的 CDC 依賴：

```
<!-- Flink的MySQL連接器依賴 -->
<dependency>
        <groupId>com.alibaba.ververica</groupId>
        <artifactId>flink-connector-mysql-cdc</artifactId>
        <version>1.0.0</version>
</dependency>
```

如果使用 Flink SQL Client，則需要增加 JAR 套件 "flink-sql-connector-mysql-cdc-1.0.0.jar"，然後將該 JAR 套件放在 Flink 安裝目錄的 lib 資料夾下。

（2）編寫應用程式。

編寫應用程式，實現 Flink 的 CDC 功能，如下所示：

```
public class CDCDemo {
    // main()方法——Java應用程式的入口
    public static void main(String[] args) throws Exception {
        // 獲取流處理的執行環境
        StreamExecutionEnvironment env = StreamExecutionEnvironment.
getExecutionEnvironment();
        // 創建Table API和SQL程式的執行環境
        StreamTableEnvironment tEnv = StreamTableEnvironment.create(env);
        String query ="CREATE TABLE orders(" +
                "id BIGINT," +
                "user_id BIGINT," +
                "create_time TIMESTAMP(0)," +
                "payment_way STRING," +
                "delivery_address STRING," +
                "order_status STRING," +
                "total_amount DECIMAL(10, 5)) WITH (" +
                "'connector' = 'mysql-cdc'," +
                "'hostname' = '127.0.0.1'," +
                "'port' = '3306'," +
                "'username' = 'long'," +
                "'password' = 'long'," +
                "'database-name' = 'flink'," +
                "'table-name' = 'orders')";
        tEnv.executeSql(query);
```

```
        String query2 = "SELECT * FROM orders";
        Table result2=tEnv.sqlQuery(query2);
        tEnv.toRetractStream(result2, Row.class).print(); // 列印資料到主控台
        env.execute("CDC Job");
    }
}
```

（3）測試 Flink 的 CDC 功能。

在啟動應用程式之後，會主控台中輸出以下資訊：

```
Connected to 127.0.0.1:3306 at Zhonghua-Long-bin.000008/156 (sid:6268, cid:10)
3> (true,2,2,2020-10-04T12:07:49,alipay,上海13弄,1,2000.00000)
2> (true,1,1,2020-10-04T12:06:42,weixin,北京王家胡同,1,188.00000)
```

如果在資料表中新加了一筆資料，則主控台會自動更新新增加的資訊：

```
4> (true,3,3,2020-10-04T12:58:24,Alipay,武漢濱江苑,1,288.00000)
```

11.4 認識流式聚合

SQL 是資料分析中使用最廣泛的語言。Table API、SQL 讓使用者能夠以更少的時間和精力定義高效的流分析應用程式。此外，Table API、SQL 是高效最佳化過的，它們整合了許多查詢最佳化和運算元最佳化。但並不是所有的最佳化都是預設開啟的，因此，對某些工作負載來說，可以透過打開某些選項來提高性能。

本節提到的最佳化選項僅支援 BlinkPlanner。流聚合最佳化僅支持無界聚合。

在預設情況下，無界聚合運算元逐筆處理輸入的記錄，即：①從狀態中讀取累加器；②累加 / 撤回記錄至累加器；③將累加器寫回狀態。

這種處理模式可能會增加狀態後端的負擔（尤其是對於 RocksDB 的狀態後端）。此外，在生產中非常常見的資料傾斜會使這個問題惡化，並且容易導致作業發生反壓。

1. MiniBatch 聚合

MiniBatch 聚合的核心思想是，將一組輸入的資料快取在聚合運算元內部的緩衝區中。在輸入的資料被觸發處理時，每個 key 只需要一個操作即可存取狀態，這樣可以大大減小狀態負擔並獲得更好的輸送量。但這可能會增加一些延遲，因為它會緩衝一些記錄，而非立即處理它們。這是輸送量和延遲之間的權衡。

在預設情況下 MiniBatch 最佳化是禁用的。啟用 MiniBatch 最佳化的選項如下所示：

```
// 實例化表環境
TableEnvironment tEnv = ...
// 存取設定
Configuration configuration = tEnv.getConfig().getConfiguration();
// 設定低階的key-value選項
configuration.setString("table.exec.mini-batch.enabled", "true");
// 開啟MiniBatch
configuration.setString("table.exec.mini-batch.allow-latency", "5 s");
// 使用5s緩衝輸入記錄
configuration.setString("table.exec.mini-batch.size", "5000");
// 每個聚合運算元任務可以緩衝的最大記錄數
```

2. 本地全域聚合

本地全域聚合（Local-Global）是為了解決資料傾斜問題而提出的，它將一組聚合分為兩個階段（首先在上游進行本地聚合，然後在下游進行全域聚合），與 MapReduce 中的 "Combine + Reduce" 模式類似。舉例來說，以下 SQL 資料流程中的記錄可能會傾斜：

```
SELECT color, sum(id)
FROM T
GROUP BY color
```

因此，某些聚合運算元的實例必須比其他實例處理更多的記錄，這會產生熱點問題。本地全域聚合可以將一定數量具有相同 key 的輸入資料累加到單一累加器中。

本地全域聚合僅接收 Reduce 之後的累加器，而非大量的原始輸入資料，這樣可以大大減少網路負擔和狀態存取的成本。本地全域聚合依賴 MiniBatch 聚合的最佳化，所以需要開啟 MiniBatch 聚合的支援。

啟用本地全域聚合，如下所示：

```
// 實例化表環境
TableEnvironment tEnv = ...
// 存取設定
Configuration configuration = tEnv.getConfig().getConfiguration();
// 設定低階的key-value選項
configuration.setString("table.exec.mini-batch.enabled", "true");
// 本地全域聚合需要開啟MiniBatch設定項目
configuration.setString("table.exec.mini-batch.allow-latency", "5 s");
configuration.setString("table.exec.mini-batch.size", "5000");
configuration.setString("table.optimizer.agg-phase-strategy", "TWO_PHASE");
// 開啟"兩階段提交"
```

3. 去除重複聚合

（1）拆分去除重複聚合。

本地全域聚合最佳化可以有效消除正常聚合的資料傾斜，如 SUM、COUNT、MAX、MIN、AVG。但在處理去除重複（Distinct）聚合時，其性能並不能令人滿意。舉例來說，要分析今天有多少唯一使用者登入，則可能有以下查詢：

```
SELECT day, COUNT(DISTINCT user_id)
FROM T
GROUP BY day
```

如果 Distinct key 的值呈稀疏分佈狀態，則 COUNT DISTINCT 不適合用來減少資料，即使啟用了本地全域聚合最佳化也沒有太大的幫助。因為累加器仍然包含幾乎所有的原始記錄，並且本地全域聚合將成為瓶頸（大多數繁重的累加器由一個任務處理）。

這個最佳化的思想是將不同的聚合（如 COUNT(DISTINCT col)）分為兩個等級。

- 第 1 次聚合由 Group Key 和額外的 Bucket Key 進行 Shuffle。Bucket Key 是使用 HASH_CODE(distinct_key) % BUCKET_NUM 計算的。BUCKET_NUM 預設為 1024，可以透過 table.optimizer.distinct-agg.split.bucket-num 選項進行設定。
- 第 2 次聚合由原始 Group Key 進行 Shuffle，並使用 SUM 運算元聚合來自不同 Buckets 的 COUNT DISTINCT 值。由於相同的 Distinct Key 僅在同一個 Bucket 中計算，因此轉換是等效的。Bucket Key 充當附加 Group Key 的角色，以分擔 Group Key 中熱點的負擔。Bucket Key 使作業具有可伸縮性，以解決不同聚合中的資料傾斜 / 熱點。

在拆分去除重複聚合之後，以上查詢將被自動改寫為以下查詢：

```
SELECT day, SUM(cnt)
FROM (
    SELECT day, COUNT(DISTINCT user_id) as cnt
    FROM T
    GROUP BY day, MOD(HASH_CODE(user_id), 1024)
)
GROUP BY day
```

以下範例顯示了如何啟用「拆分去除重複聚合」最佳化：

```
// 實例化表環境
TableEnvironment tEnv = ...
tEnv.getConfig()                // 存取高階設定項目
        .getConfiguration()     // 設定低階的key-value選項
        .setString("table.optimizer.distinct-agg.split.enabled", "true");
// 啟用"拆分去除重複聚合"最佳化
```

(2) 在「去除重複聚合」上使用 FILTER 修飾符號。

在某些情況下，使用者可能需要從不同維度計算 UV（獨立訪客）的數量，如來自 Android 的 UV、iPhone 的 UV、Web 的 UV 和總 UV。很多人會選擇使用 CASE WHEN 語法來實現，如下所示：

```
SELECT
 day,
 COUNT(DISTINCT user_id) AS total_uv,
 COUNT(DISTINCT CASE WHEN flag IN ('android', 'iphone') THEN user_id ELSE
NULL END) AS app_uv,
 COUNT(DISTINCT CASE WHEN flag IN ('wap', 'other') THEN user_id ELSE NULL
END) AS web_uv
FROM T
GROUP BY day
```

但在這種情況下，建議使用 FILTER 語法而非 CASE WHEN 語法。因為 FILTER 語法更符合 SQL 標準，並且能獲得更多的性能提升。FILTER 不僅可以用於匯總函數的修飾符號，還可以用於限制聚合中使用的值。

FILTER 修飾符號的使用方法如下所示：

```
SELECT
 day,
 COUNT(DISTINCT user_id) AS total_uv,
 COUNT(DISTINCT user_id) FILTER (WHERE flag IN ('android', 'iphone')) AS app_uv,
 COUNT(DISTINCT user_id) FILTER (WHERE flag IN ('wap', 'other')) AS web_uv
FROM T
GROUP BY day
```

Flink 的 SQL 最佳化器可以辨識相同 Distinct Key 上的不同篩檢程式參數。舉例來說，在上面的範例中，3 個 COUNT DISTINCT 都在 user_id 列上。Flink 可以只使用 1 個共用狀態實例，而非 3 個狀態實例，以減少狀態存取和狀態大小。在某些工作負載下，這樣可以獲得顯著的性能提升。

11.5 實例 43：使用 DDL 創建表，並進行流式視窗聚合

本實例的程式在 "/SQL/SQLWindow/" 目錄下。

本實例演示的是使用 DDL 註冊表，在 DDL 中宣告「事件時間」屬性，以及在已註冊的表上執行流式視窗聚合。

1. 準備資料

為了測試延遲處理和水位線，我們創建了如下所示的訂單資料：

```
訂單號|產品名稱|銷量|時間
-|-|-|--------
1,A,3,2020-11-11 00:00:01
2,B,4,2020-11-11 00:00:02
4,C,3,2020-11-11 00:00:04
6,D,3,2020-11-11 00:00:06
34,A,2,2020-11-11 00:00:34
26,A,2,2020-11-11 00:00:26
8,B,1,2020-11-11 00:00:08
```

從上面的資料可以得出以下幾點。

- 我們特意創建了訂單號為 34 和 26 的資料，它們的訂單發生時間為 2020-11-11 00:00:34 和 2020-11-11 00:00:26，這個時間會讓它們進入不同的視窗。
- 我們特意讓訂單號為 8 的資料遲到，以測試視窗的遲到處理情況。

2. 實現程式

在準備好資料之後，就可以透過 DDL 註冊表格，並宣告「事件時間」屬性，以及在已註冊的表上執行流式視窗聚合，如下所示：

```
// main()方法——Java應用程式的入口
public static void main(String[] args) throws Exception {
        // 獲取流處理的執行環境
```

```
        StreamExecutionEnvironment env = StreamExecutionEnvironment.
getExecutionEnvironment();
        // 創建Table API和SQL程式的執行環境
        StreamTableEnvironment tEnv = StreamTableEnvironment.create(env);
        // 將來源資料寫入暫存檔案
        String contents =
         "1,A,3,2020-11-11 00:00:01\n" +
         "2,B,4,2020-11-11 00:00:02\n" +
         "4,C,3,2020-11-11 00:00:04\n" +
         "6,D,3,2020-11-11 00:00:06\n" +
         "34,A,2,2020-11-11 00:00:34\n" +
         "26,A,2,2020-11-11 00:00:26\n" +
         "8,B,1,2020-11-11 00:00:08";
      // 獲取絕對路徑
      String path = createTempFile(contents);
      // 使用DDL註冊帶有水位線的表。由於事件混亂，因此需要設定水位線來等待較晚
        的事件
      String ddl = "CREATE TABLE Orders (\n" +
         "  order_id INT,\n" +
         "  product STRING,\n" +
         "  amount INT,\n" +
         "  ts TIMESTAMP(3),\n" +
         "  WATERMARK FOR ts AS ts - INTERVAL '3' SECOND\n" +
         ") WITH (\n" +
         "  'connector.type' = 'filesystem',\n" +
         "  'connector.path' = '" + path + "',\n" +
         "  'format.type' = 'csv'\n" +
         ")";
      tEnv.executeSql(ddl).print(); // 列印資料到主控台
      // 列印Schema
      tEnv.executeSql("DESCRIBE Orders").print();

      // 在表上執行SQL查詢，並將檢索結果作為新表
      String query = "SELECT\n" +
         "  CAST(TUMBLE_START(ts, INTERVAL '5' SECOND) AS STRING) window_
start,\n" +
```

```
        "  COUNT(*) order_num,\n" +
        "  SUM(amount) amount_num,\n" +
        "  COUNT(DISTINCT product) products_num\n" +
        "FROM Orders\n" +
        "GROUP BY TUMBLE(ts, INTERVAL '5' SECOND)";
    Table result = tEnv.sqlQuery(query);
    result.printSchema();
    tEnv
      // 將指定的表轉為指定類型的DataStream
      .toAppendStream(result, Row.class)
      .print(); // 列印資料到主控台
      // 在將表程式轉為DataStream程式之後，必須使用env.execute()提交作業
      env.execute("SQL Job");
  }
  /* 使用contents創建一個暫存檔案，並返回絕對路徑 */
  private static String createTempFile(String contents) throws IOException {
    File tempFile = File.createTempFile("Orders", ".csv");
    tempFile.deleteOnExit();
    FileUtils.writeFileUtf8(tempFile, contents);
    return tempFile.toURI().toString();
  }
```

3. 測試

執行上述應用程式之後，會在主控台中輸出以下資訊：

```
root
 |-- window_start: STRING
 |-- order_num: BIGINT NOT NULL
 |-- amount_num: INT
 |-- products_num: BIGINT NOT NULL

11> 2020-11-11 00:00:30.000,1,2,1
8> 2020-11-11 00:00:00.000,3,10,3
9> 2020-11-11 00:00:05.000,2,4,2
10>2020-11-11 00:00:25.000,1,2,1
```

由輸出結果可知，該視窗應用產生了 4 個聚合視窗，如表 11-2 所示。

表 11-2

視窗的起始時間	視窗內的訂單數	視窗內的產品銷量	視窗類別的產品種類
00:00:00.000	3(訂單 id=1,2,4 的 3 個訂單）	10（3+4+3）	3（產品 A,B,C）
00:00:05.000	2（訂單 id=6,8 的 2 個訂單）	4（3+1）	2（產品 D,B）
00:00:25.000	1（訂單 id=26 的 1 個訂單）	2	1（產品 A）
00:00:30.000	1（訂單 id=34 的 1 個訂單）	2	1（產品 A）

Chapter 12 整合外部系統

本章首先介紹 Flink 的連接器；然後介紹非同步存取外部資料，以及外部系統如何拉取 Flink 資料；最後介紹 Kafka，以及 Flink 如何整合 Kafka。

12.1 認識 Flink 的連接器

12.1.1 內建的連接器

Flink 內建了一些比較基本的 Source 和 Sink。預先定義資料來源支援從檔案、目錄、Socket，以及 Collection 和 Iterator 中讀取資料。預先定義資料接收器支援把資料寫入檔案、標準輸出（Stdout）、標準錯誤輸出（Stderr）和 Socket。

1. 內建連接器

連接器可以和許多第三方系統進行互動，目前支援以下幾種系統。

- Apache Kafka：支持 Source/Sink。
- Apache Cassandra：支持 Sink。
- Amazon Kinesis Streams：支持 Source/Sink。
- Elasticsearch：支持 Sink。

- Hadoop FileSystem：支持 Sink。
- RabbitMQ：支持 Source/Sink。
- Apache NiFi：支持 Source/Sink。
- Twitter Streaming API：支持 Source。
- Google PubSub：支持 Source/Sink。
- JDBC：支持 Sink。

這些連接器是 Flink 專案的一部分，包含在發佈的原始程式中，但是不包含在二進位發行版本中，所以在使用時需要添加相應的依賴。

在 Flink 中還可以使用一些透過 Apache Bahir 發佈的額外的連接器，包括以下幾種。

- Apache ActiveMQ：支持 Source/Sink。
- Apache Flume：支持 Sink。
- Redis：支持 Sink。
- Akka：支持 Sink。
- Netty：支持 Source。

2. 連接 Fink 的其他方法

除了使用連接器和外部系統互動，還可以透過以下方法進行互動。

- 非同步 I/O。
- 可查詢狀態。

12.1.2 Table&SQL 的連接器

Flink 的 Table API 和 SQL 程式可以連接到其他外部系統，以讀取和寫入批次處理表與流式表。TableSource 提供對儲存在外部系統（如資料庫、鍵值儲存、訊息佇列或檔案系統）中的資料進行的存取。TableSink 將表發送到外部儲存系統中。Source 和 Sink 的不同類型支援不同的資料格式，如 CSV、Avro、Parquet 或 ORC。

Flink 支援使用 SQL CREATE TABLE 敘述註冊表。可以定義表名稱、表模式，以及用於連接到外部系統的表選項。

以下程式顯示了如何連接到 Kafka 以讀取記錄：

```
CREATE TABLE MyUserTable (
  -- 申明表模式
  `user` BIGINT,
  message STRING,
  ts TIMESTAMP,
  proctime AS PROCTIME(),                          -- 使用計算列定義Proctime屬性
  WATERMARK FOR ts AS ts - INTERVAL '5' SECOND  -- 使用WATERMARK敘述定義
                                                    Rowtime屬性
) WITH (
  -- 宣告要連接的外部系統
  'connector' = 'kafka',
  -- 宣告Kafka的主題
  'topic' = 'topic_name',
  'scan.startup.mode' = 'earliest-offset',
  -- 設定bootstrap.servers的位址和通訊埠
  'properties.bootstrap.servers' = 'localhost:9092',
  -- 宣告此系統的格式
  'format' = 'json'
)
```

由上面的程式可知，所需的連接屬性將轉為基於字串的「鍵 - 值」對。表工廠根據「鍵 - 值」對創建已設定的表來源、表接收器和對應的格式。在搜索完全匹配的表工廠時，透過 Java 的服務提供者介面（SPI）可以找到所有的表工廠。如果找不到指定屬性的工廠或多個工廠匹配，則會引發異常，並提供有關考慮的工廠和支援的屬性的其他資訊。

Flink 提供了一套與表連接器一起使用的表格式（Table Format）。表格式是一種儲存格式，定義了如何把二進位資料映射到表的列上。Flink 支援的格式如表 12-1 所示。

表 12-1

格　式	支援的連接器
CSV	Apache Kafka，Filesystem
JSON	Apache Kafka，Filesystem，Elasticsearch
Apache Avro	Apache Kafka，Filesystem
Debezium CDC	Apache Kafka
Canal CDC	Apache Kafka
Apache Parquet	Filesystem
Apache ORC	Filesystem

1. 模式映射

SQL CREATE TABLE 敘述的 Body 子句用於定義列的名稱、類型、約束和水位線。Flink 不保存資料，因此僅宣告如何將外部系統的類型映射成 Flink 的表示形式。映射可能未按名稱映射，這取決於格式和連接器的實現。舉例來說，MySQL 資料庫表按「欄位名稱」映射（不區分大小寫），而 CSV 檔案系統按「欄位順序」映射（「欄位名稱」可以是任意的）。

以下範例顯示了一個沒有時間屬性的簡單模式，並且輸入 / 輸出到表「列」的一對一欄位映射：

```
CREATE TABLE MyTable (
  Field1 INT,
  Field2 STRING,
  Field3 BOOLEAN
) WITH (...)
```

2. 主鍵

主鍵約束表明表的「列」或一組「列」是唯一的，並且它們不包含空值。主鍵唯一地標識表中的一「行」。

SQL 標準指定約束可以為 ENFORCED 模式或 NOT ENFORCED 模式，它們控制是否對傳入 / 傳出資料執行約束檢查。Flink 不擁有資料，所以其支援的是 NOT ENFORCED 模式，由使用者來確保主鍵約束。

使用 SQL 敘述定義主鍵的方法如下所示：

```
CREATE TABLE MyTable (
  MyField1 INT,
  MyField2 STRING,
  MyField3 BOOLEAN,
  PRIMARY KEY (MyField1, MyField2) NOT ENFORCED  -- 在列上定義主鍵
) WITH (
  ...
)
```

3. 時間屬性

（1）「處理時間」屬性。

為了在模式（Schema）中宣告 Proctime 屬性，可以使用計算列語法 PROCTIME() 方法來宣告。計算列是未儲存在物理資料中的虛擬列。申明「處理時間」屬性的方法如下所示：

```
CREATE TABLE MyTable (
  MyField1 INT,
  MyField2 STRING,
  MyField3 BOOLEAN
  MyField4 AS PROCTIME() -- 申明"處理時間"屬性
) WITH (
  ...
)
```

（2）「事件時間」屬性。

為了控制表的「事件時間」行為，Flink 提供了預先定義的時間戳記提取器和水位線策略。Flink 支援以下時間戳記提取器：

```
-- 使用架構中現有的TIMESTAMP(3)欄位作為Rowtime屬性
CREATE TABLE MyTable (
  ts_field TIMESTAMP(3),
  WATERMARK FOR ts_field AS ...
) WITH (
  ...
)
-- 使用系統函數或UDF或運算式提取所需的TIMESTAMP(3)作為Rowtime欄位
CREATE TABLE MyTable (
```

```
  log_ts STRING,
  ts_field AS TO_TIMESTAMP(log_ts),
  WATERMARK FOR ts_field AS ...
) WITH (...)
```

確保始終宣告時間戳記和水位線。觸發基於時間的操作需要水位線。支援使用以下水位線策略。

(1) 發出「到目前為止已觀察到的最大時間戳記」的水位線，如下所示：

```
CREATE TABLE MyTable (
  ts_field TIMESTAMP(3),
  WATERMARK FOR ts_field AS ts_field
) WITH (...)
```

(2) 發出「到目前為止已觀察到的最大時間戳記減去 1」的水位線，如下所示：

```
CREATE TABLE MyTable (
  ts_field TIMESTAMP(3),
  WATERMARK FOR ts_field AS ts_field - INTERVAL '0.001' SECOND
) WITH (...)
```

(3) 發出「到目前為止已觀察到的最大時間戳記減去指定的延遲(如 2s)」的水位線，如下所示：

```
CREATE TABLE MyTable (
  ts_field TIMESTAMP(3),
  WATERMARK FOR ts_field AS ts_field - INTERVAL '2' SECOND
) WITH (...)
```

12.2 非同步存取外部資料

使用連接器並不是唯一可以使資料進入 / 流出 Flink 的方式，還可以從外部資料庫或 Web 服務查詢資料得到初始資料流程，然後透過 Map 或 FlatMap 對初始資料流程進行豐富和增強。Flink 提供的非同步 I/O API 可以使這個過程更加簡單、高效和穩定。

在與外部系統互動時，需要考慮與外部系統的通訊延遲對整個流處理應用程式的影響。存取外部資料有同步互動和非同步互動兩種方式，如圖 12-1 所示。

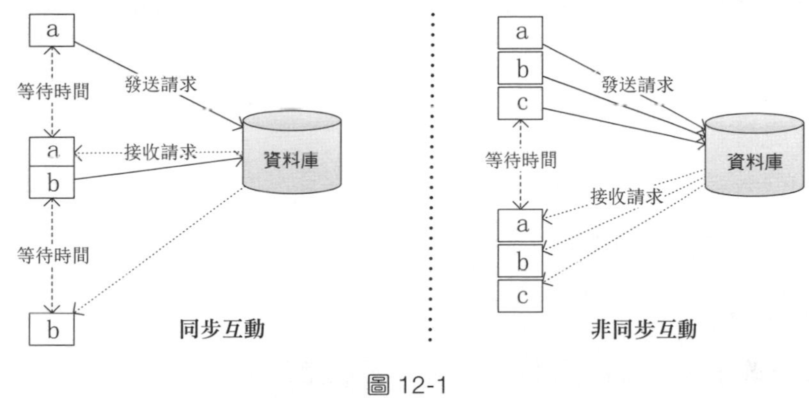

圖 12-1

- 同步互動：簡單地存取外部資料庫中資料的方式。舉例來說，使用 MapFunction 向資料庫發送一個請求，然後一直等待，直到收到響應。在許多情況下，等待會佔據函數執行的大部分時間。
- 非同步互動：一個平行函數實例可以併發地處理多個請求和接收多個回應。在非同步存取情況下，函數在等待的時間可以發送其他請求和接收其他回應，從而使等待的時間可以被多個請求分攤。在大多數情況下，非同步互動可以大幅度提高流處理的輸送量。

僅提高 MapFunction 的平行度（Parallelism）在有些情況下也可以提升輸送量，但這樣做通常會導致非常高的資源消耗：更多的平行 MapFunction 的實例會導致更多的 Task、執行緒、Flink 內部網路連接、與資料庫的網路連接、緩衝，以及更多的程式內部協調的負擔。

Flink 的非同步 I/O API 允許使用者在流處理中使用非同步請求用戶端。API 在處理與資料流程的整合時還能同時處理好順序、事件時間和容錯等。

實現資料流程轉換操作與資料庫的非同步 I/O 互動需要具備以下條件。

- 具備非同步資料庫用戶端。
- 具有實現分發請求的 AsyncFunction。
- 具有獲取資料庫互動的結果，併發送給 ResultFuture 的回呼函數。
- 將非同步 I/O 操作應用於 DataStream，作為 DataStream 的一次轉換操作。

1. 逾時處理

在非同步 I/O 請求逾時，預設會拋出異常並重新啟動作業。可以透過重新定義 AsyncFunction#timeout 方法來自訂。

2. 結果的順序

AsyncFunction 發出的併發請求經常以不確定的順序完成（完成的順序取決於請求得到回應的順序）。Flink 提供了兩種模式用於控制「結果記錄以何種順序發出」。

- 無序模式：非同步請求一旦結束就立刻發出結果記錄。流中記錄的順序在經過非同步 I/O 運算元後發生了改變。在使用「處理時間」作為基本時間特徵時，這個模式具有最低的延遲和最小的負擔。此模式使用 AsyncDataStream.unorderedWait() 方法。
- 有序模式：這種模式保持了流原有的順序，發出結果記錄的順序與觸發非同步請求的順序（記錄輸入運算元的順序）相同。為了實現這一點，運算元會一直記錄緩衝的結果，直到這筆記錄前面的所有記錄都發出（或逾時）。由於記錄要在檢查點的狀態中保存更長的時間，因此與無序模式相比，有序模式通常會帶來一些額外的延遲和檢查點負擔。此模式使用 AsyncDataStream.orderedWai() 方法。

3. 事件時間

當流處理應用使用「事件時間」時，非同步 I/O 運算元會正確處理水位線。對於兩種順序模式，表示以下內容。

- 無序模式：水位線既不超前於記錄也不落後於記錄，即水位線建立了順序的邊界。只有連續兩個水位線之間的記錄是無序發出的。在一個水位線後面生成的記錄只會在這個水位線發出以後才發出。在一個水位線之前的所有輸入的結果記錄全部發出後，才會發出這個水位線。這表示，在存在水位線的情況下，無序模式會引入一些與有序模式相同的延遲和管理負擔。負擔大小取決於水位線的頻率。
- 有序模式：連續兩個水位線之間的記錄順序也被保留了。這種負擔與使用「處理時間」的負擔相比，沒有顯著的差別。

「攝入時間」是一種特殊的「事件時間」，它基於資料來源的「處理時間」自動生成水位線。

4. 容錯保證

非同步 I/O 運算元提供了「精確一次」容錯保證。它將在途的非同步請求的記錄保存在檢查點中，在故障恢復時重新觸發請求。

5. 實現提示

在使用 Executor 和回呼的 Futures 時，建議使用 DirectExecutor，因為通常回呼的工作量很小，DirectExecutor 避免了額外的執行緒切換負擔。回呼通常只是把結果發送給 ResultFuture，即把它增加進輸出緩衝。從這裡開始，包括「發送記錄」和「與檢查點互動」在內的繁重邏輯都將在專有的執行緒池中進行處理。

DirectExecutor 可以透過以下兩個類別獲得：

```
org.apache.flink.runtime.concurrent.Executors.directExecutor()
com.google.common.util.concurrent.MoreExecutors.directExecutor()
```

下面的例子使用 Java 8 的 Future 介面（與 Flink 的 Future 相同）實現了非同步請求和回呼：

```
/**
 * 實現AsyncFunction，用於發送請求和設定回呼
```

```
 */
class AsyncDatabaseRequest extends RichAsyncFunction<String, Tuple2<String,
String>> {
    /** 能夠利用回呼函數並發送請求的資料庫用戶端 */
    private transient DatabaseClient client;
    @Override
    public void open(Configuration parameters) throws Exception {
        client = new DatabaseClient(host, post, credentials);
    }
    @Override
    public void close() throws Exception {
        client.close();
    }
    @Override
    public void asyncInvoke(String key, final ResultFuture<Tuple2<String,
String>> resultFuture) throws Exception {
        // 發送非同步請求，接收Future結果
        final Future<String> result = client.query(key);
        // 在設定用戶端完成請求後要執行的回呼函數
        // 回呼函數只是簡單地把結果發給 future
        CompletableFuture.supplyAsync(new Supplier<String>() {

            @Override
            public String get() {
                try {
                    return result.get();
                } catch (InterruptedException | ExecutionException e) {
                    // 顯示地處理異常
                    return null;
                }
            }
        }).thenAccept( (String dbResult) -> {
            resultFuture.complete(Collections.singleton(new Tuple2<>(key,
dbResult)));
        });
    }
}
// 創建初始 DataStream
DataStream<String> stream = ...;
```

```
// 應用非同步 I/O 轉換操作
DataStream<Tuple2<String, String>> resultStream =
    AsyncDataStream.unorderedWait(stream, new AsyncDatabaseRequest(), 1000,
TimeUnit.MILLISECONDS, 100);
```

在第一次呼叫 ResultFuture.complete 之後就獲取了 ResultFuture 的結果。後續的 Complete 呼叫都將被忽略。

下面兩個參數可以控制非同步作業。

- Timeout：定義了「在非同步請求發出多久後未得到回應即被認定為失敗」，它可以防止一直等待得不到回應的請求。
- Capacity：定義了「可以同時進行的非同步請求數」。即使非同步 I/O 通常帶來更高的輸送量，但執行非同步 I/O 操作的運算元仍然可能成為流處理的瓶頸。限制併發請求的數量，可以確保運算元不會持續累積待處理的請求進而造成積壓，而是在容量耗盡時觸發反壓（因為資料管道中某個節點的處理速率跟不上上游發送資料的速率，所以需要對上游進行限速）。

12.3 外部系統拉取 Flink 資料

當 Flink 應用程式需要向外部儲存推送大量資料時，會出現 I/O 瓶頸問題。在這種場景下，如果對資料的讀取操作遠少於寫入操作，則「讓外部應用從 Flink 拉取所需的資料」會是一種更好的方式。可查詢狀態介面（Queryable State）可以實現拉取 Flink 資料功能，該介面允許被 Flink 託管的狀態可以被隨選查詢。

可查詢狀態介面主要包括以下 3 個部分。

- QueryableStateClient：執行在 Flink 叢集外部，負責提交使用者的查詢請求。

- QueryableStateClientProxy：執行在每個工作管理員上（即 Flink 叢集內部），負責接收用戶端的查詢請求，從所負責的工作管理員獲取請求的狀態，並返回給用戶端。
- QueryableStateServer：執行在工作管理員上，負責服務本機存放區的狀態。

Tips

目前，可查詢狀態介面 API 還在不斷演進。在後續的 Flink 版本中可能會出現 API 變化。更多資訊請參閱官方文件。

12.4 認識 Flink 的 Kafka 連接器

Flink 預設提供了 Kafka 連接器，利用該連接器可以向 Kafka 的主題中讀取或寫入資料。Flink 的 Kafka 消費者（Consumer）整合了檢查點機制，可提供「精確一次」的處理語義。Flink 並不完全依賴追蹤 Kafka 消費者的偏移量，而是在內部追蹤和檢查偏移量。

12.4.1 認識 Kafka

1. Kafka 是什麼

Kafka 是由 Linkedin 公司基於 Zookeeper 開發的，是一款開放原始程式的分散式事件流平台，支持多分區和多備份。成千上萬的公司使用 Kafka 實現了高性能的資料管道、流分析、資料整合和關鍵任務應用程式。

將 Kafka 中的 Partition 機制和 Flink 的平行度機制結合，可以實現資料恢復。在任務失敗時，可以透過設定的 Kafka 的 Offset 來恢復應用。

Kafka 主要有以下幾個特性。

- 高吞吐、低延遲：Kafka 收發訊息非常快，每秒可以處理幾十萬筆訊息，它的最低延遲只有幾毫秒。
- 高併發：支持數千個用戶端同時讀／寫。
- 容錯性強：如果某個節點當機，則 Kafka 叢集能夠正常執行，並且允許叢集中的節點失敗。
- 高伸縮性：每個主題包含多個分區，主題中的分區可以分佈在不同的主機（Broker）中。
- 持久性、可靠性好：Kafka 底層的資料是基於 Zookeeper 儲存的，Kafka 能夠允許資料的持久化儲存、訊息被持久化到磁碟，並且支持資料備份和防止資料遺失。

2. Kafka 的基礎概念

（1）訊息：Kafka 中的資料單元。它相當於資料庫表中的記錄。

（2）批次：一組訊息。為了提高效率，訊息會被分批次寫入 Kafka 中。

（3）主題：一個邏輯上的概念，用於從邏輯上來歸類與儲存訊息。可以將主題了解為訊息的種類，一個主題代表一類訊息。主題與訊息密切相關，Kafka 中的每筆訊息都歸屬於某個主題，某個主題下可以有任意數量的訊息。主題還有分區和備份的概念。

（4）生產者：向主題發佈訊息的用戶端應用程式。它的主要工作就是生產出訊息，然後將訊息發送給訊息佇列。生產者可以向訊息佇列發送各種類型的訊息，如字串、二進位訊息。多個生產者可以向一個主題發送訊息。

（5）消費者：用於消費生產者產生的訊息。它從訊息佇列獲取訊息。多個消費者可以消費一個主題中的訊息。

（6）消費者群組：由一個或多個消費者組成的群眾。一個生產者對應多個消費者。

（7）偏移量：用來記錄消費者在發生重平衡（Rebalance）時的位置，以便用來恢復資料。它是一種中繼資料，是一個不斷遞增的整數值。

（8）重平衡：在消費者群組內某個消費者實例當機後，其他消費者實例自動重新分配訂閱主題分區的過程。重平衡是 Kafka 消費者端實現高可用的重要手段。

（9）Broker：一個獨立的 Kafka 伺服器被稱為 Broker。它接收來自生產者的訊息，為訊息設定偏移量，並將訊息保存到磁碟中。

（10）Broker 叢集：由一個或多個 Broker 組成。每個 Broker 叢集都有一個 Broker 充當叢集控制器的角色（自動從叢集的活躍成員中選列出來）。

（11）分區：主題可以被分為許多分區（Partition），同一個主題中的分區可以不在一個機器上。分區有助實現 Kafka 的伸縮性。單一主題中的分區有序，但是無法保證主題中所有的分區都有序。

（12）備份：Kafka 中訊息的備份。Kafka 定義了兩類備份：領導者備份（Leader Replica）和追隨者備份（Follower Replica），前者對外提供服務，後者只是被動跟隨。備份的數量是可以設定的。

（13）Kafka 的訊息佇列：一般分為點對點模式和發佈訂閱模式。

- 點對點模式是指，一個生產者生產的訊息由一個消費者進行消費，如圖 12-2 所示。
- 發佈訂閱模式是指，一個生產者或多個生產者生產的訊息能夠被多個消費者同時消費，如圖 12-3 所示。

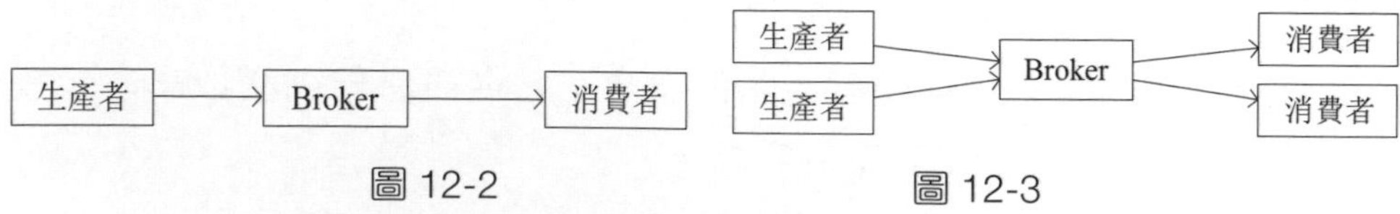

圖 12-2　　圖 12-3

3. 認識 Kafka 系統架構

Kafka 系統架構如圖 12-4 所示。

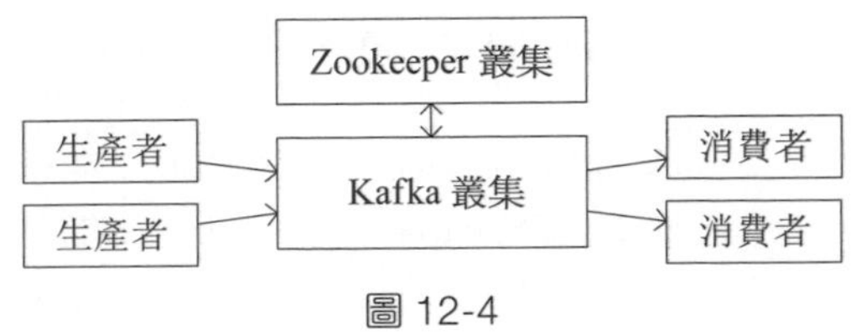

圖 12-4

由圖 12-4 可以看出，一個典型的 Kafka 叢集中包含以下幾個角色。

- 許多生產者（如瀏覽器產生的資料集、伺服器日誌等）。生產者使用 Push 模式將訊息發佈到 Broker
- 許多 Broker。一個或多個 Broker 組成一個叢集。
- 許多消費者叢集。消費者使用 Pull 模式從 Broker 訂閱並消費訊息。
- Zookeepcr 叢集。Kafka 透過 Zookeeper 管理叢集設定，選舉 Leader，以及在消費者叢集發生變化時進行重平衡。

12.4.2 Kafka 連接器

要使用 Kafka 連接器，應根據使用案例和環境選擇對應的套件與類別名。對大多數使用者來說，使用 FlinkKafkaConsumer010（它是 flink-connector-kafka 的一部分）是比較合適的。

Flink 版本與 Kafka 版本的對應關係如表 12-2 所示。

表 12-2

Maven 依賴	支援版本	消費者和生產者的類別名稱	Kafka 版本	注意事項
flink-connector-kafka-0.10_2.11	1.2.0+	FlinkKafkaConsumer010 FlinkKafkaProducer010	0.10.x	這個連接器支持帶有時間戳記的 Kafka 訊息，用於生產和消費
flink-connector-kafka-0.11_2.11	1.4.0+	FlinkKafkaConsumer011 FlinkKafkaProducer011	0.11.x	Kafka 從 0.11.x 版本開始不支持 Scala 2.10。此連接器透過支援 Kafka 交易性的訊息傳遞來為生產者提供 Exactly -Once 語義

Maven 依賴	支援版本	消費者和生產者的類別名稱	Kafka 版本	注意事項
flink-connector-kafka_2.11	1.7.0+	FlinkKafkaConsumer FlinkKafkaProducer	≥ 1.0.0	這個通用的 Kafka 連接器儘量與 Kafka Client 的最新版本保持同步。該連接器使用的 Kafka Client 版本可能會在 Flink 版本之間發生變化。從 Flink 1.9 版本開始，它使用 Kafka 2.2.0 Client。 當前 Kafka 用戶端向後相容 0.10.0 或更新版本的 Kafka 伺服器。但是對於 Kafka 0.11.x 和 Kafka 0.10.x 版本，建議分別使用專用的 flink-connector-kafka- 0.11_2.11 連接器和 flink-connector- kafka-0.10_2.11 連接器

在確定好使用的版本之後，增加對應的依賴，如下所示：

```
<!-- Flink的Kafka連接器依賴 -->
<dependency>
        <groupId>org.apache.flink</groupId>
        <artifactId>flink-connector-kafka_2.11</artifactId>
        <version>1.11.0</version>
</dependency>
```

12.4.3 Kafka 消費者

Flink 的 Kafka 消費者被稱為 FlinkKafkaConsumer010（或適用於 Kafka 0.11.0.x 版本的 FlinkKafkaConsumer011，或適用於 Kafka ≥ 1.0.0 的版本的 FlinkKafkaConsumer）。它提供對一個或多個 Kafka 主題的存取。

建構元數接收以下參數。

- 主題名稱或名稱清單。
- 用於反序列化 Kafka 資料的 DeserializationSchema 或 KafkaDeserializationSchema。
- Kafka 消費者的屬性——bootstrap.servers 和 group.id。

實現 Kafka 消費者的方法如下所示：

```
Properties properties = new Properties();
// 設定bootstrap.servers的位址和通訊埠
properties.setProperty("bootstrap.servers", "localhost:9092");
properties.setProperty("group.id", "test");
DataStream<String> stream = env
  .addSource(new FlinkKafkaConsumer010<>("topic", new SimpleStringSchema(),
properties));
```

或：

```
Properties properties = new Properties();
// 設定bootstrap.servers的位址和通訊埠
properties.setProperty("bootstrap.servers", "localhost:9092");
properties.setProperty("group.id", "test");
DataStream<String> stream = env
  .addSource(new FlinkKafkaConsumer011<>("topic", new SimpleStringSchema(),
properties));
```

或：

```
Properties properties = new Properties();
// 設定bootstrap.servers的位址和通訊埠
properties.setProperty("bootstrap.servers", "localhost:9092");
FlinkKafkaConsumer<String> consumer = new FlinkKafkaConsumer<>("test",
new SimpleStringSchema(), properties);
```

1. 設定 Kafka 消費者開始消費的位置

Flink 的 Kafka 消費者允許透過設定來確定 Kafka 分區的起始位置，使用方法如下所示：

```
// 獲取流處理的執行環境
StreamExecutionEnvironment env = StreamExecutionEnvironment.
getExecutionEnvironment();
FlinkKafkaConsumer010<String> myConsumer = new FlinkKafkaConsumer010<>(...);
myConsumer.setStartFromEarliest();      // 從最早的記錄開始
DataStream<String> stream = env.addSource(myConsumer);
```

Flink 的 Kafka 消費者所有的版本都具有上述明確的起始位置設定方法。

- setStartFromGroupOffsets()：該方法是預設方法，它讀取上次保存的偏移量資訊，從 Kafka 的 Broker 的 Consumer 組（Consumer 屬性中的 group.id 設定）提交的偏移量中讀取分區。如果找不到分區的偏移量（如第一次啟動），則會使用設定中的 auto.offset.reset 的設定。
- setStartFromEarliest()：從最早的記錄開始消費。在該模式下，Kafka 中的偏移量將被忽略。
- setStartFromLatest()：從最新的記錄開始消費。在該模式下，Kafka 中的偏移量將被忽略。
- setStartFromTimestamp(long)：從指定的時間戳記開始。對於每個分區，其時間戳記大於或等於指定時間戳記的記錄將用作起始位置。如果一個分區的最新記錄早於指定的時間戳記，則只從最新記錄讀取該分區資料。在這種模式下，Kafka 中的已提交偏移量將被忽略。

也可以為每個分區指定消費者應該開始消費的具體 Offset，使用方法如下所示：

```
Map<KafkaTopicPartition, Long> specificStartOffsets = new HashMap<>();
specificStartOffsets.put(new KafkaTopicPartition("myTopic", 0), 11L);
specificStartOffsets.put(new KafkaTopicPartition("myTopic", 1), 22L);
specificStartOffsets.put(new KafkaTopicPartition("myTopic", 2), 33L);
myConsumer.setStartFromSpecificOffsets(specificStartOffsets);
```

在上面的程式中，使用的設定是指定從 myTopic 主題的 0、1 和 2 分區的指定偏移量開始消費。偏移量的值代表索引相對之前的索引位置的移動。舉例來說，索引從 1 開始，移動 3 次，此時偏移量就是 4。

如果消費者在提供的偏移量映射中沒有指定偏移量的分區，則回復到該特定分區的預設組偏移行為（即 setStartFromGroupOffsets() 方法）。

當作業從故障中自動恢復或使用保存點手動恢復時，這些起始位置的設定方法不會影響消費的起始位置。在恢復時，每個 Kafka 分區的起始位置由「儲存在保存點或檢查點中的偏移量」確定。

2. Kafka 消費者和容錯

在啟用 Flink 的檢查點之後，Flink 的 Kafka 消費者將使用主題中的記錄，並以一致的方式定期檢查其所有 Kafka 偏移量和其他運算元的狀態。如果 Job 失敗，則 Flink 會將流式程式恢復到最新檢查點的狀態，並且從儲存在檢查點中的偏移量開始重新消費 Kafka 中的訊息。

因此，設定檢查點的間隔定義了「程式在發生故障時最多需要返回多少個檢查點」。

要使用容錯的 Kafka 消費者，就需要在執行環境中啟用檢查點，如下所示：

```
// 獲取流處理的執行環境
final StreamExecutionEnvironment env = StreamExecutionEnvironment.
getExecutionEnvironment();
env.enableCheckpointing(5000); // 每隔5000ms 執行一次檢查點
```

只有在可用的插槽足夠多時，Flink 才能重新啟動。因此，如果由於遺失了工作管理員而失敗，則之後必須一直有足夠多的可用插槽。Flink on YARN 支援自動重新啟動遺失的 YARN 容器。

如果未啟用檢查點，則 Kafka 消費者將定期向 Zookeeper 提交偏移量。

3. Kafka 消費者的分區和主題發現

（1）分區發現。

Flink 的 Kafka 消費者支援發現「動態創建的 Kafka 分區」，並使用「精確一次」語義消耗它們。在初始檢索分區中繼資料之後（即當作業開始執行時期）發現的所有分區將從最早偏移量開始消費。

在預設情況下禁用「分區發現」。如果要啟用「分區發現」，則需要在提供的屬性設定中為 flink.partition-discovery.interval-millis 設定大於 0 的值，表示發現分區的間隔是以毫秒為單位的。

Tips

在從 Flink 1.3.x 之前版本的保存點恢復消費者時，「分區發現」無法在恢復執行時期啟用。如果啟用了，則還原會失敗且出現異常。為了使用「分區發現」，需要先在 Flink 1.3.x 中使用保存點，然後從保存點中恢復。

（2）主題發現。

在更高的等級上，Flink 的 Kafka 消費者還可以使用「基於主題名稱的正規表示法」來發現主題。使用方法如下所示：

```
Properties properties = new Properties();
// 設定bootstrap.servers的位址和通訊埠
properties.setProperty("bootstrap.servers", "localhost:9092");
properties.setProperty("group.id", "test");
FlinkKafkaConsumer011<String> myConsumer = new FlinkKafkaConsumer011<>(
    java.util.regex.Pattern.compile("test-topic-[0-9]"),
    new SimpleStringSchema(),
    properties);
DataStream<String> stream = env.addSource(myConsumer);
```

由上述程式可知，當作業開始執行時期，消費者使用「訂閱名稱」與指定正規表示法匹配的所有主題（以 test-topic 開頭並以單一數字結尾）。

如果允許消費者在作業開始執行後發現動態創建的主題，則需要為 flink.partition-discovery. interval-millis 設定非負值，這允許消費者發現「訂閱名稱」與指定模式匹配的新主題的分區。

4. Kafka 消費者提交偏移量的行為設定

Flink 的 Kafka 消費者允許設定如何將偏移量提交回 Kafka 伺服器的行為。Flink 的 Kafka 消費者不依賴提交的偏移量來實現容錯保證。提交偏移量只是一種方法，用於公開消費者的進度，以便進行監控。

設定偏移量提交行為的方法是否相同，取決於是否為 Job 啟用了檢查點。

(1) 禁用檢查點：如果禁用了檢查點，則 Flink 的 Kafka 消費者依賴 Kafka Client 的「自動定期偏移量提交」功能。要禁用或啟用「自動定期偏移量提交」功能，則需要設定 enable.auto.commit 或 auto.commit.interval.ms 的 Key 值。

(2) 啟用檢查點：如果啟用了檢查點，當檢查點完成時，Flink 的 Kafka 消費者將提交的偏移量儲存在檢查點狀態中。這確保了 Kafka 伺服器中的偏移量與檢查點狀態中的偏移量一致。使用者可以透過呼叫消費者上的 setCommitOffsetsOnCheckpoints() 方法來禁用或啟用偏移量的提交，在預設情況下，該值是 true。如果啟用了檢查點，則 Properties 中的自動定期偏移量提交設定會被完全忽略。

5. Kafka 消費者和時間戳記取出，以及水位線發送

在許多場景中，記錄的時間戳記是被顯性或隱式嵌入記錄本身中的。此外，使用者可能希望定期或以不規則的方式設定水位線。Flink 的 Kafka 消費者允許指定 AssignerWithPeriodicWatermarks 或 AssignerWithPunctuatedWatermarks 的值。

可以透過指定自訂時間戳記取出器、水位線發送器來發送水位線，也可以透過以下方式將水位線傳遞給消費者：

```
Properties properties = new Properties();
// 設定bootstrap.servers的位址和通訊埠
properties.setProperty("bootstrap.servers", "localhost:9092");
properties.setProperty("group.id", "test");
FlinkKafkaConsumer010<String> myConsumer =
    new FlinkKafkaConsumer010<>("topic", new SimpleStringSchema(), properties);
myConsumer
// 為資料流程中的元素分配時間戳記，並生成水位線以表示事件時間進度
.assignTimestampsAndWatermarks(new CustomWatermarkEmitter());
DataStream<String> stream = env.addSource(myConsumer)
// 列印資料到主控台
.print();
```

在 Flink 中，每個 Kafka 分區執行一個 Assigner 實例。如果指定了 Assigner 實例，則對於從 Kafka 讀取的每筆訊息，Flink 會呼叫 extractTimestamp() 方法來為記錄分配時間戳記，並使用以下方法來確定是否應該發出新的水位線，以及使用哪個時間戳記。

- getCurrentWatermark() 方法：定期形式。
- Watermark checkAndGetNextWatermark() 方法：打點形式。

如果水位線 Assigner 依賴從 Kafka 讀取的訊息來上漲其水位線（通常是這種情況），則所有主題和分區都需要有連續的訊息流，否則整個應用程式的水位線將無法上漲，所有基於時間的運算元（如時間視窗或帶有計時器的函數）也無法執行。單一的 Kafka 分區也會導致這種反應。可能的解決方法如下：將心跳訊息發送到所有消費者的分區中，從而上漲空閒分區的水位線。

6. DeserializationSchema

Flink 的 Kafka 消費者需要知道如何將 Kafka 中的二進位資料轉為 Java 或 Scala 物件。DeserializationSchema 允許使用者指定這樣的 Schema，為每筆 Kafka 訊息呼叫 deserialize() 方法，傳遞來自 Kafka 的值。

AbstractDeserializationSchema 負責將生成的 Java 或 Scala 資料類型描述為 Flink 的資料類型。如果使用者要自己實現一個 DeserializationSchema，則需要自己去實現 getProducedType() 方法。

為了存取 Kafka 訊息的 Key、Value 和中繼資料，KafkaDeserializationSchema 具有 deserialize() 反序列化方法。

為了方便使用，Flink 提供了以下幾種 Schema。

（1）TypeInformationSerializationSchema 和 TypeInformationKeyValueSerializationSchema。

TypeInformationSerializationSchema 和 TypeInformationKeyValueSerializationSchema 基於 Flink 的 TypeInformation 創建 Schema。如果該資料的讀

和寫都發生在 Flink 中，則這是非常有用的。此 Schema 是其他通用序列化方法的高性能 Flink 替代方案。

（2）JsonDeserializationSchema 和 JSONKeyValueDeserializationSchema。

JsonDeserializationSchema 和 JSONKeyValueDeserializationSchema 將序列化的 JSON 轉化為 ObjectNode 物件，可以用 objectNode.get("field").as(Int/String/...)() 方法來存取某個欄位。KeyValue 的 ObjectNode 包含一個含所有欄位的 Key 和 Value 欄位，以及一個可選的 Metadata 欄位，可以存取到訊息的偏移量、分區、主題等資訊。

（3）AvroDeserializationSchema。

AvroDeserializationSchema 使用靜態的 Schema 讀取 Avro 格式的序列化資料。它能夠從 Avro 生成的類別 AvroDeserializationSchema.forSpecific() 方法中推斷出 Schema，或可以與 GenericRecords 一起使用手動提供的 Schema。此反序列化 Schema 要求序列化記錄不能包含嵌入式架構。

此模式還可以在 Confluent Schema Registry 中尋找編寫器的 Schema。

可以透過以下方法使用這些反序列化 Schema 記錄。

- 讀取從 Schema 註冊表檢索到的轉為靜態提供的 Schema。
- ConfluentRegistryAvroDeserializationSchema.forGeneric() 方法。
- ConfluentRegistryAvroDeserializationSchema.forSpecific() 方法。

要使用此反序列化 Schema 必須增加以下依賴。

- AvroDeserializationSchema 依賴：

```
<!-- Flink的Avro依賴 -->
<dependency>
        <groupId>org.apache.flink</groupId>
        <artifactId>flink-avro</artifactId>
        <version>1.11.0</version>
</dependency>
```

■ ConfluentRegistryAvroDeserializationSchema 依賴：

```
<!-- Flink的Avro的ConfluentRegistryAvroDeserializationSchema依賴 -->
<dependency>
        <groupId>org.apache.flink</groupId>
        <artifactId>flink-avro-confluent-registry</artifactId>
        <version>1.11.0</version>
</dependency>
```

當遇到因一些原因而無法反序列化的損壞消息時，有兩個辦法解決：①由 deserialize() 方法拋出異常會導致作業失敗並重新啟動；②返回 Null，以允許 Flink 的 Kafka 消費者悄悄地跳過損壞的訊息。

由於消費者具有容錯能力，因此在損壞的訊息上失敗作業將使消費者嘗試再次反序列化訊息。因此，如果反序列化仍然失敗，則消費者將在該損壞的訊息上進入不間斷重新啟動和失敗的迴圈。

12.4.4 Kafka 生產者

Flink 的 Kafka 生產者被稱為 FlinkKafkaProducer011（或適用於 Kafka 0.10.0.x 版本的 FlinkKafkaProducer010，或適用於 Kafka 大於或等於 1.0.0 版本的 FlinkKafkaProducer）。它允許將訊息流寫入一個或多個 Kafka 主題。實現 Kafka 生產者的方法如下所示：

```
DataStream<String> stream = ...;
FlinkKafkaProducer011<String> myProducer = new FlinkKafkaProducer011<String>(
        "localhost:9092",             // Broker列表
        "my-topic",                   // 目標主題
        new SimpleStringSchema());    // 序列化Schema
// 高於0.10版本的Kafka允許在將記錄寫入Kafka時附加記錄的"事件時間"戳，此方法不適用於早期版本的Kafka
myProducer.setWriteTimestampToKafka(true);
stream.addSink(myProducer);
```

上面的例子演示了透過創建 Flink 的 Kafka 生產者來將流訊息寫入單一 Kafka 目標主題的基本用法。對於更進階的用法，還有其他建構元數變形

允許提供以下內容。

- 提供自訂屬性：允許 Kafka 生產者提供自訂屬性設定。
- 自訂分區器：要將訊息分配給特定的分區，可以向建構元數提供一個 FlinkKafkaPartitioner 的實現。這個分區器將被流中的每筆記錄呼叫，以確定訊息應該發送到目標主題的哪個具體分區中。
- 進階的序列化 Schema：與消費者類似，生產者還允許使用名為 KeyedSerializationSchema 的進階序列化 Schema，該 Schema 允許單獨序列化 Key 和 Value。該 Schema 還允許覆蓋目標主題，以便生產者實例可以將資料發送到多個主題。

1. Kafka 生產者分區方案

在預設情況下，如果沒有為 Flink 的 Kafka 生產者指定自訂分區程式，則生產者使用 FlinkFixedPartitioner 將每個「Flink 的 Kafka 生產者」的平行子任務映射到單一 Kafka 分區（即接收子任務接收到的所有訊息都將位於同一個 Kafka 分區中）。

可以透過擴充 FlinkKafkaPartitioner 類別來實現自訂分區程式。所有 Kafka 版本的建構元數都允許在實例化生產者時提供自訂分區程式。自訂分區程式必須是可序列化的，因為它們將在 Flink 節點之間傳輸。分區器中的任何狀態都將在作業失敗時遺失，因為分區器不是生產者的檢查點狀態的一部分。

也可以完全避免使用分區器，並簡單地讓 Kafka 透過寫入訊息的附加 Key 進行分區（使用提供的序列化 Schema 為每筆記錄確定分區）。如果未指定自訂分區程式，則預設使用 FlinkFixedPartitioner。

2. Kafka 生產者和容錯

（1）Kafka 0.10。

在啟用 Flink 的檢查點後，FlinkKafkaProducer010 可以提供「至少一次」語義。除了啟用 Flink 的檢查點，還應該適當地設定 Setter 方法。

- setLogFailuresOnly() 方法：在預設情況下，此值設定為 false。啟用此選項將使生產者僅記錄失敗，而非捕捉和重新拋出它們。這會導致即使記錄從未寫入目標 Kafka 主題，也會被標記為成功的記錄。對「至少一次」語義，這個方法必須禁用。
- setFlushOnCheckpoint() 方法：在預設情況下，此值設定為 true。這可以確保檢查點之前的所有記錄都已寫入 Kafka。對「至少一次」語義，這個方法必須啟用。

在預設情況下，Kafka 生產者中，將 setLogFailureOnly() 方法設定為 false，以及將 setFlushOnCheckpoint() 方法設定為 true 會為 Kafka 0.10 版本提供「至少一次」語義。

在預設情況下，「重試次數」被設定為 0，這表示當 setLogFailuresOnly() 方法被設定為 false 時生產者會立即失敗。「重試次數」的值預設為 0，以避免重試導致目標主題中出現重複的訊息。在大多數頻繁更改 Broker 的生產環境中，建議將「重試次數」設定為更高的值。

Kafka 0.10 版本目前還沒有 Kafka 的交易生產者，所以 Flink 不能保證寫入 Kafka 主題的「精確一次」語義。

（2）Kafka 0.11 和更新的版本。

在啟用 Flink 的檢查點後，FlinkKafkaProducer011 適用於 Kafka ≥ 1.0.0 版本的 FlinkKafkaProducer，可以提供「精確一次」語義保證。

Kafka ≥ 1.0.0 的版本不僅可以啟用 Flink 的檢查點，還可以透過將適當的 Semantic 參數傳遞給 FlinkKafkaProducer011 來選擇 3 種不同的操作模式。

- Semantic.NONE：Flink 不會有任何語義的保證，產生的記錄可能會遺失或重複。
- Semantic.AT_LEAST_ONCE：預設值，類似於 FlinkKafkaProducer010 中的 setFlushOnCheckpoint(true)，可以保證不會遺失任何記錄（雖然記錄可能會重複）。

- Semantic.EXACTLY_ONCE：使用 Kafka 交易提供「精確一次」語義。無論何時，在使用交易寫入 Kafka 時，都要記得為所有消費 Kafka 訊息的應用程式設定所需的 isolation.level 的值，其值為 read_committed 或 read_uncommitted（預設值）。

Semantic.EXACTLY_ONCE 模式依賴交易提交的能力。交易提交發生於觸發檢查點之前或檢查點恢復之後。如果從 Flink 應用程式崩潰到完全重新啟動的時間超過了 Kafka 的交易逾時，則會有資料遺失（Kafka 會自動捨棄超出逾時的交易）。考慮到這一點，請根據預期的當機時間來合理地設定交易逾時。

在預設情況下，Kafka 伺服器將 transaction.max.timeout.ms 設定為 15min。此屬性不允許為大於其值的生產者設定交易逾時。在預設情況下，FlinkKafkaProducer011 將生產者設定中的 transaction.timeout.ms 屬性設定為 1h，因此在使用 Semantic.EXACTLY_ONCE 模式之前應該增加 transaction.max.timeout.ms 的值。

在 Kafka 消費者的 read_committed 模式中，任何未結束（既未中止也未完成）的交易將阻塞來自指定 Kafka 主題的所有讀取資料。即在遵循以下一系列事件之後，即使 transaction2 中的記錄已提交，在提交或中止 transaction1 之前，消費者也不會看到這些記錄。

① 使用者啟動 transaction1 並使用它編寫了一些記錄。
② 使用者啟動 transaction2 並使用它編寫了一些其他記錄。
③ 使用者提交 transaction2。

上面這四段包含 2 層含義。

- 在 Flink 應用程式正常執行期間，使用者可以預料到 Kafka 主題中生成的記錄將延遲。
- 在 Flink 應用程式失敗之後，此應用程式正在寫入的供消費者讀取的主題將被阻塞，直到應用程式重新開機或超過了交易逾時才恢復正常。

read_committed 模式僅適用於有多個 agent（或應用程式）寫入同一個 Kafka 主題的情況。

Semantic.EXACTLY_ONCE 模式為每個 FlinkKafkaProducer011 實例使用固定大小的 KafkaProducer 池。每個檢查點使用其中一個生產者。如果併發檢查點的數量超過池的大小，則 FlinkKafkaProducer011 會拋出異常，並導致整個應用程式失敗。因此，需要合理地設定最大池的大小和最大併發檢查點的數量。

Semantic.EXACTLY_ONCE 模式會盡最大可能不留下任何逗留的交易，否則會阻塞其他消費者從這個 Kafka 主題中讀取資料。但如果 Flink 應用程式在第一次檢查點之前就失敗了，則在重新開機此類應用程式之後，系統中不會有先前池大小（Pool Size）相關的資訊。因此，在第一次檢查點完成前對 Flink 應用程式進行縮容，並且併發數縮容倍數大於安全係數 FlinkKafkaProducer011.SAFE_SCALE_DOWN_FACTOR 的值是不安全的。

12.4.5 使用 Kafka 時間戳記和 Flink 事件時間

在 0.10 之後的版本中，Kafka 的訊息可以攜帶時間戳記，指示事件發生的時間或訊息寫入 Kafka Broker 的時間。

如果 Flink 中的時間特性被設定為 TimeCharacteristic.EventTime，則 FlinkKafkaConsumer010 將發出附加時間戳記的記錄。

Kafka 消費者不會發出水位線。為了發出水位線，可以採用 assignTimestampsAndWatermarks() 方法。

在使用 Kafka 的時間戳記時，無須定義時間戳記提取器。extractTimestamp() 方法的 previousElementTimestamp 參數包含 Kafka 訊息攜帶的時間戳記。

使用 Kafka 消費者的時間戳記提取器的程式如下所示：

```
public long extractTimestamp(Long element, long previousElementTimestamp) {
    return previousElementTimestamp;
}
```

只有設定了 setWriteTimestampToKafka(true)，FlinkKafkaProducer010 才會發出記錄時間戳記，使用方法如下所示：

```
FlinkKafkaProducer010.FlinkKafkaProducer010Configuration config
 =FlinkKafkaProducer010.writeToKafkaWithTimestamps(streamWithTimestamps,topic,new
SimpleStringSchema(), standardProps);
config.setWriteTimestampToKafka(true);
```

12.4.6 認識 Kafka 連接器指標

Flink 的 Kafka 連接器透過 Flink 的指標（Metric）系統提供的一些指標來分析 Kafka 連接器的狀況。生產者透過 Flink 的指標系統可以為所有支援的版本匯出 Kafka 的內部指標。

除了這些指標，所有消費者都曝露了每個主題分區的currcnt-offsets 和 committed-offsets。

- current-offsets：分區中的當前偏移量，具體指的是從成功檢索到發出的最後一個元素的偏移量。
- committed-offsets：最後提交的偏移量，這提供給使用者了「至少一次」語義。該偏移量提交給 Zookeeper 或 Broker。

對於 Flink 的偏移檢查點，系統提供「精確一次」語義。

提交給 Zookeeper 或 Broker 的偏移量也可以用來追蹤 Kafka 消費者的讀取進度。每個分區中提交的偏移量和最近偏移量之間的差異被稱為 consumer lag。如果 Flink 拓撲消耗來自主題的資料的速度比增加新資料的速度慢，則延遲會增加，消費者會落後。對於大型生產部署，建議監視該指標，以避免增加延遲。

12.4.7 啟用 Kerberos 身份驗證

Flink 可以透過 Kafka 連接器對 Kerberos 設定的 Kafka 進行身份驗證，只需要在 flink-conf.yaml 中設定 Flink。為 Kafka 啟用 Kerberos 身份驗證的步驟如下。

（1）設定 Kerberos 設定項目。透過設定以下內容來設定 Kerberos 設定項目。

- security.kerberos.login.use-ticket-cache：在預設情況下，這個值是 true，Flink 將嘗試在由 kinit 管理的票據快取中使用 Kerberos 票據。在 YARN 上部署的 Flink 作業中使用 Kafka 連接器時，使用票據快取的 Kerberos 授權將不起作用。使用 Mesos 進行部署時也是如此，因為 Mesos 部署不支援使用票據快取進行授權。
- security.kerberos.login.keytab 和 security.kerberos.login.principal：如果使用 Kerberos keytabs，則需要為這兩個屬性設定值。

（2）將 KafkaClient 追加到 security.kerberos.login.contexts。這一步的目的是告訴 Flink 將設定的 Kerberos 票據提供給 Kafka 登入上下文，以用於 Kafka 身份驗證。

一旦啟用了基於 Kerberos 的 Flink 安全性，就只需要在提供的屬性設定中包含以下兩個設定（透過傳遞給內部 Kafka 用戶端），即可使用 Flink 的 Kafka 消費者或生產者向 Kafka 進行身份驗證。

- 將 security.protocol 設定為 SASL_PLAINTEXT（預設為 NONE）：用於與 Kafka 伺服器進行通訊的協定。在使用獨立 Flink 部署時，也可以使用 SASL_SSL。
- 將 sasl.kerberos.service.name 設定為 Kafka（預設為 Kafka）：此值應與用於 Kafka 伺服器設定的 sasl.kerberos.service.name 相匹配。如果用戶端和伺服器設定之間的服務名稱不匹配，則會導致身份驗證失敗。

12.4.8 常見問題

1. 資料遺失

根據 Kafka 設定，即使在 Kafka 確認寫入之後，仍然可能會遇到資料遺失。特別要記住在 Kafka 的設定中設定以下屬性：Acks、log.flush.interval.messages、log.flush.interval.ms、log.flush.*，這些屬性的預設值是很容易導致資料遺失的。

2. 提示 "UnknownTopicOrPartitionException"

導致此錯誤的可能的原因是正在進行新的 Leader 選舉，如在重新啟動 Kafka 伺服器之後或期間。這是一個可重試的異常，因此 Flink 作業應該能夠重新啟動並恢復正常執行。也可以透過更改生產者設定中的 retries 屬性來避開。但這可能會導致重新排序訊息，可以透過將 max.in.flight.requests.per.connection 設定為 1 來避免不需要的訊息。

12.5 實例 44：在 Flink 中生產和消費 Kafka 訊息

本實例的程式在 "/Kafka/Java-Kafka-Producer-Consumer" 目錄下。

本實例演示的是生產 Kafka 訊息，以及在 Flink 中消費 Kafka 訊息。

12.5.1 增加 Flink 的依賴

除了增加 Flink 應用程式依賴，還需要增加 Kafka 連接器依賴，如下所示：

```
<!-- Flink的Kafka依賴 -->
<dependency>
        <groupId>org.apache.flink</groupId>
        <artifactId>flink-connector-kafka_2.11</artifactId>
        <version>1.11.0</version>
</dependency>
```

12.5.2 自訂資料來源

下面透過繼承 SourceFunction 介面來實現自訂的資料來源，以便訊息生產者利用該資料來源將訊息發送到 Kafka，如下所示：

```
public class MySource implements SourceFunction<String> {
    private long count = 1L;    private boolean isRunning = true;
    /**
     * 在run()方法中實現一個迴圈來產生資料
     */
    @Override
    public void run(SourceContext<String> ctx) throws Exception {
           while (isRunning) {
          ctx.collect("訊息"+count);
            count+=1;
            Thread.sleep(1000);
        }
    }

    // cancel()方法代表取消執行
    @Override
    public void cancel() {
        isRunning = false;
    }
}
```

12.5.3 編寫訊息生產者

編寫訊息生產者，用於生產訊息並發送到 Kafka 中，如下所示：

```
public class MyKafkaProducer {
    // main()方法——Java應用程式的入口
    public static void main(String[] args) throws Exception {
        // 獲取流處理的執行環境
        StreamExecutionEnvironment env =
        StreamExecutionEnvironment.getExecutionEnvironment().setParallelism(1);
        // 設定平行度為1
        // 使用自訂資料來源 MySource
```

```
        DataStreamSource<String> dataStreamSource = env.addSource(new
MySource());
        Properties properties = new Properties();
        // 設定bootstrap.servers的位址和通訊埠
        properties.setProperty("bootstrap.servers", "localhost:9092");
        FlinkKafkaProducer<String> producer = new FlinkKafkaProducer("test",
new SimpleStringSchema(), properties);
        // 將附加到每個記錄的(事件時間)時間戳記寫入Kafka
        producer.setWriteTimestampToKafka(true);
        dataStreamSource.addSink(producer);
        // 執行任務操作。因為Flink是惰性載入的,所以必須呼叫execute()方法才會
           執行
        env.execute();
    }
}
```

- producer.setWriteTimestampToKafka()：如果設定為 true，則 Flink 會將附加到每個記錄的（事件時間）時間戳記寫入 Kafka。時間戳記必須是確定的，Kafka 才能接受。
- Producer.setLogFailuresOnly(boolean logFailuresOnly)：定義生產者是否應該因錯誤而失敗，或僅記錄錯誤。如果將其設定為 true，則僅記錄異常；如果將其設定為 false，則將引發異常，並導致流式傳輸程式失敗（然後進入恢復）。參數 logFailuresOnly 指示僅記錄異常。

12.5.4 編寫訊息消費者

編寫訊息消費者，以便消費由生產者發送的訊息，如下所示：

```
public class MyKafkaConsumer {
    public static void main(String[] args) throws Exception{
        // 獲取流處理的執行環境
        StreamExecutionEnvironment env = StreamExecutionEnvironment.
getExecutionEnvironment();
        Properties properties = new Properties();
        // 設定bootstrap.servers的位址和通訊埠
        properties.setProperty("bootstrap.servers", "localhost:9092");
```

```
        FlinkKafkaConsumer<String> consumer = new FlinkKafkaConsumer<>("test",
new SimpleStringSchema(), properties);
        consumer.setStartFromEarliest();// 從最早的資料開始進行消費，忽略儲存
                                        的Offset資訊
        // 載入或創建來源資料
        DataStream<String> stream = env
                .addSource(consumer);
        // 列印資料到主控台
        stream.print();
        // 執行任務操作。因為Flink是惰性載入的，所以必須呼叫execute()方法才會
           執行
        env.execute();
    }
}
```

12.5.5 測試在 Flink 中生產和消費 Kafka 訊息

啟動 Zookeeper、Kafka 和訊息生產者，然後啟動訊息消費者，可以看到在開發工具主控台每隔 1s 輸出一筆訊息：

```
11> 訊息1
11> 訊息2
11> 訊息3
```

Chapter 13

進入機器學習世界

本章首先介紹學習人工智慧的經驗，以及機器學習；然後介紹機器學習的主要任務、開發機器學習應用的基礎、機器學習的分類，以及機器學習演算法；最後介紹機器學習的評估模型。

13.1 學習人工智慧的經驗

人工智慧對初學者來說門檻比較高，數學和演算法是大部分初學者的「攔路虎」。面對大量的數學和演算法知識，初學者往往會找不到方向，有可能順著理論學下去，很多年也開發不出人工智慧應用程式，甚至大部分理論也沒有搞清楚，這會使初學者產生極大的挫敗感。

實際上，數學和演算法知識不會成為學習人工智慧的障礙。並不是只有精通數學的人們才能從事人工智慧領域的工作。但數學和演算法知識能幫助學習者了解模型，讓學習者了解得更深入，走得更遠。現在和未來每個產業的分工會越來越明確，大部分人都只是在自己的細分職位上奉獻著。有人做學術研究，專注於鑽研底層；有人負責研發框架，為應用領域提供基礎設施；更多的人則是使用框架來落地業務。所以，學習人工智慧需要先找到方向，找到一個切入點。如果要做學術研究，則可以從基礎的數學和演算法著手；如果只是想做業務落地，則可以從人工智慧開發的成熟框架著手。至少，一開始從 API 入手對於了解演算法和模型等人工智慧的基礎知識非常有用。

我們可以從上到下進行學習，從呼叫框架 API 和調包開始，透過實際應用來學習：先實現一個簡單的人工智慧程式，獲得即時的成就感、回饋和認知；然後一步步深入，慢慢發現瓶頸；最後研究更深層的原理。

對初學者來說，一開始儘量不要嘗試編寫別人實現了的底層演算法，不要嘗試「重複造輪子」。因為自己花費很多時間實現的演算法可能還不如網路上的函數庫好用，大部分人只要了解自己需求，知道選擇什麼模型，直接呼叫 API 和現成的工具套件就可以。

作者認為，未來成為人工智慧學術研究和人工智慧應用的工程師會是大多數人的選擇。能綜合考慮領域知識和特性、業務需求和限制、業務目標的演算法、模型結構的產業應用工程師更是未來的主流。只有在大多數企業或開發應用人員進入門檻低的情況下，人們才能積極參與其中，各垂直產業的人工智慧化需求才能釋放，整個人工智慧產業才能蓬勃發展。

13.2 認識機器學習

1. 機器學習

機器學習是先用資料和演算法來訓練機器，使機器實現特定功能的模型，然後機器可以根據該模型對新資料進行預測。機器學習是實現人工智慧的手段之一，也是目前主流的人工智慧實現方法。

我們可以透過下面的公式來了解機器學習：

巨量資料 + 演算法 = 模型

模型 + 待預測資料 = 預測

最簡單的機器學習過程如圖 13-1 所示。

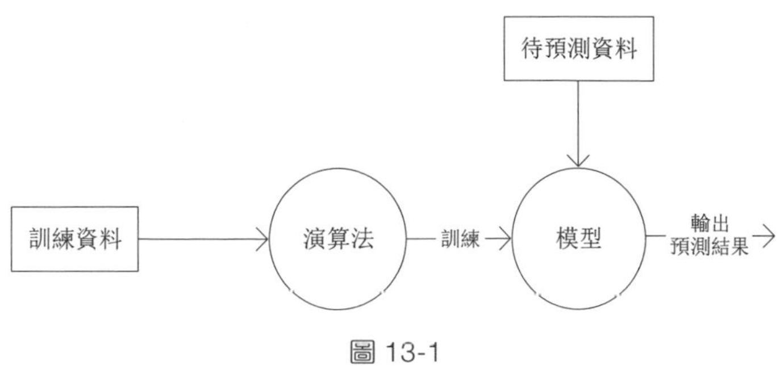

圖 13-1

由圖 13-1 可知，最簡單的機器學習過程包括以下幾個步驟：①為電腦提供大量的訓練資料；②電腦根據特定演算法對資料進行運算；③生成模型；④電腦根據模型判斷新輸入的資料輸出預測結果。

2. 巨量資料的三要素

資料（巨量資料）、演算法和模型是機器學習的三要素。

（1）資料。

資料主要分為有標注資料和無標注資料。

- 有標注資料：被標注了標籤的資料，如被標注了動物名稱的動物圖片集。
- 無標注資料：沒有被標注的資料，機器學習通常用聚類來處理此類資料。

電腦底層能處理的資料是數值，而非圖片或文字。所以，首先需要建構一個向量空間模型（Vector Space Model，VSM），將文字、圖片、音訊、視訊等轉為向量，然後把轉換的這些向量輸入機器學習應用程式，這樣資料才能夠被處理。

（2）演算法。

演算法是從資料中產生模型的方法，這是批次化解決問題的手段。演算法是機器學習中最具技術含量的部分，要得到高品質的模型，演算法很重要，但資料往往更重要。資料決定了機器學習的上限，而演算法只是盡可能逼近這個上限。也就是說，更好、更合理的特徵表示更強的靈活性，只需要使用簡單的演算法就能獲得更好的結果。

要解決不同的問題，需要使用不同的演算法。快速和高品質地解決問題是演算法的目的。

（3）模型。

模型是一套資料計算的流程、方法或方向，在物理上表現為一段程式或一個函數。在資料經過這段程式的操作後，可以得到預測結果。模型是機器學習透過學習演算法得到的結果。

3. 應用場景

目前，機器學習已經廣泛應用於資料採擷、檢測信用卡詐騙、無人駕駛、機器人、電腦視覺、自然語言處理、語音和手寫辨識、搜尋引擎、生物特徵辨識、醫學診斷、DNA 序列測序、生物製藥等。

13.3 機器學習的主要任務

13.3.1 分類

分類（Classification）是將資料劃分到合適的類別中。分類的預測結果往往是離散值，如判斷是否匹配成功屬於二分類（true 和 false），數字辨識屬於多分類（結果為 0 ～ 9，共 10 個基礎數字）。

用於分類訓練的資料類別是已知的。

輸入的訓練資料封包含以下資訊。

- 特徵（Feature）：也被稱為屬性（Attribute）。
- 標籤（Label）：通常被稱為類別（Class）。

特徵可能有多個，具體可以表示為（F1，F2，…，Fn，label）。

機器學習的本質是找到特徵與標籤之間的映射關係。所以，分類預測模型是求一個函數 $f(x)$，該函數是從輸入變數（特徵）x 到離散的輸出變數（標籤）y 之間的映射。

在找到函數 $f(x)$ 之後，可以對有特徵而無標籤的資料根據函數 $f(x)$ 預測標籤。

分類的主要演算法有線性分類器（如 LR)、支持向量機（SVM）、單純貝氏（NB）、K- 近鄰（KNN）、決策樹（DT）、隨機森林、整合模型（RF/GDBT 等）、邏輯回歸和神經網路等。

13.3.2 回歸

回歸（Regression）的預測值是連續值，如預測電影好評度（0 ～ 10 分）。

回歸和分類的區別在於輸出變數的類型：回歸是連續變數預測；分類是離散變數預測。

回歸演算法主要有線性回歸、回歸樹、整合模型（ExtraTrees/RF/GDBT）。

13.3.3 聚類

聚類（Clustering）是將資料集合分成由類似的物件組成的多個類別。資料沒有類別資訊，也不會指定目標值。聚類使同一類物件的相似度盡可能大，不同類物件之間的相似度應盡可能小。

聚類常用的演算法是資料聚類（K-Means）。

分類和聚類都用到了近鄰 (Nears Neighbor) 演算法，該演算法用來在資料集中尋找與想要分析的目標點最近的點。

13.4 開發機器學習應用程式的基礎

13.4.1 機器學習的概念

機器學習的大部分概念也適用於 Alink。本章主要為第 14 章學習和使用 Alink 奠定基礎。

機器學習常用的概念有以下幾個。

- 樣本（Example）：一個資料集中的一行內容，也被叫作範例。一個樣本包含一個或多個特徵。
- 資料集（Data Set）：一組記錄的合集。
- 訓練樣本（Training Sample）：用於訓練的樣本。
- 訓練集（Training Set）：由訓練樣本組成的集合。
- 二分類（Binary Classification）：只有兩個類別的分類任務。輸出兩個互斥類別中的，如 1 或 0。
- 多分類（Multi-Class Classification）：涉及多個類別的分類。
- 學習演算法（Learning Algorithm）：從資料中產生模型的方法。
- 特徵（Feature）：物件的某方面表現或特徵。從原始資料中取出對結果預測更有用或表達充分的資訊。
- 特徵工程：使用專業知識和技巧處理資料，使特徵能在機器學習演算法上發生更好的作用的過程，即特徵工程把原始資料轉變為模型訓練資料的過程。其目的是獲取更好的訓練資料特徵。
- 特徵向量（Feature Vector）：在屬性空間中每個點對應一個座標向量，把一個實例稱作特徵向量。
- 標記（Label）：關於實例的結果資訊。
- 泛化（Generalization）能力：學得的模型適用於新樣本的能力。
- 擬合：分為欠擬合（Underfitting）和過擬合（Overfitting）。如果模型沒有極佳地捕捉到資料特徵，不能夠極佳地擬合資料，對訓練樣本的一般性質尚未學好，則是欠擬合。如果模型把一些訓練樣本自身的特性當作所有潛在樣本都有的一般性質，導致泛化能力下降，則是過擬合。
- 偏差（Bias）：模型預測值與真實值之間的預期差值，即演算法本身的擬合能力。該值是模型預測值和真實值之間差值的平均值，偏差越大，則越偏離真實值。

- 方差（Variance）：在該訓練集中模型預測值的差值有多大。該值表示模型預測值的離散程度，依賴它的訓練資料。方差越大，則資料的分佈越分散。偏差與方差通常是負相關的。在實際需求中，要找方差和偏差都較小的點。

13.4.2 開發機器學習應用程式的步驟

開發機器學習應用程式通常從收集資料開始，具體步驟如下。

1. 分析問題

要實現機器學習，首先需要分析問題，要知道需要實現的機器學習是一個分類問題、聚類問題，還是回歸問題；解決問題的演算法應該如何選擇；收集的資料類型，從何處獲取資料，是否會有遺漏的資料來源等。

2. 收集樣本資料

機器學習需要使用資料來訓練，所以樣本資料是進行機器學習的前提。對沒有資料資源的企業或個人來說，可以透過以下幾種方式來收集樣本資料。

- 編寫網路爬蟲從網站或 App 上爬取公開資料或授權資料。
- 從一些公開或授權的 API 中得到資訊。
- 從裝置、感測器獲取資料，如從溫度感測器、濕度感測器、IC 卡讀寫器獲取資料。
- 政府公開資料。

3. 整理資料

在大部分的情況下，較差的資料不會產生好的模型。所以，在收集好資料之後，需要對資料進行整理，以便資料更完美，同時應確保得到的資料格式符合要求（某些演算法要求特徵值使用特定的格式）。

整理資料的步驟如下。

（1）格式整理：包括資料格式的轉化，統一資料的度量、零平均值化、屬性的分解，以及合併等。

（2）檢查異常值：查看資料是否有明顯的異常值、遺漏值、不符合需求值。該步驟可以透過一維、多維的圖形化展示來查閱。如果特徵值太多，則可以透過資料提煉，將多維特徵壓縮為一維或二維。

（3）特徵工程：該步驟會把資料處理成能被演算法進行訓練的資料集，主要工作就是把資料分為特徵值和目標值。

特徵工程做得好可以更進一步地發揮資料效力，使演算法的效果和性能得到顯著提升。如果資料足夠好，則透過簡單的模型就能達到預期的效果。

特徵工程主要包括以下幾個部分。

- 特徵建構：透過研究原始資料樣本，思考問題的潛在形式和資料結構，創造出新的特徵。這些特徵對於模型訓練非常有益，並且具有一定的工程意義。特徵建構的方式主要有單列操作、多列操作、分組 / 聚合操作。
- 特徵提取：篩選顯著特徵、摒棄非顯著特徵等。
- 特徵分解：將資料壓縮成由較小的但具有更多資訊的資料成分的組合。
- 特徵聚合：將多個特徵聚合成一個更有意義的特徵。
- 特徵標準化：把資料縮放到擁有零平均值和單位方差的過程。將所有特徵（有不同的物理單位的）變成特定範圍內的值，預設範圍是 0 ～ 1。
- 特徵歸一化：不同指標之間有不同的量綱和量綱單位，特徵歸一化可以消除量綱的影響。
- 特徵二值化：設立閾值，將特徵二值化。

4. 選擇演算法

機器學習的演算法非常多，需要根據目標需求和資料來選擇演算法。要考慮演算法是屬於監督學習演算法還是無監督學習演算法。舉例來說，如果要預測地震資訊，則可以選擇二分類演算法；如果要預測某部電影的評分，則可以選擇回歸演算法。實際上，很多機器學習任務也可以是採用多個演算法的結合。

5. 訓練

在資料準備完成之後，便可以開始機器學習。訓練才是機器學習真正的開始。

6. 模型診斷

模型診斷主要是判斷模型是否過擬合、欠擬合等，常用的方法是繪製學習曲線、交換驗證。透過增加訓練的資料量、降低模型複雜度，可以降低過擬合的風險；提高特徵的數量和品質、增加模型複雜度，可以防止欠擬合。

模型診斷是一個反覆疊代的過程，需要不斷地嘗試，進而使模型達到最佳狀態，主要工作包括以下幾點：①資料測試；②驗證模型的有效性；③觀察誤差樣本；④分析誤差來源；⑤調整參數；⑥預估。

7. 使用演算法

在模型診斷滿意之後，可以將模型應用於應用程式，執行實際任務。

13.5 機器學習的分類

機器學習的主要任務也是其演算法的分類方式（見 13.3 節），還可以按照學習方式對演算法進行分類。按照學習方式，演算法可以分為以下幾類。

13.5.1 監督式學習

監督式學習（Supervised Learning）可以從訓練集中建立一個新模型，並依據此模式推測待測試資料的結果，訓練集包含特徵值和目標值。監督式學習知道預測什麼，即預測目標變數的分類資訊。舉例來說，K- 近鄰（KNN）演算法、貝氏分類、決策樹、隨機森林、邏輯回歸和神經網路等用於監督式學習。

13.5.2 無監督式學習

無監督式學習（Unsupervised Learning）可以從訓練集中建立一個模型，並依據此模型推測待測試資料的結果，訓練集由特徵值組成。無監督式學習與監督式學習相對應，其訓練集沒有標籤資訊，也不會指定目標值。舉例來說，聚類、GAN（生成對抗網路）演算法屬於無監督式學習。

13.5.3 半監督式學習

半監督式學習（Semi-Supervised Learning）介於監督式學習與無監督式學習之間。只有少量的資料有特徵值和目標值，半監督式學習利用無標籤的資料學習整個資料的潛在分佈。半監督式學習最大的特點是監督式學習與無監督式學習相結合。半監督式學習一般針對資料量大，但是有標籤資料少，或標籤資料的獲取很難、成本很高的情況。

與使用監督式學習相比，半監督式學習的訓練成本更低，但是能達到較高的準確度。

13.5.4 增強學習

增強學習（Reinforcement Learning）又被稱為強化學習。在增強學習模式下，智慧體（Agent）不斷與環境進行互動，透過試錯的方式來獲得最佳策略。其目標是使智慧體獲得最大的獎賞，如馬可夫決策模型、Q Learning、Policy Gradients、Model-Based RL 都可以應用於增強學習。

增強學習使用的是未標記的資料，可以透過獎懲函數知道離正確答案越來越近還是越來越遠。

根據智慧體是否能完整地了解或學習「所在環境的模型」，增強學習可以分為以下兩類。

- 有模型學習（Model-Based）：對環境有提前的認知，可以提前考慮規劃。
- 無模型學習（Model-Free）：對環境沒有提前的認知。

有模型學習的缺點如下：如果模型與真實世界不一致，則在實際使用場景下會表現得不好。

無模型學習在效率上不如有模型學習，但容易實現，也容易在真實場景下調整到很好的狀態。

增強學習除了無模型學習和有模型學習這種分類，還有以下幾種分類方式。

- 基於機率和基於價值。
- 回合更新和單步更新。
- 線上學習和離線學習。

13.6 了解機器學習演算法

機器學習演算法比較多，常常讓人摸不著頭腦，聽起來非常難。我們可以先根據大類來釐清它們的關係，然後從一個簡單的演算法來了解演算法是什麼。因為很多演算法是一類演算法，而有些演算法又是從其他演算法中延伸出來的，所以搞懂一個演算法，其他演算法的學習和使用就會變得非常容易。

1. 線性回歸

線性回歸（Linear Regression）用於處理數值問題，其根據已知資料集求線性函數，使其盡可能擬合資料，讓損失函數最小，如用來預測房價。線性回歸分為以下兩種類型。

- 簡單線性回歸：只有一個引數。
- 多變數回歸：至少有兩個以上的引數。

常用的線性回歸最佳法有最小平方法和梯度下降法。

2. 邏輯回歸

邏輯回歸（Logistic Regression）是一種分類演算法，主要用於解決二分類問題。它是一種非線性回歸模型。與線性回歸相比，邏輯回歸多了一個 Sigmoid 函數（或稱為 Logistic 函數）。Sigmoid 函數是一種 S 形曲線。

邏輯回歸模型不必組合和訓練多個二分類器，可以直接用於多類別分類，所以又被稱為多類別 Logistic 回歸或 Softmax 回歸。它易於平行，且速度快，但是它需要複雜的特徵工程。

3. 神經網路

神經網路起源於 20 世紀五六十年代，當時叫感知機，它擁有輸入層、中間層（隱藏層）和輸出層。輸入的特徵向量透過中間層轉換到達輸出層，在輸出層得到分類結果。

神經網路曾一度火爆發展，後來逐漸被其他演算法甩在身後。近年來深度學習的火熱又帶動了神經網路演算法的火爆。

4. 支持向量機

支持向量機（Support Vector Machine）是二類分類器，是一種監督式學習的方法，廣泛應用於統計分類和回歸分析中。

支援向量機可以在平面或超平面上將輸入變數空間劃分為不同的類別，不是是 0，就是是 1。在二維空間中，可以將其看作一條直線。其基本模型是實現特徵空間上的間隔最大化。

與其他分類器（如邏輯回歸和決策樹）相比，支援向量機提供了非常高的準確性。支持向量機廣泛應用於面部檢測、入侵偵測、電子郵件、新聞文章和網頁的分類、基因的分類、手寫辨識等。

5. 協作過濾

協作過濾是一種基於一組興趣相同的使用者進行的推薦，它根據與目標使用者興趣相似的鄰居使用者的偏好資訊來產生對目標使用者的推薦清單。

協作過濾演算法主要分為以下兩種：①基於使用者的協作過濾演算法；②基於專案的協作過濾演算法。

Alink 實現了交替最小平方法（Alternating Least Squares，ALS）。

交替最小平方法常用於基於矩陣分解的推薦系統中。舉例來說，將使用者對商品的評分矩陣分解為兩個矩陣：一個是使用者對商品隱含特徵的偏好矩陣，另一個是商品所包含的隱含特徵的矩陣。在矩陣分解的過程中，評分缺失項獲得了填充，填充後可以基於這個填充的評分來給使用者做商品推薦，如表 13-1 所示。

表 13-1

用戶	Tesla	BMW	Rolls-Royce	Lamborghini Concept S
A	1	1	1	—
B	—	1	—	—
C	1	1	—	—

由表 13-1 可以看出，使用者 A 和 C 都喜歡 Tesla 與 BMW，這說明使用者 A 和 C 可能有相似的愛好，而且使用者 A 還喜歡 Rolls-Royce，這是使用者 C 的資料中沒有的。此時我們可以假設使用者 C 也喜歡 Rolls-Royce，可以把它們作為使用者 C 的召回結果。

6. K- 近鄰

K- 近鄰是一種分類演算法，其想法如下：如果一個樣本在特徵空間中的 K 個最相似（即特徵空間中最鄰近）的樣本中的大多數屬於某個類別，則該樣本也屬於這個類別。

13.7 機器學習的評估模型

13.7.1 認識評估模型

資料經過演算法訓練生成的模型可以用來對待測試資料進行預測。但在預測前，我們需要了解模型的泛化能力（模型的好壞），需要用某些指標來衡量模型。有了指標，就可以評價模型了，從而知道模型的好壞，並透過這個指標調參來進一步最佳化模型。

分類、回歸、聚類等有各自的評判指標。

- 二分類評估：準確率、精確率、*F* 值、PR 曲線、ROC-AUC 曲線、Gini 係數等。
- 多分類評估：準確率、巨平均和微平均、*F* 值等。
- 回歸評估：MSE 和 R2/ 擬合優度。
- 聚類評估：CP、SP、DB、VRC。

指標並不能完全表明模型的好與壞。指標的價值是由場景決定的。舉例來說，對於地震的預測：寧願有 1000 次預測失敗，也不能漏掉 1 次真正的地震。所以，在地震場景中可以只看召回率（Recall）為 99.999% 時的精準率。

13.7.2 認識二分類評估

二分類評估是對二分類演算法生成的模型的預測結果進行效果評估，支援 ROC 曲線、LiftChart 曲線和 Recall-Precision 曲線。

如果是一個二分類的模型，則把預測值、實際值及預測結果的所有結果兩兩混合，結果就會出現表 13-2 中的 4 種情況。

表 13-2

預 測 值	實 際 值	預測結果
0	1	F（False）
1	1	T（True）
1	0	F（False）
0	0	T（True）

如果用 P（Positive）代表 1，N（Negative）代表 0，則表 13-2 可以轉為表 13-3。

表 13-3

預 測 值	實 際 值	預測結果
N	P	F（False）
P	P	T（True）
P	N	F（False）
N	N	T（True）

由表 13-3 可知，預測正確的結果如下。

- TP：預測為 1，實際為 1。
- TN：預測為 0，實際為 0。

預測錯誤的結果如下。

- FP：預測為 1，實際為 0。
- FN：預測為 0，實際為 1。

如果用混淆矩陣來表示表 13-3，則可以表示成如表 13-4 所示的形式。

表 13-4

預 測 值	實 際 值	
	1	0
1	TP	FP
0	FN	TN

下面介紹相關模型的評價指標。

1. 準確率

準確率（Accuracy）是最基本的評價指標。準確率是指「正確的預測」佔「總樣本」的百分比。

準確率 = 正確的預測 / 總樣本

其公式如下：

準確率 =(TP+TN)/(TP+TN+FP+FN)

但在二元分類正例樣本和反例樣本不平衡的情況下，準確率評價可能沒有參考價值。一個比較極端的例子是，如果訓練集中 99.9% 都是反例，0.1% 是正例，則極有可能會發生對測試資料預測的值都是反例的情況。這就是準確率悖論。

如果樣本不平衡，則準確率就會故障。為了判斷這種情況，我們可以額外使用另外的兩種指標：精準率和召回率。

2. 精準率

精準率（Precision）也被叫作精確率或查準率。精準率是針對預測結果而言的，是指在所有被預測為正例樣本中實際為正例樣本的機率。

精準率只是針對正例來說的：

精確率 = 正確的正例／預測的正例個數

其公式如下：

精準率 =TP/(TP+FP)

3. 召回率

召回率（Recall）又被叫作查全率，是指在實際為正例樣本中被預測為正例樣本的機率。它是針對原樣本而言的，其公式如下：

召回率 =TP/(TP+FN)

對於地震的預測，希望召回率非常高，即每次地震我們都希望預測出來，此時可以犧牲精準率。情願發出 1000 次錯誤警示，也不能漏過 1 次真正的地震。

4. F1 分數

如果想要找到精準率和召回率之間的平衡點，則需要一個新的指標：F1 分數（F1-Score）。F1 分數的公式如下：

F1 分數 = 2× 精準率 × 召回率 / (精準率 + 召回率)

F1 分數同時考慮了查準率和查全率，使二者同時達到最高，取一個平衡值。

5. 接受者操作特徵曲線

接受者操作特徵曲線（Receiver Operating Characteristic，ROC）是基於混淆矩陣得出的。

ROC 曲線主要由兩個指標：真正率（TPR）和假正率（FPR）。其中，水平座標為假正率，垂直座標為真正率，它們的公式如下：

真正率（TPR）= 靈敏度（Sensitivity）=TP/(TP+FN)

假正率（FPR）= 特異度（Specificity）=FP/(FP+TN)

6. 曲線下面積

曲線下面積（Area Under Curve）是一種基於排序的高效演算法，它是 ROC 曲線下面的面積。AUC 比「使用不同的分類閾值多次評估邏輯回歸模型」效率高。

AUC 的一般判斷標準如下。

- AUC < 0.7：效果較差。雖然較差，但是可以用於預測股票。
- 0.7 ≤ AUC < 0.85：效果一般。
- 0.85 ≤ AUC < 0.95：效果很好。
- AUC ≥ 0.95：效果非常好。

Alink 支持流 / 批次程式的評估，並且流式地評估支持累計統計和視窗統計。整體的評估指標包括 AUC、K-S、PRC、Recall、F-Measure、Sensitivity、Accuracy、Specificity 和 Kappa 等。

13.7.3 認識多分類評估、聚類評估和回歸評估

1. 多分類評估

多分類評估是對多分類演算法的預測結果進行效果評估。整體的評估指標包括 Precision、Recall、F-Measure、Sensitivity、Accuracy、Specificity 和 Kappa。

2. 聚類評估

聚類評估是對聚類演算法的預測結果進行效果評估，主要指標如下。

- Compactness（CP）：CP 越低，表示類內聚類距離越小。
- Seperation（SP）：SP 越高，表示類間聚類距離越大。
- Davies-Bouldin（DB）：DB 越小，表示類內距離越小，同時類間距離越大。
- Calinski-Harabasz（CH）：CH 越大，表示聚類品質越好。

3. 回歸評估

回歸評估是指對回歸演算法的預測結果進行效果評估，其評估指標主要有總平方和、誤差平方和、回歸平方和、判定係數等。

Alink 支持以上多分類評估、聚類評估和回歸評估，這些評估指標都是內建好的，開箱即用。

Chapter 14

流 / 批統一的機器學習框架（平台）Alink

本章首先介紹 Alink 的概念和演算法函數庫；然後介紹如何在 Alink 中讀取、取樣和輸出資料集；最後介紹如何使用 Alink 實現 3 個機器學習應用程式。

14.1 認識 Alink 的概念和演算法函數庫

14.1.1 認識 Flink ML

Flink ML 是 Flink 社區現存的一套機器學習演算法函數庫，這套演算法函數庫已經存在很久，其更新比較緩慢，僅支援 10 餘種演算法，支援的資料結構也不夠通用。官方文件在 Flink 1.8 之後就沒有 Flink ML 的連結入口了。所以，可以認為該函數庫已經被廢棄。

14.1.2 Alink 的架構

Alink 是基於 Flink 的機器學習框架。它提供了豐富的演算法元件，是業界首個同時支援流 / 批演算法的機器學習框架。

Alink 不是在 Flink 原有的機器學習函數庫 Flink ML 的基礎上進行升級和改造的，而是從頭開始設計和研發的。

Alink 重新定義了 Flink 中的機器學習函數庫。它是基於 Flink 的機器學習管道（ML Pipeline），並且在 Flink 流／批統一 API（Table API）的基礎上架構的。

Alink 的架構可以分成管道層、演算法層、疊代層、Flink 執行引擎層（Runtime），如圖 14-1 所示。

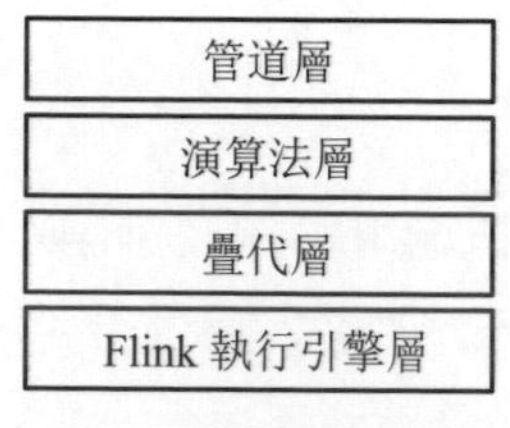

圖 14-1

14.1.3 Alink 機器學習的過程

一個典型的機器學習過程是從資料收集開始，經歷多個步驟，然後得到需要的結果輸出。這個過程通常包含來源資料 ETL（取出、轉化、載入）、資料前置處理、指標提取、模型訓練與交換驗證、新資料預測等步驟。在 Alink 中，機器學習的過程如圖 14-2 所示。

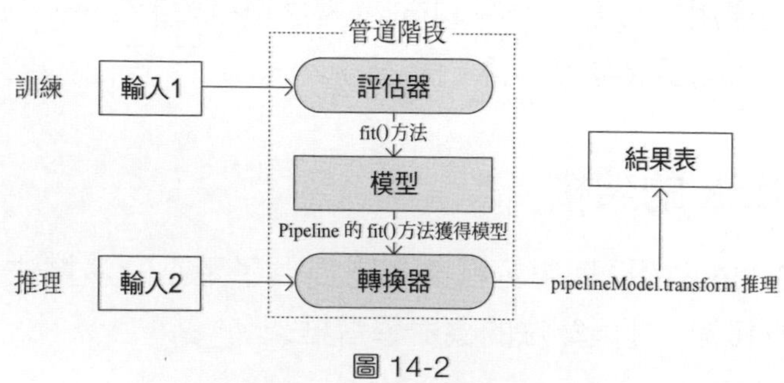

圖 14-2

由圖 14-2 可知，在 Alink 中機器學習的過程如下。

（1）輸入訓練資料（Input Table）。

（2）評估器（Estimator）將輸入的資料（Input Table）轉為模型。

（3）輸入待預測資料。

（4）轉換器根據 fit() 方法獲得模型，然後對待預測資料進行處理，輸出結果資料（Output Table）。

14.1.4 Alink 的概念

在了解 Alink 機器學習的過程之後，對評估器、轉換器、模型和結果表等概念會有初步的了解，下面詳細介紹相關概念。

1. 管道

管道（Pipeline）是線性工作流。它將多個管道階段（轉換器和評估器）連接在一起，形成機器學習的工作流，以執行演算法從而獲得模型。管道將訓練過程進行了持久化，確保訓練和推理之間的邏輯一致性，解決了 Lambda 架構中維護兩份程式可能會導致的邏輯不一致問題。

2. 管道階段

評估器和轉換器都是管道階段（PipelineStage）。Alink 中存在一個管道階段基礎類別（介面）——PipelineStage。該介面僅是一個概念，沒有實際功能。PipelineStage 的子類別必須是評估器或轉換器。沒有其他類別可以直接繼承此介面。

3. 評估器

評估器（Estimator）負責訓練和生成機器學習的模型。它實現將輸入表作為訓練樣本，並生成適合這些樣本的模型（Model）。

4. 轉換器

轉換器（Transformer）用於將輸入表轉為結果表。

5. 模型

模型是普通的轉換器，但其創建方式卻與其他普通的轉換器不同。普通的轉換器通常透過直接指定參數來定義，模型通常在評估器的 fit() 方法被呼叫時產生。

Alink 將模型與轉換器分開，以支援特定於模型的潛在邏輯，如將模型連結到生成模型的評估器。

14.1.5 Alink 的演算法函數庫

Alink 支援的演算法函數庫如圖 14-3 所示，詳細的演算法清單請參考官方文件。

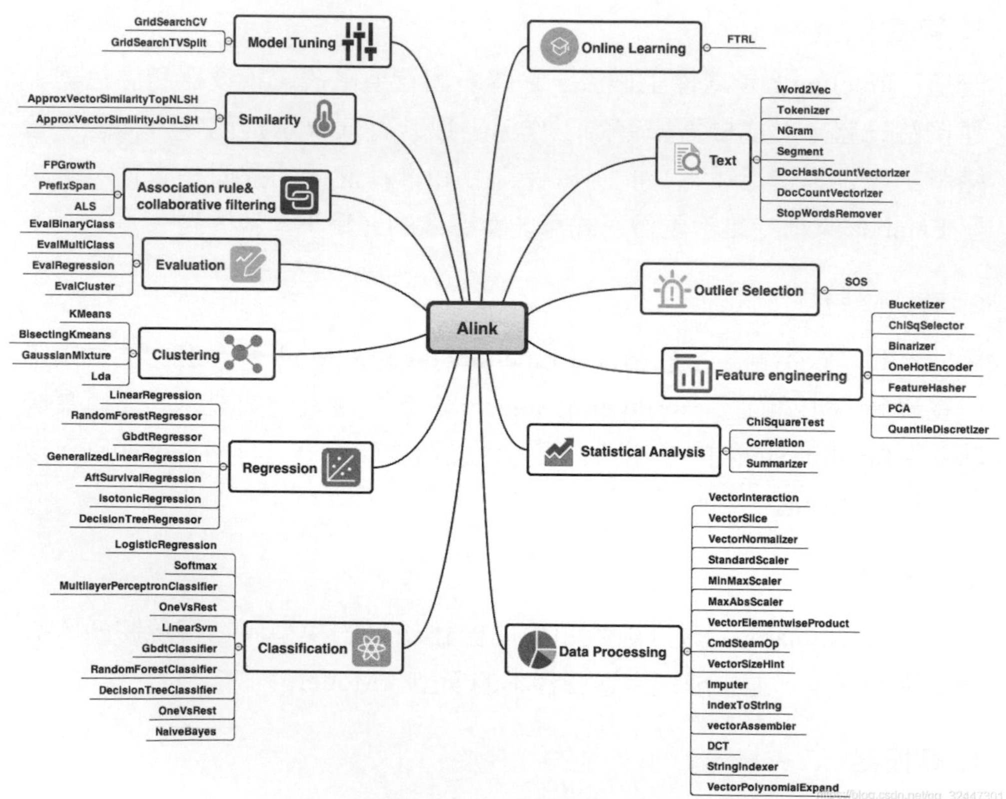

圖 14-3(圖片來源：https://blog.csdn.net/qq_32447301/article/details/103450301)

14.2 實例 45：以流／批方式讀取、取樣和輸出資料集

本實例的程式在 "/Alink/AlinkSourceAndSinkDemo" 目錄下。

本實例演示的是以流／批方式讀取、取樣和輸出資料集。

14.2.1 創建 Alink 應用程式

這裡以 Maven 方式創建 Alink 應用程式，具體步驟如下。

1. 創建 Maven 專案

在 IDE 開發工具中，創建 Java 的 Maven 專案。該步驟和創建其他 Maven 的 Java 專案一樣，這裡不再贅述。

2. 增加依賴

（1）增加 Flink 的相關依賴。

因為 Alink 應用程式其實就是 Flink 應用程式，只不過增加了機器學習功能，所以需要增加 Alink 和 Flink 相關版本的 Maven 依賴。在 pom.xml 檔案中，增加以下依賴：

```
<!-- Alink的核心依賴 -->
<dependency>
        <groupId>com.alibaba.alink</groupId>
        <artifactId>alink_core_flink-1.11_2.11</artifactId>
        <version>1.2.0</version>
</dependency>
<!-- Flink的流處理應用程式依賴 -->
<dependency>
        <groupId>org.apache.flink</groupId>
        <artifactId>flink-streaming-scala_2.11</artifactId>
        <version>1.11.0</version>
</dependency>
<!-- Flink的OldPlanner依賴 -->
```

```
<dependency>
        <groupId>org.apache.flink</groupId>
        <artifactId>flink-table-planner_2.11</artifactId>
        <version>1.11.0</version>
</dependency>
```

（2）增加 Flink 的相關依賴。

為了能夠在 IDE 開發工具中執行實例，需要增加 Flink 的相關依賴，如下所示：

```
<!-- Flink的Java依賴 -->
<dependency>
        <groupId>org.apache.flink</groupId>
        <artifactId>flink-java</artifactId>
        <version>${flink.version}</version>
        <!-- provided表示在打包時不將該依賴打包進去。可選的值還有compile、
runtime、system、test -->
        <scope>provided</scope>
</dependency>
<!-- Flink的流處理應用程式依賴 -->
<dependency>
        <groupId>org.apache.flink</groupId>
        <artifactId>flink-streaming-java_${scala.binary.version}</artifactId>
        <version>${flink.version}</version>
        <!-- provided表示在打包時不將該依賴打包進去。可選的值還有compile、
runtime、system、test -->
        <scope>provided</scope>
</dependency>
<!-- Flink的用戶端依賴 -->
<dependency>
        <groupId>org.apache.flink</groupId>
        <artifactId>flink-clients_${scala.binary.version}</artifactId>
        <version>${flink.version}</version>
        <!-- provided表示在打包時不將該依賴打包進去。可選的值還有compile、
runtime、system、test -->
        <scope>provided</scope>
</dependency>
```

如果不增加 Flink 的相關依賴，則執行應用程式會出現如下所示的錯誤：

```
No ExecutorFactory found to execute the application
```

（3）增加 "shaded_flink_oss_fs_hadoop" 依賴。

要使用 TXT 方式讀取和輸出資料集，除了要增加 Flink 和 Alink 基本依賴，還需要額外增加 Alink 的 "shaded_flink_oss_fs_hadoop" 依賴，如下所示：

```
<!--Flink 的Hadoop檔案系統依賴 -->
<dependency>
        <groupId>com.alibaba.alink</groupId>
        <artifactId>shaded_flink_oss_fs_hadoop</artifactId>
        <version>1.10.0-0.2</version>
</dependency>
```

14.2.2 按行讀取、拆分和輸出資料集

1. 讀取和輸出文字

可以使用 TextSourceBatchOp 運算元（批次處理）或 TextSourceStreamOp 運算元（流處理）來讀取文字，它們都是按行來讀取檔案資料的，並且都有以下參數。

- filePath：檔案路徑。該參數必填。
- ignoreFirstLine：是否忽略第 1 行資料。
- textCol：文字列名稱。

在使用 TextSourceBatchOp 運算元呼叫 print() 方法進行簡單輸出時，不需要呼叫 BatchOperator.execute() 方法。但是在使用 TextSourceStreamOp 運算元呼叫 print() 方法進行簡單輸出時，需要呼叫 StreamOperator.execute() 方法。具體實現如下所示：

```
        // 資料來源路徑
        String inPutPath = "src/main/resources/records.txt";
        // 輸出資料的路徑
        String outPutPath = "src/main/resources/outPutRecords.txt";
```

```
// 用TextSourceBatchOp運算元讀取資料
TextSourceBatchOp source = new TextSourceBatchOp()
        .setFilePath(inPutPath)    // 設定檔案位址
        .setTextCol("text");       // 設定文字列名稱，預設為text
// 輸出前3筆資料
Source
.firstN(3)
.print();
```

上述程式是按照批次處理方式來處理文字資料的，流處理方式見隨書原始程式。該程式會輸出 records.txt 檔案的前 3 筆內容，如下所示：

```
text
----
1,賓館在小街道上，不大好找，但還好北京熱心同胞很多~賓館設施跟介紹的差不多，
房間很小，確實挺小。
1,商務大床房，房間很大，床有2公尺寬，整體感覺經濟實惠不錯!
1,"距離川沙公路較近,但是公共汽車指示不對,如果是""蔡陸線""的話,會非常麻煩.建議
用別的路線.房間較為簡單."
```

2. 將文字拆分為訓練集和驗證集

在機器學習中，經常需要將打好標籤的資料拆分為訓練集、驗證集和測試集。在 Alink 中可以用 SplitBatchOp 運算元和 SplitStreamOp 運算元進行資料拆分，它們都可以把資料集拆分為兩部分，參數 Fraction 為拆分比例。具體實現如下所示：

```
// 拆分文字資料
SplitBatchOp splitter = new SplitBatchOp().setFraction(0.5);
splitter.linkFrom(source);
// 列印資料到主控台
splitter.print();
// 列印旁路資料
splitter.getSideOutput(0).print();
// 輸出資料到檔案
splitter.link(new TextSinkBatchOp().
        setFilePath(outPutPath)
        .setOverwriteSink(true)// 在執行保存操作時，如果目的檔案已經存在，
```

```
                                是否進行覆蓋 (true/false)
);
// 執行任務操作
BatchOperator.execute();
```

上述程式會將 records.txt 檔案按 0.5 的比例進行拆分，在主控台輸出各個拆分後的資訊，並把拆分檔案輸出到目錄進行持久化。如下所示：

```
text
----
1,商務大床房，房間很大，床有2公尺寬，整體感覺經濟實惠不錯!
1,早餐太差，無論去多少人，那邊也不加食品。酒店應該重視一下這個問題了。房間本身很好。
text
----
1,"距離川沙公路較近,但是公共汽車指示不對,如果是""蔡陸線""的話,會非常麻煩.建議用別的路線.房間較為簡單."
1,商務大床房，房間很大，床有2公尺寬，整體感覺經濟實惠不錯!
```

14.2.3 讀取、取樣和輸出 Libsvm 格式的資料集

1. 認識 Libsvm 格式

Libsvm 是機器學習領域中比較常見的一種格式，其格式如下：

```
<label> <index1>:<value1> <index2>:<value2> <index4>:<value4> ...
```

下面對上述格式進行解釋。

- <label>：訓練資料集的目標值。舉例來說，用整數作為分類類別的標識。如果是二分類，則大多用 0,1 或 -1,1 表示；如果是多分類，則常用連續的整數，如用 1,2,3 表示三分類類別；如果是回歸，則目標值是實數。
- <index>:<value>：索引數值對，以冒號 ":" 作為分隔符號，各項以空格作為分隔符號。索引 <index> 是以 1 開始的整數，可以是不連續的；數值 <value> 為實數。

以下資料都是合格的 Libsvm 格式的資料：

```
1 1:-0.0555156 2:0.5 3:-0.796761 4:-0.9167667
1 1:-0.14444 2:0.416467 3:-0.83054508 4:-0.9166767
1 1:-0.111111 2:0.08433733 3:-0.86445407 4:-0.91664567
1 1:-0.08331333 3:-0.864407 4:-0.9146667
2 1:0.5 3:0.254237 4:0.0833333
2 1:0.106667 3:0.186441 4:0.166667
2 1:0.48 2:-0.08313334 3:0.32207834 4:0.167776667
2 1:0.49 2:-0.083913334 3:0.322078434 4:0.1677766967
```

由上面的資料可以看到，第 4、5、6 筆資料沒有索引值為 2 的項，表明該索引的特徵值為 0。

2. 實現讀取、取樣和輸出 Libsvm 格式的資料的應用程式

讀取、取樣和輸出 Libsvm 格式的資料，需要使用 LibSvmSourceBatchOp 運算元（批次處理）和 LibSvmSinkBatchOp 運算元（流處理），具體實現如下所示：

```
// main()方法——Java應用程式的入口
public static void main(String[] args) throws Exception {
        // 資料來源路徑
        String inPutPath = "src/main/resources/records.libsvm";
        // 輸出資料路徑
        String outPutPath = "src/main/resources/outPutRecords.libsvm";
        //使用LibSvmSourceBatchOp運算元讀取資料
        LibSvmSourceBatchOp source = new LibSvmSourceBatchOp()
                .setFilePath(inPutPath);  // 設定檔案位址
        // 輸出前5筆資料
        source.firstN(3).print();

        // 對原始資料取樣2筆資料
        BatchOperator batchOperator = source.sampleWithSize(2);
        // 列印取樣資料
        batchOperator.print();
        // 輸出資料到檔案
        batchOperator.link(new LibSvmSinkBatchOp()
                .setFilePath(outPutPath)
```

```
                .setLabelCol("label")         // 標籤列名稱
                .setVectorCol("features")  // 特徵資料列名稱
                .setOverwriteSink(true);  // 在執行保存操作時，如果目的檔案已
                                               經存在，是否進行覆蓋(true/false)
        // 執行任務操作
        BatchOperator.execute();
}
```

14.2.4 讀取、取樣 CSV 格式的資料集

如果是 CSV 格式的資料集，則需要使用 CsvSourceBatchOp 運算元（批次處理）和 CsvSourceStreamOp 運算元（流處理）來讀取，然後使用 CsvSinkBatchOp 運算元（批次處理）和 CsvSinkStreamOp 運算元（流處理）來輸出，具體實現如下所示：

```
// main()方法——Java應用程式的入口
public static void main(String[] args) throws Exception {
    // 使用CsvSourceBatchOp運算元讀取資料
    String filePath = "src/main/resources/records.csv";
    CsvSourceBatchOp source = new CsvSourceBatchOp()
            // 設定檔案位址
            .setFilePath(filePath)
            // 將列名稱分別設定為label和review，資料類型分別為Int和String
            .setSchemaStr("label Int, review String")
            // 該CSV資料第1行保存的是列名稱，需要設定讀取資料時忽略第1行
            .setIgnoreFirstLine(true);
    // 輸出前5筆資料
    source.firstN(5).print();
    // 對資料進行取樣
    source.sampleWithSize(3).print();
}
```

14.2.5 讀取、解析和輸出 Kafka 的資料集

Alink 支援使用 Kafka 1.x 和 2.x 版本讀取 Kafka 資料。在讀取 Kafka 資料時需要增加依賴，以及進行 JSON 資料的轉換，具體步驟如下。

1. 增加依賴

本實例使用 Kafka011SourceStreamOp 運算元來接收輸入資料，使用 Kafka011SinkStreamOp 運算元來輸出 Kafka 資料，所以需要增加以下依賴：

```
<!-- Alink的Kafka連接器的依賴 -->
<dependency>
        <groupId>com.alibaba.alink</groupId>
        <artifactId>alink_connectors_kafka_0.11_flink-1.10_2.11</artifactId>
        <version>1.2.0</version>
</dependency>
```

2. 讀取資料

讀取 Kafka 資料需要設定 Kafka 伺服器的位址、主題等資訊，如下所示：

```
Kafka011SourceStreamOp source =
        new Kafka011SourceStreamOp()
                // Kafka伺服器的位址
                .setBootstrapServers("localhost:9092")
                // 訂閱的Kafka主題
                .setTopic("mytopic")
                // 開始模式：支持EARLIEST、GROUP_OFFSETS、LATEST、TIMESTAMP
                .setStartupMode("LATEST")
                // 設定分組Id
                .setGroupId("alink_group");
// 輸出資料
source.print();
```

StartupMode 代表從什麼位置開始讀取 Kafka 資料，這裡使用的是 LATEST，主要是便於測試。

3. 測試讀取資訊

先啟動應用程式，然後在 Kafka 的訊息生產者端發送資料，資料格式如下：

```
{"id":2,"clicks":15}
```

在資料發送之後，可以看到主控台輸出如下所示的資訊：

```
message_key|message|topic|topic_partition|partition_offset
-----------|-------|-----|---------------|----------------
null| {"id":2,"clicks":15}|mytopic|0|83
```

由上述資訊可知，接收到的由 Kafka 發送的訊息附帶了以下資訊。

- message_key：訊息的鍵。
- message：訊息。
- topic：主題。
- topic_partition：主題分區。
- partition_offset：分區偏移量。

4. 解析 JSON

由上面的測試資訊可以看到，發送和接收的資訊是 JSON 格式的，需要對 JSON 字串中的資料進行提取，可以使用 JsonValueStreamOp 運算元來提取，如下所示：

```
StreamOperator data = source
        .link(
                new JsonValueStreamOp()
                        .setSelectedCol("message")
                        .setReservedCols(new String[]{})
                        .setOutputCols(
                                new String[]{"id", "clicks"})
                        .setJsonPath(new String[]{"$.id", "$.clicks"})
        );
// 輸出資料的Schema
System.out.print(data.getSchema());
data.print();
```

JSON 字串 null| {"id":2,"clicks":15}|mytopic|0|83 經過上述程式提取後，即可得到 String 類型的資料：2|15。

結果資料的 Schema 為以下形式：

```
root
 |-- id: STRING
 |-- clicks: STRING
```

5. 輸出 Kafka 資料

輸出資料到 Kafka，可以使用 Kafka011SinkStreamOp 運算元，同時需要設定好 Kafka 伺服器的位址、資料格式和主題，如下所示：

```
    Kafka011SinkStreamOp sink = new Kafka011SinkStreamOp()
                .setBootstrapServers("localhost:9092").setDataFormat("json")
                .setTopic("mytopic");
        sink.linkFrom(data);
```

14.3 實例 46：使用分類演算法實現資料的情感分析

本實例的程式在 "/Alink/AlinkSentimentDemo" 目錄下。

本實例演示的是使用分類演算法訓練模型，實現資料的情感分析。

14.3.1 認識邏輯回歸演算法

邏輯回歸演算法又稱為二分類演算法。邏輯回歸演算法雖然名字中帶有「回歸」，但是一種分類演算法，主要有預測、尋找因變數的影響因素這兩個使用場景。

Alink 中的邏輯回歸演算法參數如表 14-1 所示。

表 14-1

名　稱	中文名稱	描　述	類型	是否必需	預設值
labelCol	標籤列名	輸入表中的標籤列名	String	是	無
predictionCol	預測結果列名	預測結果列名	String	是	無

名　稱	中文名稱	描　述	類型	是否必需	預設值
optimMethod	最佳化方法	最佳化問題求解時選擇的最佳化方法	String	否	null
l1	L1 正則化係數	L1 正則化係數，預設值為 0	Double	否	0
l2	L2 正則化係數	L2 正則化係數，預設值為 0	Double	否	0
vectorCol	向量列名	向量列對應的列名稱，預設值是 null	String	否	null
withIntercept	是否有常數項	是否有常數項，預設值為 true	Boolean	否	true
maxIter	最大疊代步數	最大疊代步數，預設值為 100	Integer	否	100
epsilon	收斂閾值	疊代方法的終止判斷閾值，預設值為 1.0e-6	Double	否	1.0e-6
featureCols	特徵列名稱陣列	特徵列名稱陣列，預設全選	String	否	null
weightCol	權重列名	權重列對應的列名	String	否	null
vectorCol	向量列名	向量列對應的列名稱，預設值是 null	String	否	null
standardization	是否正則化	是否對訓練資料做正則化，預設值為 true	Boolean	否	true
predictionDetailCol	預測詳細資訊列名	預測詳細資訊列名	String	否	無

14.3.2 讀取資料並設定管道

創建好 Alink 應用程式之後，就可以進行管道設定等程式編寫。創建 Alink 應用程式的步驟請參考 14.2.1 節。

1. 讀取 CSV 檔案

在進行分析建模之前，需要先看樣本資料。可以透過以下程式讀取和輸出原始的訓練資料：

```
String filePath = "src/main/resources/Sentiment.csv";
// 根據各列的定義組裝schemaStr
String schemaStr = "label Int, review String";
//使用CsvSourceBatchOp運算元讀取URL資料
```

```
CsvSourceBatchOp source = new CsvSourceBatchOp()          // 設定檔案位址
        .setFilePath(filePath)
        // 將列名稱分別設定為label和review，資料類型分別為Int和String
        .setSchemaStr(schemaStr)
        // 該CSV資料第1行保存的是列名稱，所以需要設定讀取資料時忽略第1行
        .setIgnoreFirstLine(true);
// 輸出前5筆資料
source.firstN(5).print();
```

執行上述應用程式之後，會在主控台中輸出樣本資料的前 5 筆資訊：

```
label|review
-----|------
0|房間又小又不開空調,然後邊上施工吵得要死,電梯沒兩分鐘你別想等.
0|到目前為止，我所住過的酒店中服務最差的一家。
0|真不知道之前的點評是怎麼得出來的，還以為會是一個不錯的酒店，誰知完全不是那麼
回事。
0|三個字：髒、亂、差！房間裡面看上去還可以，但是仔細看，很多地方極其髒。
0|房間裝置陳舊而且不齊，一點也不像四星的酒店。
```

2. 設定管道

在讀取資料後即可設定管道，並將整個處理過程和模型封裝在管道中，如下所示：

```
// 設定管道，並將整個處理和模型過程封裝在管道中
Pipeline pipeline = new Pipeline(
        new Imputer()
                // 選擇review列
                .setSelectedCols("review")
                // 將結果寫入reviewOutput列
                .setOutputCols("reviewOutput")
                .setStrategy("value")
                // 對review列進行遺漏值填充，填補字元串值"null"
                .setFillValue("null"),
                // 進行分詞操作，將原句子分解為單字，之間用空格作為分隔符號。
                   分詞結果會直接替換輸入列的值
                new Segment()
```

```
                .setSelectedCol("reviewOutput"),
            // 將分詞結果中的停用詞去掉
            new StopWordsRemover()
                .setSelectedCol("reviewOutput"),
            // 對reviewOutput列出現的單字進行統計，並根據計算出的TF值將句
               子映射為向量，向量長度為單字個數，並保存在featureVector列
            new DocCountVectorizer()
                .setFeatureType("TF")
                .setSelectedCol("reviewOutput")
                .setOutputCol("featureVector"),
            // 使用LogisticRegression分類模型進行預測。預測資訊放在"pre"列
            new LogisticRegression()
                .setVectorCol("featureVector")
                .setLabelCol("label")
                .setPredictionCol("pre")
    );
```

14.3.3 訓練模型和預測

1. 訓練模型

下面進入模型訓練階段。使用 Pipeline 的 fit() 方法可以得到整個流程的模型（PipelineModel），程式如下所示：

```
// 使用Pipeline的fit()方法可以得到整個流程的模型（PipelineModel）
PipelineModel pipelineModel = pipeline.fit(source);
```

2. 預測

呼叫 transform() 方法進行預測，如下所示：

```
// 呼叫transform()方法進行預測
pipelineModel.transform(source)
        // 輸出資料
        .select(new String[]{"pre", "label", "review"})
        .firstN(5)
        .print();
```

3. 測試

完成以上步驟後即可對應用程式進行測試。啟動該應用程式，輸出如下所示的資訊：

```
Pre（預測值）| label（原值）| review（原值）
-----   |------    |------
1       |    1     |環境不錯
1       |    1     |酒店環境比我想像的好，房間也非常乾淨。
1       |    1     |客觀地說，應該已經是石家莊最好的酒店了，各方面都還可以。
1       |    1     |不錯，服務還是和以前一樣。
1       |    1     |房間內飾尚新,服務也比較好。
```

14.3.4 保存、查看和重複使用模型

Alink 中提供的 save() 方法用來保存訓練後的模型，如下所示：

```
        // 使用Pipeline的fit()方法可以得到整個流程的模型（PipelineModel）
        PipelineModel pipelineModel = pipeline.fit(source);
        // 保存模型
        String modelPath = "src/main/resources/LogisticRegressionSentimentModel";
        pipelineModel.save(modelPath);
```

透過上述程式保存的模型資訊如下所示：


```
-1,"{""schema"":[""model_id BIGINT,model_info VARCHAR,review VARCHAR"",
"""","""",""model_id BIGINT,model_info VARCHAR"",""model_id BIGINT,
model_info VARCHAR,label_value INT""],""param"":[""{\""selectedCols\"":\""[\\
\""review\\\""]\"",\""fillValue\"":\""\\\""null\\\""\"",\""strategy\"":\""\\\
""VALUE\\\""\"",\""lazyPrintTransformDataEnabled\"":\""false\"",\""outputCols
\"":\""[\\\""reviewOutput\\\""]\"",\""lazyPrintTransformStatEnabled\"":\""
false\""}"",""{\""selectedCol\"":\""\\\""reviewOutput\\\""\"",\""lazyPrintTra
nsformDataEnabled\"":\""false\"",\""lazyPrintTransformStatEnabled\"":\""false
\""}"",""{\""selectedCol\"":\""\\\""reviewOutput\\\""\"",\""lazyPrintTransfo
rmDataEnabled\"":\""false\"",\""lazyPrintTransformStatEnabled\"":\""false\""}
"",""{\""featureType\"":\""\\\""TF\\\""\"",\""selectedCol\"":\""\\\""review
Output\\\""\"",\""outputCol\"":\""\\\""featureVector\\\""\"",\""lazyPrintTran
```

```
sformDataEnabled\"":\""false\"",\""lazyPrintTransformStatEnabled\"":\""false
\""}"",""{\""vectorCol\"":\""\\\""featureVector\\\""\"",\""labelCol\"":\""\\\
""label\\\""\"",\""predictionCol\"":\""\\\""pre\\\""\""}""],""clazz"":[""com.
alibaba.alink.pipeline.dataproc.ImputerModel"",""com.alibaba.alink.pipeline.
nlp.Segment"",""com.alibaba.alink.pipeline.nlp.StopWordsRemover"",""com.
alibaba.alink.pipeline.nlp.DocCountVectorizerModel"",""com.alibaba.alink.
pipeline.classification.LinearSvmModel""]}"

3,"52428800^{""f0"":""一封"",""f1"":7.406407101816419,""f2"":16538}"
3,"65011712^{""f0"":""上趟"",""f1"":7.406407101816419,""f2"":16550}"
3,"77594624^{""f0"":""不已"",""f1"":7.406407101816419,""f2"":16562}"
3,"90177536^{""f0"":""中將"",""f1"":7.406407101816419,""f2"":16574}"
3,"102760448^{""f0"":""二十四"",""f1"":7.406407101816419,""f2"":16586}"
```

在 Alink 模型檔案中，第 1 行是中繼資料資訊，其 index 是 -1，包含 Schema、演算法類別名稱、元參數。Alink 可以透過這些資訊生成轉換器。

從第 2 行開始是演算法所需要的模類型資料。資料行的 index 從 0 開始。如果某一個轉換器沒有資料，則沒有對應行，跳過 index。Alink 會取出這些資料來設定到轉換器中，該資料與具體的演算法相關。

14.4 實例 47：實現協作過濾式的推薦系統

本實例的程式在 "/Alink/AlinkALSDemo" 目錄下。

本實例使用交替最小平方法來實現一個協作過濾式的推薦系統。訓練集只知道使用者的評分矩陣，根據這個矩陣透過演算法來嘗試向使用者推薦產品。

14.4.1 了解訓練集

訓練集是使用者對產品的評分矩陣，資料之間用逗點隔開，資料樣本如下所示：

```
使用者id|產品id|評分|時間戳記
-------|--------|----|-----
370,    2770,   4.0, 1096496929
83,     235,    4.5, 1156207393
273,    59315,  4.0, 1466946117
1,      31,     2.5, 1260759144
452,    33499,  2.0, 1151812243
```

資料的第 1 列是使用者編號，為 Int 類型；第 2 列是產品編號，為 Int 類型；第 3 列是使用者對產品的評分，為 Double 類型。

在實際的生產環境中，評分不一定是使用者主動對產品進行評分，可以是透過使用者行為計算得來的值。舉例來說，瀏覽過某個產品可以加 0.5 分；關注過某個產品可以加 1 分；購買過某個產品可以加 1.5 分；重複購買過某個產品可以加 0.5 分。

14.4.2 實現機器學習應用程式

1. 編寫機器學習程式

了解了資料結構之後，就可以使用 Alink 提供的演算法函數庫中的交替最小平方法來實現該推薦系統的編寫，如下所示：

```
/**
 * 用交替最小平方法來實現協作過濾式的推薦系統
 */
public class ALSDemo {
    // main()方法——Java應用程式的入口
    public static void main(String[] args) throws Exception {
        String url = "src/main/resources/ratings.csv";
        String schema = "user_id Bigint, product_id Bigint, rating Double,
timestamp String";
        // 使用CsvSourceBatchOp運算元讀取資料
        BatchOperator data = new CsvSourceBatchOp()
            // 設定檔案位址
            .setFilePath(url)
```

```
    // 設定列名稱
    .setSchemaStr(schema);
// 拆分資料集
SplitBatchOp splitter = new SplitBatchOp().setFraction(0.8);
splitter.linkFrom(data);

BatchOperator trainData = splitter;
BatchOperator testData = splitter.getSideOutput(0);

AlsTrainBatchOp als = new AlsTrainBatchOp()
    .setUserCol("user_id")
    .setItemCol("product_id")
    .setRateCol("rating")
    .setNumIter(10)
    .setRank(10)
    .setLambda(0.1);

BatchOperator model = als.linkFrom(trainData);
// 根據使用者推薦
AlsTopKPredictBatchOp topKpredictor = new AlsTopKPredictBatchOp()
        .setUserCol("user_id")
        .setPredictionCol("recommend")
        .setTopK(3);
BatchOperator topKpredictorResult = topKpredictor
        .linkFrom(model, testData.select("user_id")
        .distinct()
        .firstN(5));
// 輸出使用者推薦資訊
topKpredictorResult.print();
// 預測評分
AlsPredictBatchOp predictor = new AlsPredictBatchOp()
        .setUserCol("user_id")
        .setItemCol("product_id")
        .setPredictionCol("prediction_result");
BatchOperator preditionResult = predictor.linkFrom(model, testData)
        .select("user_id,product_id,rating, prediction_result")
        .orderBy("user_id", 10);
```

```
            // 輸出預測評分
            preditionResult.print();
    }
}
```

2. 輸出預測的推薦資料

在根據使用者 ID 獲得預測的推薦資料之後，就可以輸出到 Redis 或 MySQL 等可持久化的資料庫中，以便在 Web 或 App 端呼叫。輸出到 MySQL 的步驟如下。

（1）增加 MySQL 依賴，如下所示：

```
<!-- MySQL依賴 -->
<dependency>
        <groupId>mysql</groupId>
        <artifactId>mysql-connector-java</artifactId>
        <version>8.0.16</version>
</dependency>
```

（2）編寫輸出運算元，如下所示：

```
        // 可以輸出到MySQL，以便展示到Web或App中
        MySqlSinkBatchOp mySqlSinkBatchOp = new MySqlSinkBatchOp()
                // 設定MySQL的位址
                .setIp("localhost")
                // 設定MySQL的通訊埠
                .setPort("3306")
                // 設定MySQL的資料庫名稱
                .setDbName("flink")
                // 設定MySQL的用戶名
                .setUsername("long")
                // 設定MySQL的密碼
                .setPassword("long")
                // 設定輸出到MySQL的表名
                .setOutputTableName("topK_Result");
        mySqlSinkBatchOp.sinkFrom(topKpredictorResult);
```

14.4.3 測試推薦系統

執行上述應用程式之後，會在主控台中輸出以下資訊：

```
user_id (使用者id) |recommend (推薦產品資訊：產品id+預測評分)
-------|---------
8|83359:4.9649084,83411:4.8649084,3943:4.778523
9|83411:4.9456632,83359:4.9156632,2690:4.8928394
10|83411:4.904357,83359:4.804357,25769:4.37156
14|90061:4.6148467,4755:4.6148467,766:4.5350037
2|106471:4.8395386,83411:4.79638,83359:4.79638
```

可以看到，輸出了 5 個使用者的推薦資訊，每個使用者推薦 5 筆產品 ID 和評分。

執行上述程式之後，還會輸出如下所示的預測評分資訊：

```
user_id|product_id|rating|prediction_result
-------|----------|------|-----------------
1|1287|2.0000|3.0172
1|1339|3.5000|2.5033
2|468|4.0000|2.8805
2|550|3.0000|2.7978
```

Chapter

15

實例 48：使用巨量資料和機器學習技術實現一個廣告推薦系統

本章首先介紹實例架構；然後介紹推薦系統的相關知識和線上學習演算法；最後介紹如何實現機器學習，以及實現連線服務層。

本實例的程式在 "/Chapter15" 目錄下。

15.1 了解實例架構

15.1.2 實例架構

本實例使用 Alink 的線上學習演算法 FTRL 來進行離線訓練、線上訓練和即時預測，整個實例的架構如圖 15-1 所示。

本實例的 Web 伺服器和廣告伺服器是單獨分開的，也可以考慮放在一起，這需要考慮業務和技術方面的問題。

在實際生產環境中，廣告帶來的流量是巨大的，但是廣告伺服器容易被攻擊。所以，如果使用者規模比較大，則需要做微服務架構等分散式叢集部署。

廣告點擊預測結果是被直接發送到廣告伺服器的，以便廣告伺服器來處理廣告展示和展示後監測點擊結果，以便為後期的流式訓練提供資料。

本實例的主要目的是綜合練習 Flink 和 Alink 的技術點，與生產環境中使用的技術和架構會有差距。

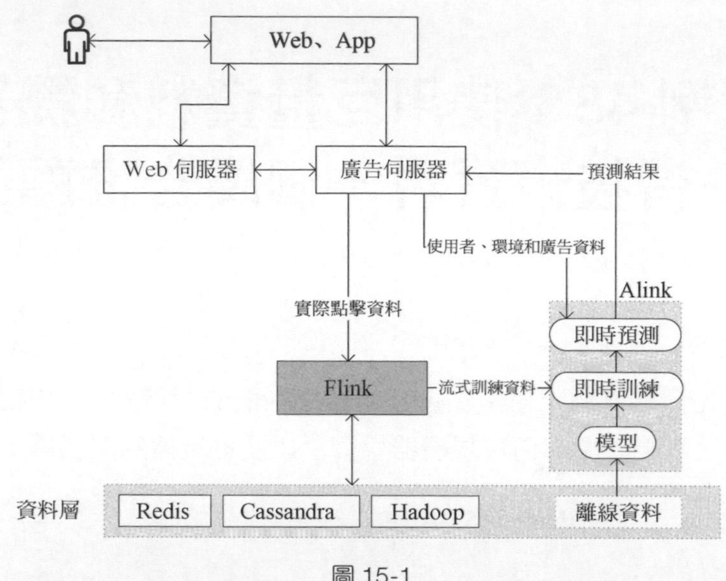

圖 15-1

15.1.2 廣告推薦流程

由圖 15-1 可知，廣告推薦流程具體如下。

（1）訪客造訪 web 伺服器（Web 或 App）。

（2）Web 伺服器提供使用者請求的具體內容。

（3）廣告伺服器獲取訪客資訊（如使用者裝置 ID、網路環境、系統語言、使用者地域等），以及 Web 伺服器提供的內容資訊（如頁面分類、廣告追蹤 ID 等）。

（4）廣告伺服器把獲取的使用者資料和環境資料，以及線上的廣告資料組裝成待預測資料，然後發送到即時預測伺服器（Alink）。

（5）預測伺服器（Alink）預測廣告點擊率，然後把結果資料發送廣告伺服器。

（6）廣告伺服器根據預測結果選擇點擊率高的廣告進行展示。

（7）廣告伺服器監測使用者的廣告點擊行為，並把廣告點擊結果資料發送到 Flink。

（8）Flink 將收到的廣告點擊監測資料發送給 Alink 進行線上學習，並且發送到資料庫進行資料的持久化。

在一般情況下，使用者存取 Web 或 App 是先展示資訊內容後非同步展示廣告的，也可以預載入廣告，當展示完成後再展示資訊內容。

15.1.3 機器學習流程

本實例的機器學習流程如下。

（1）準備資料。讀取和處理離線訓練資料，以及進行線上的即時訓練。

（2）特徵工程。設定特徵工程管道、擬合特徵管道模型等。

（3）離線模型訓練。

（4）線上模型訓練。該步驟的資料是從 Flink 獲取的廣告監測即時資料。

（5）線上預測。

（6）線上評估。

15.2 了解推薦系統

15.2.1 什麼是推薦系統

1. 推薦系統的概念

搜索、推薦和廣告是使用者獲取資訊的主要方式，特別是在當今資訊超載的行動網際網路時代。高效率地推薦資訊和廣告，是當前每個 App 追求的目標。推薦系統和搜索、廣告系統密切連結。

2. 推薦系統的作用

(1) 提升使用者體驗和業務業績。當使用者有明確需求時，可以使用搜尋引擎來搜索。如果需求不明確，則可以依靠推薦系統為使用者推薦感興趣的產品或資訊。推薦系統不僅可以提升使用者體驗，還可以提升業務業績。

(2) 解決資訊超載問題。在資訊爆炸時代，資訊是「百萬」「千萬」「億」級的。這麼多的產品和資訊不能放在一個螢幕中讓使用者來選擇，所以，幫助使用者找到感興趣的資訊或產品，並且在有限的介面下展示有吸引力的資訊或產品，這是推薦系統的價值，可以用來解決資訊超載問題。

(3) 採擷長尾價值。最火熱的前 30% 的產品的成交額往往只佔平台產品的極小部分，大部分銷售額可能是長尾資訊或產品帶來的。舉例來說，電子商務平台 60% 的銷售額可能都來自長尾產品的銷量。在巨量內容中，採擷長尾產品的價值非常有意義。

3. 推薦系統與其他機器學習的不同

推薦系統和其他機器學習不太一樣，研發推薦系統的工作內容有以下幾點。

- 了解業務場景。
- 與領域專家探討規則。如果是在起步階段的中小型企業中應用推薦系統，則建構推薦系統非常依賴領域專家的規則，因為基礎資料比較少。
- 與產品經理溝通資料回收埋點。
- 特徵工程。
- 模型選擇與規則融合。
- 系統開發。
- 離線實驗和線上 A/B 測試。
- 線上資料效果分析和最佳化。

這些工作內容環環相扣，都會影響推薦系統的效果。

而其他機器學習的研發主要是提供模型、離線和線上效果指標，所以，關注業務的精力少，在一般情況下，關注一套模型即可。

4. 推薦系統包含的環節

推薦系統的目標是從巨量資料中找出使用者感興趣的內容；在性能上應該滿足低於 300ms 延遲的要求。從這個目標出發，在架構推薦系統時，我們需要考慮以下環節。

(1) 召回。召回就是從巨量資料中篩選出使用者感興趣的內容，以降低資訊量。召回主要包含以下內容：協作過濾召回、最新內容召回、圖型演算法召回、內容相似召回、熱門召回。

(2) 排序。在召回資訊後，需要進行資訊的粗排、精排。可以使用機器學習的二分類演算法來滿足排序需求，如 LR、GBDT、DNN、Wide&Dcep。

(3) 調整。排序後要進行對應的調整，以便進行權重設定或內容的過濾——去除重複、去已讀、去已購等，並進行對應的最新資訊和熱門資訊的補足、分頁，以及內容合併的工作。

15.2.2 推薦系統的分類

推薦系統非常多，常見的推薦系統有以下幾種。

1. 基於關聯式規則的推薦系統

基於關聯式規則的推薦系統是指根據關係規則來進行推薦。舉例來說，如果一個使用者購買了尿布，則他 / 她可能會購買啤酒或薯片。

2. 基於內容的推薦系統

基於內容的推薦是指透過研究使用者過去的行為內容（感興趣的話題、關注的內容等）來實現相關性推薦。舉例來說，先根據行為內容將使用者自動分類，再將相關分類的內容推薦給使用者。

3. 人口統計式的推薦系統

人口統計式的推薦是指以使用者屬性（性別、年齡、教育背景、居住地、語言）作為分類指標，以此作為推薦的基礎。

4. 流行度推薦系統

向使用者推薦最流行的資料。舉例來說，向使用者推薦當前最新上市或一段時間內觀看最多的電影。

5. 基於行為的協作過濾式推薦系統

協作過濾式的推薦是指透過研究使用者一系列行為的特定模式來實現推薦。舉例來說，透過觀察使用者對產品的評價來推斷使用者的偏好，並找出與該使用者的產品評價相近的其他使用者；其他使用者喜歡的產品，當前使用者可能也會喜歡。

協作過濾演算法的優點和缺點如下。

- 優點：可以個性化推薦，不需要內容分析，可以發現使用者新的興趣點，自動化程度高。
- 缺點：如果使用者沒有評分資料，則沒有辦法進行分析，即存在冷開機問題。

對於冷開機問題，既可以利用使用者的註冊資訊（如興趣、年齡、職業、性別）來解決，也可以選擇特定的資料（如節假日促銷、熱點）來啟動興趣。

在實際的應用場景中，通常結合多種推薦演算法來實現互補，以達到精準推薦的目的。

15.2.3 推薦系統的排序演算法

推薦系統的排序演算法主要有以下幾種。

1. 邏輯回歸演算法

邏輯回歸演算法的應用非常廣泛，是經典的線性二分類演算法。邏輯回歸的優點是實現容易，對於伺服器的算力要求低，模型的可解釋性好。

在推薦系統中，可以將是否點擊一個商品轉換成一個分類問題——被點擊和不被點擊，它是一個機率事件。所以，可以使用邏輯回歸來進行分類預測。

邏輯回歸模型是根據使用者、環境、商品、上下文等多種特徵來生成推薦結果的。協作過濾模型透過使用者與物品的單一行為特徵資訊（如使用者對物品的評分）進行推薦。

2. GBDT+LR 演算法

GBDT+LR 演算法在邏輯回歸演算法的基礎上，透過 GBDT 和特徵編碼來增強資料特徵的可稀釋性，GBDT+LR 演算法的應用非常廣泛。

3. FM 演算法

FM 演算法透過內積的方式增強特徵的表現力。

4. DeepFM 演算法

DeepFM 是一種將深度學習和經典的機器學習相結合的分類演算法。

15.2.4 召回演算法

在推薦系統中，召回主要做的工作是從超大規模的 Item（產品或資訊）中篩選出使用者喜歡的較小比例的 Item。舉例來說，平台中有 10 億個 Item，可以先透過召回選出某使用者感興趣的 1000 個 Item，然後透過排序模組根據使用者的喜好程度等對 Item 進行排序。

目前比較流行的召回演算法有以下幾種。

1. 協作過濾演算法

協作過濾演算法基於統計的方法指導相似的 Item 連結關係，以及 User 與 Item 的連結關係。它會找出興趣相同的一些人。舉例來說，統計發現，在超市中啤酒和尿布經常被一起購買。

2. ALS 演算法

ALS 演算法是矩陣分解的經典方法，可以基於行為資料表產出 User Embedding 表和 Item Embedding 表。該演算法是向量召回的基本方法。

3. FM-Embedding 演算法

FM-Embedding 演算法透過內積方式增強特徵表現力。

4. GraphSage 演算法

GraphSage 是基於深度學習框架建構的圖型演算法，是一種基於圖神經網路的召回演算法。該演算法可以基於使用者、商品特徵和行為產出 User Embedding 表和 Item Embedding 表。

15.3 認識線上學習演算法

15.3.1 離線訓練和線上訓練

1. 離線訓練

離線訓練是指在訓練完整個訓練資料集之後才更新模類型資料，即模型在訓練完成後才可以被使用。

2. 線上訓練

線上訓練是指在訓練完訓練資料集中的資料之後直接更新模類型資料，而非整體訓練完後再進行批次更新。模型會隨著即時資料不斷更新，並且隨時可用。

3. 離線訓練和線上訓練的優點與缺點

- 離線訓練：性能要求低，耗時比較長，殘差比較低。
- 線上訓練：訓練快，殘差比較高。

4. 離線和線上結合訓練

在實際應用中，可以結合使用離線訓練和線上訓練。線上訓練直接使用離線訓練訓練好的模型，如可以把離線模型保存在 Redis、HBase 或檔案中供線上訓練使用。

邏輯回歸、因數分解機（Factor Machine，FM）等這些有明確數學運算式的模型，只需要獲得這些模型訓練的參數即可線上進行預測。但有些離線訓練得到的模型很難用於線上訓練。舉例來說，樹模型，它需要保存樹的一些節點資訊，這些節點資訊是模型的關鍵。

15.3.2 線上學習演算法 FTRL

FTRL（Follow-The-Regularized-Leader）是 Google 公開的線上學習演算法，它在處理邏輯回歸演算法之類的模型複雜度控制和稀疏化的凸最佳化問題上性能非常出色。

做線上學習和點擊透過率（Click-Through-Rate，CTR）常常會用到邏輯回歸演算法，以彌補「傳統的批次演算法無法有效地處理超大規模的資料集和線上資料流程」的不足。

1. FTRL 訓練參數

在 Alink 的 FTRL 函數庫中，FTRL 訓練參數如表 15-1 所示。

表 15-1

名稱	中文名稱	描述	類型	是否必需	預設值
labelCol	標籤列名	輸入表中的標籤列名	String	是	無
vectorSize	向量長度	向量的長度	Integer	是	無

名稱	中文名稱	描述	類型	是否必需	預設值
vectorCol	向量列名	向量列對應的列名稱，預設值是 null	String	否	null
featureCols	特徵列名稱陣列	特徵列名稱陣列，預設全選	String	否	null
withIntercept	是否有常數項	是否有常數項，預設值為 true	Boolean	否	true
timeInterval	時間間隔	資料流程流動過程中時間的間隔	Integer	否	1800
l1	L1 正則化係數	L1 正則化係數，預設值為 0	Double	否	0.0
l2	L2 正則化係數	L2 正則化係數，預設值為 0	Double	否	0.0
alpha	希臘字母：阿爾法	經常用來表示演算法特殊的參數	Double	否	0.1

2. FTRL 線上預測參數

在 Alink 的 FTRL 函數庫中，FTRL 線上預測參數如表 15-2 所示。

表 15-2

名稱	中文名稱	描述	類型	是否必需	預設值
predictionCol	預測結果列名	預測結果列名	String	是	無
vectorCol	向量列名	向量列對應的列名稱，預設值是 null	String	否	null
reservedCols	演算法保留列名	演算法保留列	String	否	null

3. LR+FTRL 演算法的工程實現

在 Alink 中已經實現了 LR+FTRL 演算法，支援離線訓練、線上即時訓練和即時預測。LR+FTRL 演算法是用 FTRL 作為線上最佳化方法來獲取 LR 的權重係數的，可以實現在不損失精度的前提下獲得稀疏解的目標。

使用者點擊的機率是連續值，使用「邏輯回歸」分類器來處理是因為可以把線性回歸的輸出值（即函數 Sigmoid 的輸入量）映射為對應的機率

（0～1）。Sigmoid 函數擁有良好特性：值域為（0,1）；單調可微；在 x=0 附近很陡。

15.4 實現機器學習

15.4.1 處理資料

處理資料最重要的是根據資料列的描述資訊弄清楚數值型的特徵，如下所示：

```
// 根據各列的定義組裝schemaStr和site_category string
String schemaStr
        = "click String, dt String,banner_pos String, "
        + "app_id String, app_domain String, app_category String, device_id 
String, "
        + "device_ip String, device_model String, C10 Int, C11 Int, C12 Int, 
C13 Int, "
        + "C14 Int, C15 Int";
// 批式處理原始訓練資料
String batchData = "src/main/resources/batchData.csv";
// 透過CsvSourceBatchOp運算元讀取顯示資料
CsvSourceBatchOp trainBatchData = new CsvSourceBatchOp()
        .setFilePath(batchData)
        .setSchemaStr(schemaStr);
// 輸出資料
trainBatchData.firstN(5).print();
// 定義標籤列名稱，FTRL訓練模型必填參數
String labelColName = "click";
// 定義向量列名稱，即特徵工程的結果列名稱，Alink的FTRL演算法預設設定的特徵向量
維度是30000。演算法第1步是切分高維度向量，以便分散式運算
String vecColName = "vecColName";
System.out.println(trainBatchData.count());
// 特徵的數量，是輸出向量的長度
int numHashFeatures = 30000;
String[] selectedColNames = new String[]{
```

```
        "banner_pos",  "app_domain",
        "app_category", "C10", "C11", "C12", "C13", "C14", "C15",
        "device_id", "device_model"};
String[] categoryColNames = new String[]{
        "banner_pos", "app_domain",
        "app_category", "device_id", "device_model"};
String[] numericalColNames = new String[]{
        "C10", "C11", "C12", "C13", "C14", "C15"};
```

15.4.2 特徵工程

特徵工程的主要工作是設定特徵工程管道（工作流），如下所示：

```
        // 設定特徵工程管道（工作流）
        Pipeline pipeline = new Pipeline()
                .add(
                        // 標準縮放——計算訓練集的平均值和標準差，以便測試資料
                           集使用相同的變換
                        new StandardScaler()
                           // 具有參數的類別的介面，該參數指定多個表的列名稱
                                .setSelectedCols(numericalColNames)
                )
                .add(
                      //特徵雜湊，將一些分類或數字特徵投影到指定維的特徵向量中
                        new FeatureHasher()
                                // 用於處理的列的名稱
                                .setSelectedCols(selectedColNames)
                                // 輸入表中用於訓練的分類列的名稱
                                .setCategoricalCols(categoryColNames)
                                // 輸出列名稱
                                .setOutputCol(vecColName)
                                // 特徵數量。將會是輸出向量的長度
                                .setNumFeatures(numHashFeatures)
                );
        // 擬合特徵管道模型
        PipelineModel pipelineModel = pipeline.fit(trainBatchData);

        // 準備流訓練資料
```

```
String streamData = "src/main/resources/streamData.csv";
CsvSourceStreamOp data = new CsvSourceStreamOp()
        .setFilePath(streamData)
        //格式化SchemaStr
        .setSchemaStr(schemaStr);
// 如果要忽略CSV檔案的第1行則使用.setIgnoreFirstLine(true)方法
// 使用拆分運算元SplitStreamOp分割流為訓練和評估資料
SplitStreamOp splitter = new SplitStreamOp()
        // 設定拆分比例
        .setFraction(0.9)
        .linkFrom(data);
```

15.4.3 離線模型訓練

離線模型訓練也叫批次模型訓練，目的是訓練出一個邏輯回歸模型作為 FTRL 演算法的初始模型，這是為了系統冷開機的需要，如下所示：

```
// 訓練出一個邏輯回歸模型作為FTRL演算法的初始模型，這是為了系統冷開機的需要
LogisticRegressionTrainBatchOp lr = new LogisticRegressionTrainBatchOp()
        // 參數vecColName的特性
        .setVectorCol(vecColName)
        // 輸入表中標籤列名稱
        .setLabelCol(labelColName)
        // 是否具有攔截，預設為true
        .setWithIntercept(true)
        // 最大疊代次數
        .setMaxIter(10)
        /*
        線性訓練的參數，最佳化類型
        * LBFGS,LBFGS Method，大規模最佳化演算法，預設選項
        *GD，梯度下降法 (Gradient Descent Method)
        *Newton，牛頓法(Newton Method)
        *SGD，隨機梯度下降法(Stochastic Gradient Descent Method)
        *OWLQN，該演算法是單象限演算法，每次疊代都不會超出當前象限
        */
        .setOptimMethod("LBFGS");
// 批式向量訓練資料可以透過transform()方法得到，initModel是訓練好的模型
BatchOperator<?> initModel = pipelineModel.transform(trainBatchData).link(lr);
```

15.4.4 線上模型訓練

下面在初始模型基礎上進行 FTRL 線上訓練，載入模型。FtrlTrainStreamOp 運算元將 initModel 作為初始化參數，如下所示：

```
// 在初始模型基礎上進行FTRL線上訓練，載入模型。FtrlTrainStreamOp運算元將
initModel作為初始化參數
FtrlTrainStreamOp model = new FtrlTrainStreamOp(initModel)
        // 向量列的名稱
        .setVectorCol(vecColName)
        // 輸入表中標籤列的名稱
        .setLabelCol(labelColName)
        //是否具有攔截，預設為true
        .setWithIntercept(true)
        .setAlpha(0.1)
        .setBeta(0.1)
        // L1正則化參數
        .setL1(0.01)
        // L2正則化參數
        .setL2(0.01)
        // 時間間隔
        .setTimeInterval(10)
        // 嵌入的向量大小
        .setVectorSize(numHashFeatures)
        // 獲取流式向量訓練資料
        .linkFrom(pipelineModel.transform(splitter));
```

15.4.5 線上預測

下面在 FTRL 線上模型的基礎上，連接預測資料進行預測，如下所示：

```
// 在FTRL線上模型的基礎上，連接預測資料進行預測
FtrlPredictStreamOp predictResult = new FtrlPredictStreamOp(initModel)
        // 向量列的名稱
        .setVectorCol(vecColName)
        // 預測的列名稱
```

```
            .setPredictionCol("pred")
            // 要保留在輸出表中的列的名稱
            .setReservedCols(new String[]{labelColName, "click"})
            // 預測結果的列名稱。其中包含詳細資訊（預測結果的資訊，如分類器
               中每個標籤的機率）
            .setPredictionDetailCol("details")
            .linkFrom(model, pipelineModel.transform(splitter.
getSideOutput(0)));
      predictResult.print();
    Kafka011SinkStreamOp sink = new Kafka011SinkStreamOp()
            .setBootstrapServers("localhost:9092").setDataFormat("JSON")
            // 支援JSON和CSV格式
            .setTopic("mytopic");
      sink.linkFrom(predictResult);
```

15.4.6 線上評估

下面對預測結果流進行評估。FTRL 將預測結果流 predResult 連線流式二分類評估 EvalBinaryClassStreamOp 運算元，並設定對應的參數。由於每次評估的結果是 JSON 格式的，為了便於顯示，還可以加上 JSON 內容提取元件 JsonValueStreamOp，如下所示：

```
// 線上評估
predictResult
        .link(
                /**
                 * 二分類評估是對二分類演算法的預測結果進行效果評估
                 * 支援用ROC曲線、LiftChart曲線、Recall-Precision曲線繪製
                 * 流式的實驗支援累計統計和視窗統計
                 * 列出的整體的評估指標包括AUC、K-S、PRC，以及不同閾值下的
Precision、Recall、F-Measure、Sensitivity、Accuracy、Specificity和Kappa
                 */
                new EvalBinaryClassStreamOp()
                        // 輸入表中標籤列的名稱
                        .setLabelCol(labelColName)
```

```
                // 預測的列名稱
                .setPredictionCol("pred")
                // 預測結果的列名稱，其中包含詳細資訊
                .setPredictionDetailCol("details")
                // 流視窗的時間間隔，單位為s
                .setTimeInterval(10)
    )
    .link(
            /**
             * 元件JsonValueStreamOp完成JSON字串中的資訊取出，按照使用者指定的Path抓取出對應的資訊。該元件支援多Path取出
             */
            new JsonValueStreamOp()
                // 用於處理的所選列的名稱
                .setSelectedCol("Data")
                // 要保留在輸出表中的列的名稱
                .setReservedCols(new String[]{"Statistics"})
                /**
                 * 輸出列的名稱
                 * ACCURACY：準確性
                 * AUC：ROC曲線下面的面積
                 * ConfusionMatrix：用於分類評估的混淆矩陣。橫軸是預測結果值，縱軸是標籤值。[TP FP] [FN TN]。根據混淆矩陣計算其他指標
                 */
                .setOutputCols(new String[]{"Accuracy", "AUC",
                "ConfusionMatrix"})
                // JSON值的參數
                .setJsonPath(new String[]{"$.Accuracy", "$.AUC",
                "$.ConfusionMatrix"})
    )
    // 輸出評估結果：Statistics列有兩個值——all和window。all表示從開始執行到現在的所有預測資料的評估結果；window表示時間視窗（當前設定為10s）的所有預測資料的評估結果
    // 對於流式的任務，print()方法不能觸發流式任務的執行，必須呼叫StreamOperator.execute()方法才能開始執行StreamOperator.execute();
    .print();
```

15.5 實現連線服務層

15.5.1 了解連線服務層

本實例的連線服務層有兩部分。

- Web 伺服器：提供給使用者內容資訊。
- 廣告伺服器：根據推薦演算法的計算結果為最終使用者提供功能。

連線服務層可以使用常見的 Web 應用程式開發框架，如 Spring Boot、Istio。考慮到使用者規模龐大，還可以升級微服務架構。

連線服務層的主要功能包括以下幾點。

- 對資料進行召回、排序、過濾、打散、分頁、內容合併。
- A/B 測試分桶。
- 兜底補足、熱門補充。
- 逾時回饋和處理。
- 快取的管理（LRU 快取）。
- 日誌收集。
- 為使用者端提供介面。
- 呼叫機器學習的資料。

15.5.2 在 Alink 中發送預測資料

Alink 與廣告伺服器的互動可以透過中介軟體或資料庫進行，如 Kafka、Redis、Cassandra。本實例是以 Kafka 的方式在 Alink 端發送資料的，具體實現步驟如下。

1. 在 Alink 中增加 Kafka 依賴

要使用 Kafka 發送資料需要增加以下依賴：

```
<!-- Alink的Kafka連接器依賴 -->
<dependency>
        <groupId>com.alibaba.alink</groupId>
        <artifactId>alink_connectors_kafka_0.11_flink-1.10_2.11</artifactId>
        <version>1.2.0</version>
</dependency>
```

2. 在 Alink 中將預測資料發送到 Kafka

在依賴增加好之後，可以直接使用 Alink 中提供的 Skin 運算元將資料發送到 Kafka，如下所示：

```
    Kafka011SinkStreamOp sink = new Kafka011SinkStreamOp()
                // Kafka伺服器的位址
                .setBootstrapServers("localhost:9092")
                // 資料格式
                .setDataFormat("json")
                // Kafka的主題
                .setTopic("mytopic");
        // 發送資料
        sink.linkFrom(predictResult);
```

15.5.3 實現廣告伺服器接收預測資料

具體步驟如下。

1. 創建 Spring Boot 專案

創建 Spring Boot 專案，可以透過 Maven 或 Spring Boot 助理方式進行，也可以從隨書原始程式中直接匯入。

2. 增加 Kafka 依賴

如果使用 Kafka 消費或生產資訊，則需要增加 Kafka 依賴，如下所示：

```
<!-- Kafka依賴 -->
<dependency>
        <groupId>org.springframework.kafka</groupId>
        <artifactId>spring-kafka</artifactId>
</dependency>
```

3. 創建消費者

如果要消費 Kafka 的資訊，則需要透過創建消費者來指定主題等資訊，具體如下：

```
@Component
public class Consumer {
    @KafkaListener(topics = {"mytopic"})
    public void consumer(ConsumerRecord consumerRecord) {
        Optional<Object> kafkaMassage = Optional.ofNullable(consumerRecord.
value());
        if (kafkaMassage.isPresent()) {
            Object msg = kafkaMassage.get();
            System.out.println(msg);
        }
    }
}
```

啟動 Alink 機器學習應用程式、Zookeeper、Kafka 和線上服務應用，即可在連線服務層日誌視窗中接收到預測資訊。在接收到預測資訊後，即可根據點擊率和使用者 ID 來給使用者推薦廣告。

15.6 日誌打點和監測

在廣告展示後，需要對展示的效果進行打點和監測，以獲取點擊資料。這些資料可以透過日誌或 JSON 資料的形式發送到日誌系統及資料庫中，以便對預測進行結果監測，並且這些資料處理後可以用於線上訓練或離線訓練。資料流程向如圖 15-2 所示。

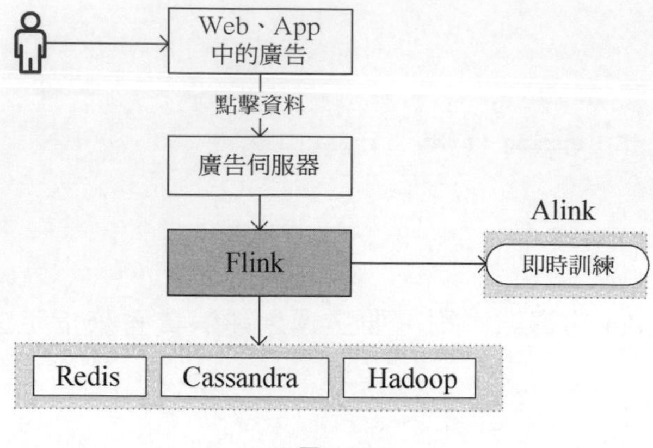
Web、App
中的廣告
點擊資料
廣告伺服器
Flink
Alink
即時訓練
Redis
Cassandra
Hadoop

圖 15-2

Appendix

A

附錄

A-1 難懂概念介紹

1. Runtime

很多資料將 Flink 的 Runtime 翻譯為「執行時期」，而本書直接翻譯為「執行引擎」。

- 在其他資料中，Flink 的執行時期（Runtime）以 Java 物件的形式與使用者函數交換資料。
- 在本書中，Flink 的執行引擎以 Java 物件的形式與使用者函數交換資料。

2. 任務識別符號

如果平行度大於 1，則輸出資訊會帶有任務（Task）識別符號，如輸出以下資訊：

```
4> (Steam,1)
5> (Batch,1)
12> (Flink,1)
```

上述輸出資訊代表平行度大於 1，其中的 4、5、12 代表任務識別符號的 ID。如果平行度為 1，則不顯示任務識別符號。

3. 轉換和資料流程中的運算元

運算元（Operator）將資料處理後就完成了轉換（Transformation）操作。一般來説程式碼中的轉換和資料流程中的運算元是一一對應的。但有時也會出現一個轉換包含多個運算元的情況。

4. 快照

因為 Flink 的檢查點是透過分散式快照實現的，所以快照和檢查點這兩個術語可以互換使用。通常還可以使用快照來表示檢查點或保存點。保存點類似於這些定期的檢查點。

5. 水位線機制

水位線（Watermark）是一種衡量「事件時間」進展的機制，用於處理亂數事件和遲到的資料。從本質上來説，水位線是一種時間戳記。要正確地處理亂數事件，通常用「水位線機制 + 事件時間和視窗」來實現。

6. 什麼是視窗

視窗（Window）是處理無限流的核心。視窗將流分成有限大小的多個「儲存桶」，可以在其中對事件應用計算。

Flink 的視窗有兩個重要屬性（Size 和 Interval）。

- 如果 Size=Interval，則會形成無重疊資料。
- 如果 Size>Interval，則會形成有重疊資料。
- 如果 Size<Interval，則視窗會遺失資料。

A-2 Flink 常見問題整理

在學習 Flink 應用程式開發時，可能會遇到一些常見的問題，這些問題可能會對初學者造成一些困擾，因此，下面列出了開發者在使用 IntelliJ IDEA 開發 Flink 時可能會遇到的問題。

1. 啟動了 Java 11 的設定檔的問題

在開發工具中提示如下所示的資訊：

```
Compilation fails with invalid flag: --add-expots=java.base/sun.net.util=
ALL-UNNAMED
```

這說明，儘管使用了比較舊的 JDK，IntelliJ 仍啟動了 Java 11 的設定檔。

解決辦法：打開 Maven 工具視窗（使用 "View" → "Tool Windows" → "Maven" 命令），取消選中 Java 11 設定檔，然後重新匯入專案。

2. 不支持 Java 11 的版本的問題

在開發工具中提示如下所示的資訊：

```
Compilation fails with cannot find symbol: symbol: method defineClass(...)
location: class sun.misc.Unsafe
```

這表示 IntelliJ 正在為該專案使用 JDK 11，但是 Flink 應用程式正在使用不支援 Java 11 的版本。

解決辦法：使用 "File" → "Project Structure" → "Project Settings: Project" 命令打開專案設定視窗，然後選擇 JDK 8 作為專案 SDK。如果要使用 JDK 11，則可以在切換回新的 Flink 版本之後恢復此狀態。

3. 提示 NoClassDefFoundError

在開發工具中提示如下所示的資訊：

```
Examples fail with a NoClassDefFoundError for Flink classes.
```

這可能是由於將 Flink 依賴項設定為 "provided"，因此它們沒有自動放置在類別路徑中。

解決辦法：使用 "Run" → "Edit Configurations" 命令打開 "Run/Debug Configuration" 視窗。然後選取 "Include dependencies with 'Provided' scope" 選項，如圖 A-1 所示。也可以創建一個呼叫該範例的 main() 方法的測試（提供的依賴項在測試類別路徑中可用）。

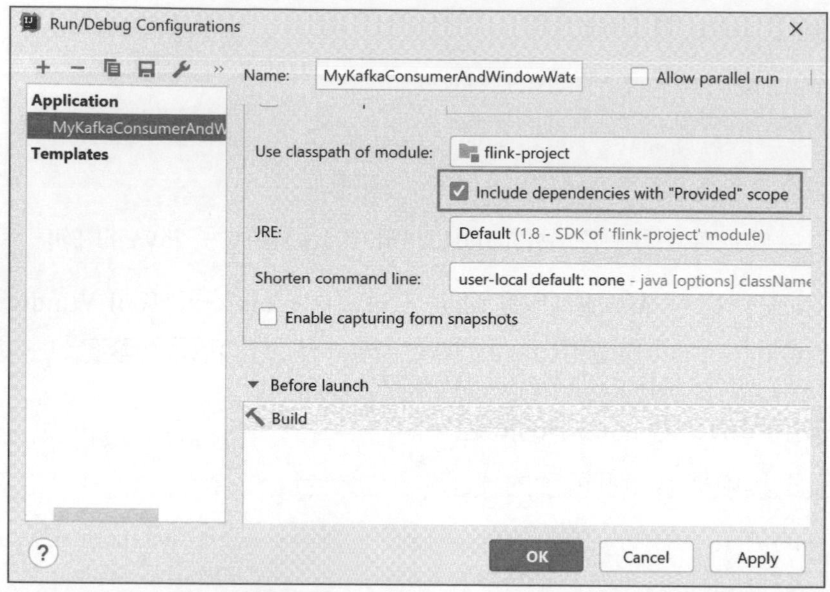

圖 A-1

4. 提示 No operators defined

在開發工具中提示如下所示的資訊：

```
No operators defined in streaming topolog
```

這說明遇到這個問題的原因是在舊版本中執行 INSERT INTO 敘述的下面兩個方法：

```
TableEnvironment#sqlUpdate()
TableEnvironment#execute()
```

在新版本中沒有完全向前相容（方法還在，執行邏輯發生變化），如果沒有將 Table 轉為 AppendedStream/RetractStream（透過 toAppendStream/toRetractStream），上面的程式執行就會出現上述錯誤。與此同時，一旦做了上述轉換，就必須使用 execute() 方法來觸發作業執行。

解決辦法：建議遷移到新版本的 API 上。

5. Flink 無法即時寫入 MySQL

說明：為了提高性能，Flink 的 JDBC Sink 提供了寫入 Buffer 的預設值設定。JDBC OutputFormat 的基礎類別，即 AbstractJDBCOutputFormat 的變數 DEFAULT_FLUSH_MAX_SIZE，預設值為 5000，因此，如果資料少（少於 5000），則資料一直保存在 Buffer 中，直到資料來源資料結束，計算結果才會寫入 MySQL，因此沒有即時（每筆）寫入 MySQL。

解決辦法：在寫入的程式中加入以下程式：

```
.setBatchSize(1) // 將寫入MySQL的Buffer大小設為1
```

6. 提示 Cannot discover a connector

在開發工具中提示如下所示的資訊：

```
Cannot discover a connector using option ''connector'='elasticsearch-7''.
```

說明：一般是 SELECT elasticsearch table 報上述錯誤。這是因為 Elasticsearch connector 目前只支持 Sink，不支持 Source。

7. Flink 作業在掃描 MySQL 全量資料時，檢查點逾時，出現作業容錯移轉

說明：MySQL CDC 在掃描 MySQL 全表資料過程中沒有 Offset 可以記錄，即 Flink 沒有辦法做檢查點，而 MySQL CDC 會讓 Flink 執行中的檢查點一直等待甚至逾時。在預設設定下，這會觸發 Flink 的 Failover 機制，而預設的 Failover 機制是不重新啟動的，所以會造成檢查點逾時，出現作業容錯移轉（Failover）。

解決辦法：在 flink-conf.yaml 上設定 failed checkpoint 容忍次數及失敗重新啟動策略，如下所示：

```
execution.checkpointing.interval: 10min                          # 檢查點間隔時間
execution.checkpointing.tolerable-failed-checkpoints: 100 # 檢查點失敗容忍次數
restart-strategy: fixed-delay                                     # 重試策略
restart-strategy.fixed-delay.attempts: 1000000000                 # 重試次數
```

8. 報 No ExecutorFactory found to execute the application 錯誤

說明：在開發工具中偵錯 Flink 應用程式時經常出現這種錯誤，這是因為沒有增加 Flink 的用戶端依賴。

解決辦法：在開發工具中執行 Flink 應用程式需要增加以下依賴：

```
<!-- Flink的用戶端依賴 -->
<dependency>
        <groupId>org.apache.flink</groupId>
        <artifactId>flink-clients_2.11</artifactId>
        <version>1.11.0</version>
</dependency>
```

9. 提示 The scheme (hdfs://, file://, etc) is null. Please specify the file system scheme explicitly in the URI.

說明：當呼叫外部的檔案時，需要提供檔案系統的格式。

解決辦法：提供檔案系統格式，如下所示：

```
String savePointPath = "file:///F://savepoint-1222";
```

10.Flink 的狀態儲存在哪裡

Flink 經常需要將計算過程中的中間狀態進行儲存，以避免資料遺失或進行狀態恢復。

Flink 的狀態保存位置可以是記憶體、檔案系統、RocksDB，以及自訂的儲存系統。

11.Flink 的插槽和平行度的區別

插槽（Slot）是指工作管理員的併發執行能力。如果把工作管理員的任務插槽設定為 2，則每個工作管理員將有 2 個任務插槽（TaskSlot）。如果有 3 個工作管理員，則共有 6 個任務插槽。

平行度（Parallelism）是指工作管理員的實際使用的併發能力。如果平行度為 1，則上面設定的 6 個任務插槽只能使用 1 個，其他的都會空閒。

12. Flink 的平行度和設定

Flink 中的任務被分為多個平行任務來執行，每個平行實例處理一部分資料。這些平行實例的數量被稱為平行度。

在實際生產環境中可以從以下幾個方面來設定平行度：運算元、執行環境、用戶端、系統。

優先順序為運算元 > 執行環境 > 用戶端 > 系統。

A-3 Alink 常見問題整理

1. 提示找不到 OSSFileSystemFactory 類別

在開發工具中提示如下所示的資訊：

```
Exception in thread "main" java.lang.NoClassDefFoundError: org/apache/flink/
fs/osshadoop/OSSFileSystemFactory
```

說明：ClassNotFoundException 屬於檢查異常，一般在專案啟動時出現。出現該類別問題的原因一般為以下幾點。

- 沒有正確地匯入 JAR 套件。
- 專案中引用了多個版本的 JAR 套件，導致版本衝突，由於版本的升級，可能所使用的方法已經被廢棄。

舉例來說，提示找不到 OSSFileSystemFactory 類別，可以嘗試增加如下所示的依賴：

```
<!-- Alink的Hadoop檔案系統依賴 -->
<dependency>
        <groupId>com.alibaba.alink</groupId>
        <artifactId>shaded_flink_oss_fs_hadoop</artifactId>
        <version>1.10.0-0.2</version>
</dependency>
```

2. 提示 Fail to parse line 資訊

在開發工具中提示如下所示的資訊：

```
Fail to parse line: "label,review,,,,,,,,,,,,,,,,,,,,,,,,,"
```

說明：如果使用 CsvSourceBatchOp 運算元或 CsvSourceStreamOp 運算元讀取 CSV 檔案，則一定要注意設定列名稱和資料類型，特別注意是否要忽略第 1 行資料，即注意是否設定 setIgnoreFirstLine() 方法的值為 true。

3. 找不到 Kafka011SourceStreamOp 運算元和 Kafka011SinkStreamOp 運算元

說明：Kafka 連接器有多個版本，因此一定要注意引入相關依賴。如果提示找不到 Kafka011SourceStreamOp 運算元和 Kafka011SinkStreamOp 運算元，則需要增加以下依賴：

```
<!-- Alink的Kafka連接器依賴 -->
<dependency>
        <groupId>com.alibaba.alink</groupId>
        <artifactId>alink_connectors_kafka_0.11_flink-1.10_2.11</artifactId>
        <version>1.2.0</version>
</dependency>
```

Note

Note